海洋地球化学

Marine Geochemistry
Gamo Toshitaka

編・著 蒲生俊敬

講談社

執筆者一覧
(執筆順,かっこ内は担当章)

蒲生 俊敬
[がもう としたか]
東京大学 大気海洋研究所 教授
(1・6・8・10・11章)

小畑 元
[おばた はじめ]
東京大学 大気海洋研究所 准教授
(2章)

石井 雅男
[いしい まさお]
気象庁 気象研究所 海洋・地球化学研究部 第三研究室 室長
(3章)

宗林 由樹
[そうりん よしき]
京都大学 化学研究所 教授
(4章)

田上 英一郎
[たのうえ えいいちろう]
名古屋大学 名誉教授
(5章)

植松 光夫
[うえまつ みつお]
東京大学 大気海洋研究所 教授
(7章)

石橋 純一郎
[いしばし じゅんいちろう]
九州大学 大学院理学研究院 准教授
(9章)

村山 雅史
[むらやま まさふみ]
高知大学 海洋コア総合研究センター 教授
(10章)

はじめに

　化学の守備範囲はきわめて広い．われわれが手にとることのできる物質すべてが化学の研究対象となる．典型的なフィールド科学である海洋学と化学との結びつきは当然強い．海水はもとより，海洋生物も海底堆積物も岩石も空気も，それらの化学的性質は化学元素の組み合わせによって支配される．そして海洋内で起こるあらゆる現象は，元素の移動，同位体分別，あるいは化学反応の連なりに帰することができる．いずれ海底下のマントル物質も採取されるようになれば，化学の研究対象がさらに増えるであろう．マントル中の放射性核種が壊変して放出する熱は，海底火山活動や地殻熱流量の分布に影響を与え，海洋の物質循環を駆動するうえで重要な役割を果たしている．

　「海洋地球化学」と呼ぶ学問分野は，海洋およびその周辺に存在する化学物質の分布や挙動を正確に記載し，それらの意味するところを読み解き，海洋環境を支配してきた（または今後支配するであろう）複雑な因果関係や維持機構を解明しようとする．本書では，このような海洋地球化学にかかわる幅広い研究対象の中から，初学者にとって特に重要と思われる基盤的内容を厳選し，それらの連関にも留意しながら，できるだけわかりやすい解説を心がけた．

　本書の大きな特徴として，地球を一つのシステムとして扱う「地球システム科学」に基点をおいたことがあげられる．海洋は，地球表層の7割を覆い，巨大なサブシステムの一つとして機能している．海洋におけるダイナミックな物質・エネルギー循環は，他のサブシステム（大気圏，生物圏，岩石圏，人間圏）と強くリンクしている．海水中の元素や同位体の動きは，このような海洋の営みを支えるいわば血流であり，その的確な診断が海洋地球化学者に求められる．本書がこれから海洋地球化学を身につけようとする大学生，大学院生によって活用され，地球全体を俯瞰する学際的な視点や柔軟な発想力を身につけてもらえることを願っている．

　本書を上梓するにあたり，講談社サイエンティフィクの渡邉拓氏の粘り強いサポートや助言が不可欠であった．深く感謝の意を表する．

蒲生俊敬
（東京大学大気海洋研究所）

『海洋地球化学』目次

第1章 地球システムの中の海洋 — 1
§1.1 海洋の生物地球化学的サイクル — 1
§1.2 地球システムとは — 3
§1.3 水圏 (Hydrosphere) — 4
1.3.1 海洋の広がりと海底地形 — 5
1.3.2 海水の物理学的性質と海水循環 — 6
1.3.3 海水の化学組成 — 9
1.3.4 海水中の栄養塩と一次生産 — 9
1.3.5 海洋における化学物質の供給と除去 — 11
1.3.6 元素の滞留時間 — 13
§1.4 岩石圏 (Lithosphere) — 15
1.4.1 地殻の岩石と鉱物 — 15
1.4.2 プレートテクトニクス — 16
1.4.3 プレートの動きと海底熱水活動 — 18
1.4.4 海洋地殻を覆う堆積物 — 19
§1.5 大気圏 (Atmosphere) — 20
1.5.1 大気の組成 — 20
1.5.2 大気の動きと気体の混合 — 21
1.5.3 大気-海洋間の気体交換 — 23
§1.6 生物圏 (Biosphere) — 25
1.6.1 代謝過程 — 25
1.6.2 生物圏の化学組成 — 26
§1.7 地球システムのまとめ — 27
Column❶ マリンスノーの名づけ親は日本の研究者 — 30

第2章 海水とその化学組成 — 31
§2.1 水の物理化学的性質 — 31
§2.2 海水の塩分と化学組成 — 34
2.2.1 主要元素 — 34
2.2.2 塩分と塩素量 — 35
2.2.3 実用塩分 — 36
2.2.4 絶対塩分 — 36
2.2.5 海水の密度 — 38
2.2.6 塩分の変化 — 38
§2.3 溶存物質と粒子状物質 — 41
2.3.1 海水中の粒子 — 41
2.3.2 溶存物質とコロイド粒子 — 43
§2.4 海洋観測 — 45
2.4.1 センサーによる海洋観測 — 45

        2.4.2　試料の採取 ──────────────────── 47
        2.4.3　試料の保存と化学分析 ──────────── 49
    Column ❷　海水はなぜ塩辛いのか？ ──────────── 51
    Column ❸　現場化学観測 ──────────────────── 52

第3章　海洋の炭酸物質と栄養塩 ──────── 53

  § 3.1　海洋の一次生産と栄養塩 ──────────── 53
        3.1.1　一次生産 ─────────────────── 53
        3.1.2　栄養塩 ──────────────────── 54
        3.1.3　レッドフィールド比 ─────────── 55
  § 3.2　二酸化炭素の溶解と酸塩基平衡 ────── 57
        3.2.1　炭酸物質 ─────────────────── 57
        3.2.2　二酸化炭素から炭酸へ ──────── 58
        3.2.3　炭酸の酸塩基平衡 ──────────── 61
        3.2.4　炭酸水のpH ────────────────── 65
        3.2.5　全アルカリ度 ──────────────── 67
        3.2.6　炭酸カルシウム飽和度 ──────── 68
        3.2.7　海洋における炭酸系の変化要因 ── 69
  § 3.3　炭素循環 ─────────────────────── 71
        3.3.1　地球表層の炭素循環 ─────────── 71
        3.3.2　溶解度ポンプと生物ポンプ ───── 73
        3.3.3　大気中の二酸化炭素濃度の変化と海洋の炭素循環 ── 74
    Column ❹　海洋酸性化 ──────────────────── 77

第4章　微量元素と同位体 ─────────────── 78

  § 4.1　微量元素とは ─────────────────── 78
        4.1.1　海水の微量元素 ──────────── 78
        4.1.2　微量元素の定量 ──────────── 80
  § 4.2　濃度分布パターンと循環 ──────────── 81
        4.2.1　鉛直分布による分類 ─────────── 81
        4.2.2　三次元分布および時間変動 ───── 82
  § 4.3　海洋の微量栄養塩と鉄仮説 ────────── 85
        4.3.1　微量栄養塩 ────────────────── 85
        4.3.2　微量栄養塩の化学量論 ──────── 85
        4.3.3　鉄仮説 ──────────────────── 87
  § 4.4　微量元素の放射性同位体 ──────────── 88
        4.4.1　放射性同位体とは ──────────── 88
        4.4.2　放射性同位体の利用例 ──────── 90
  § 4.5　微量元素の安定同位体 ─────────────── 91
        4.5.1　放射性起源同位体 ──────────── 91
        4.5.2　安定同位体 ────────────────── 93
    Column ❺　世界が注目するGEOTRACES計画 ──── 96

v

第5章 海洋の有機地球化学——海洋における有機物の挙動　97

§5.1 海洋における有機物の生産と分解　97
- 5.1.1　有機物のダイナミックス　98
- 5.1.2　生産される有機物の質的特徴　99
- 5.1.3　一次生産の制限要因　99
- 5.1.4　一次生産と食物連鎖　100

§5.2 生物体有機物から非生物態有機物への移行　101
§5.3 有機物の鉛直分布と輸送メカニズム　102
- 5.3.1　粒子態有機物の鉛直分布と輸送メカニズム　103
- 5.3.2　沈降粒子による有機物の鉛直輸送　104
- 5.3.3　溶存態有機物の鉛直分布と輸送メカニズム　108
- 5.3.4　溶存態有機物の深層水への輸送　110

§5.4 有機物の変質　112
- 5.4.1　沈降粒子態有機物の質的変化　113
- 5.4.2　溶存態有機物の質的変化　115

§5.5 今後の課題　119

第6章 海洋の水循環と化学トレーサー　122

§6.1 化学トレーサーの分類　123
- 6.1.1　安定・保存 (SC) トレーサー　125
- 6.1.2　安定・非保存 (SNC) トレーサー　126
- 6.1.3　放射性・保存 (RC) トレーサー　127
- 6.1.4　放射性・非保存 (RNC) トレーサー　127

§6.2 有用な化学トレーサーとしての必要条件　127
§6.3 過渡的トレーサー　128
§6.4 海洋研究への応用　128
- 6.4.1　溶存酸素　128
- 6.4.2　貴ガス　132
- 6.4.3　トリチウム　135
- 6.4.4　放射性炭素 (^{14}C)　138
- 6.4.5　クロロフルオロカーボン (CFC) 類　141

§6.5 化学トレーサーと海洋のモデル化　142
Column ❻　ミニ海洋・日本海　144

第7章 大気-海洋間の物質循環　145

§7.1 海洋大気の化学　146
- 7.1.1　海洋大気　146
- 7.1.2　海洋エアロゾル　147
- 7.1.3　海洋上の降水　151

§7.2 海洋表層と境界面の化学　155
- 7.2.1　海洋表面水　155

		7.2.2 海面薄膜層	156
		7.2.3 海洋表層での元素の挙動	157
§7.3	大気から海洋への物質供給とその影響		158
		7.3.1 陸からの自然起源・人為起源物質	158
		7.3.2 大気起源物質の海洋内での広がり	160
§7.4	海洋から大気への物質供給とその影響		161
		7.4.1 海水起源物質	161
		7.4.2 海洋生物起源物質	162
		7.4.3 大気を経由する海洋から海洋への輸送	163
§7.5	大気−海洋間の物質循環と気候変化の関係		163
		7.5.1 海洋植物プランクトンからの硫黄放出による気候調節（CLAW仮説）	164
		7.5.2 海洋植物プランクトンを増やす	165
		7.5.3 温暖化を抑制する海洋生物起源気体	165
		7.5.4 海水中の硫化ジメチルと大気への放出	166
		7.5.5 人為起源窒素が海洋生物種を変える	166

第8章　陸から海への物質輸送　168

§8.1　河川水　168
- 8.1.1　河川水の流量　168
- 8.1.2　河川水と海水の化学組成の違い　169
- 8.1.3　河川水の化学組成はどのように決まるか　170
- 8.1.4　河口域での河川−海洋相互作用　172

§8.2　海底地下水　174
- 8.2.1　沿岸における地下水の湧出現象　174
- 8.2.2　地下水の化学的特徴と化学フラックス　177

§8.3　氷河や海氷による物質輸送　179

Column ⑦　富山湾の海底湧水　180

第9章　海底下地殻内流体の地球化学　181

§9.1　海底下の水圏　181
§9.2　高温熱水循環系の地球化学　183
- 9.2.1　熱水形成に伴う物質収支　183
- 9.2.2　熱水噴出に伴う物質収支　188

§9.3　低温熱水循環系の地球化学　191
- 9.3.1　海嶺翼域における低温熱水循環システム　191
- 9.3.2　低温熱水循環システムの研究例　192

§9.4　熱源以外の要因に依存する海底下地殻内流体系　194
§9.5　地下生物圏と海底下地殻内流体の地球化学　195
- 9.5.1　化学合成微生物　196
- 9.5.2　地殻内流体中の還元性物質　196

第10章 海底堆積物と古海洋学——海洋の過去を探る地球化学　198

§10.1 海底堆積物の地球化学　198
- 10.1.1 沈降粒子による鉛直輸送　198
- 10.1.2 海底面への溶存酸素の供給と消費　199
- 10.1.3 堆積物中の初期続成作用　201
- 10.1.4 堆積物中の間隙水　203
- 10.1.5 間隙水の採取方法　204
- 10.1.6 生物擾乱作用　206

§10.2 海底堆積物中に記録された過去の海洋環境　207

§10.3 古水温の復元　209
- 10.3.1 生物起源炭酸塩の酸素同位体比　209
- 10.3.2 浮遊性有孔虫殻のMg/Ca比　213
- 10.3.3 アルケノンの不飽和度　216

§10.4 過去の海水のpH復元——ホウ素同位体比　219

§10.5 栄養塩（リン酸塩）濃度の復元—Cd/Ca比とδ^{13}C　221

§10.6 古海洋の深層循環の復元　222
- 10.6.1 放射性炭素を用いる方法　223
- 10.6.2 ^{231}Pa/^{230}Th比を用いる方法　224

§10.7 より高度な海底堆積物研究をめざして　226

第11章 海洋地球化学の新しい展開に向けて　228

§11.1 地球システムにおける人間圏の形成　228

§11.2 地球システムの化学的変化　230
- 11.2.1 人類由来の化学物質　230
- 11.2.2 大気中に放出された二酸化炭素のゆくえ　231
- 11.2.3 急激に進む海洋環境の変化　234

§11.3 海洋分析化学技術の進展　237
- 11.3.1 クリーン観測技術の向上　237
- 11.3.2 現場で化学観測する技術の向上　239

Column ❽ 海のドクター　241

参考文献　242
付録A：北太平洋における元素の鉛直分布　250
　　B：4桁の原子量表　252
　　C：放射壊変系列　253
　　D：海水中の化学元素の平均濃度　254
　　E：海水中の気体の飽和溶解度算出法　256
索引　257

第1章
地球システムの中の海洋

　高度な知能を持った宇宙生物が，たまたま地球に不時着した．そこは見渡す限りの大海原．彼らは海水を採取して詳しく調べ，帰還後「こんな星でした」と報告した．しかし残念ながら，その情報は不完全といわざるを得ないだろう．面積だけから見れば，海洋は地球表面の7割におよぶ．しかし，海洋を取り囲み海洋と接する他のリザーバーを抜きにした海洋はありえない．海洋を含む複数のリザーバーが相互に連携して「地球システム」というまとまりを形成し，その中で化学元素が動き回っていることを認識して初めて，海洋を正しく理解したといえるからである．

§1.1　海洋の生物地球化学的サイクル

　海洋は，さまざまな化学反応や化学平衡が複雑に交錯し，化学元素とそれらの同位体が活発に動き回る世界である．海洋における物質の動きを総称して「海洋の生物地球化学的サイクル (marine biogeochemical cycles)」と呼ぶ．「生物」という言葉が含まれているのは，海洋における生物活動とのかかわりが大きいためである．

　現実の生物地球化学的サイクルにおいては，実験室のビーカーの中で再現できるような化学反応はむしろ少なく，以下に述べるようなさまざまな動的プロセスが連動している．海水の流動や起源の異なる海水の混合といった海洋内部で起こる現象のほか，海洋と接する大陸，深海底，大気などとの相互作用を考慮する必要がある．たとえば，陸からの河川水・地下水の流入，大気物質の降下，

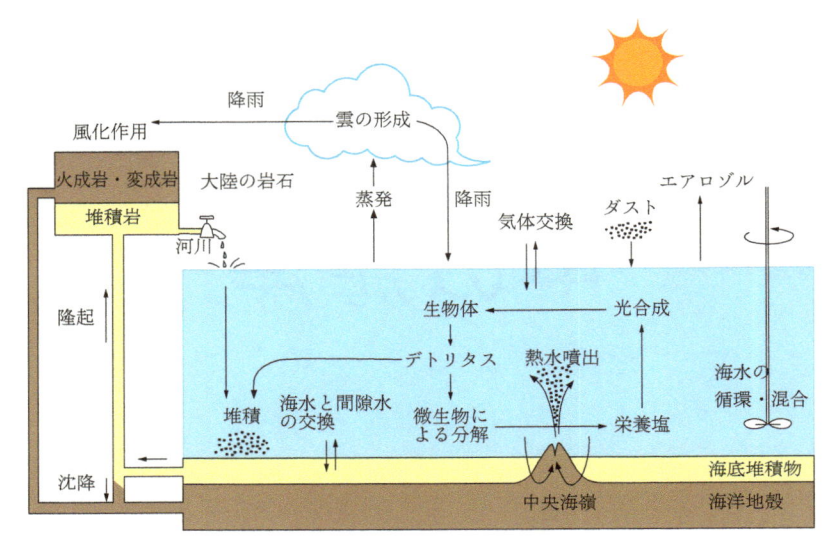

図1.1 海洋における多重的生物地球化学プロセスを水槽内の現象にたとえた図（The Open University course team (1989)[1]を改変）．

　海底で起こる火山活動とそれに伴う熱水の循環といった物理学的なプロセス，あるいは海洋生物による化学元素の取り込み・排出，生物の遺骸の分解・沈降などさまざまな生物学的プロセスが，それぞれ異なった時空間スケールで，化学元素をある場所から別の場所へ移動させたり，その存在状態を変えたりする．これらのプロセスは，独立して起こることもあれば，複数のプロセスが関連し合って起こることもある．

　図1.1は，このような複雑系としての海洋を水槽にたとえ，海洋内および海洋が接する大気，大陸，海底との相互関係を象徴的に描いたものである．ここに表示されているのは，ごく代表的なプロセスのみで，実際の海洋ではさらに多くのローカルなプロセスが複雑に交錯している．また，海水中の化学元素や化学成分は，それぞれが持つ化学的性質に応じて各プロセスとかかわり，重要な役割を果たしたり無関係であったりする．

　本書では，海洋の生物地球化学的サイクル（物質循環）の仕組みについて解説していくが，この章ではその第一段階として，そもそも地球上にはどんな化学的，物理学的，かつ生物学的過程が存在し，それらがどのように連動して「地球システム」を形成しているのか俯瞰してみることとしよう．

§1.2 地球システムとは

地球(半径約6,400 km)という惑星は,どこをとっても均一というわけではなく,物理学的あるいは化学的な性質が明らかに異なる複数の構成要素から成り立っている.最もわかりやすい分類は,地球を取り巻く大気(気体),海洋(液体),および固体地球の3つであろう.地震波を用いた地球の内部構造の研究により,固体地球はさらに細かく,中心部の核(半径約3,500 km),核を取り囲むマントル(厚さ約2,900 km),および地球表面を覆う地殻(厚さは大陸地域で30-40 km,海洋では5-10 km)の3層に区分される(図1.2).地殻は,大陸と海洋とで性質が異なっており,大陸地殻および海洋地殻に分類される.そこで以下の6つ——大気,海洋,大陸地殻,海洋地殻,マントル,および核——が地球の主要な構成要素といえるだろう.

しかしながら,本書でこれから扱うことになる比較的短い時間スケール(現在から過去数万年程度まで)の海洋地球化学的現象において,地球の核や深部マントルがかかわってくることはほとんどない.そこでは,地球を4つのサブシステム,あるいは「圏」に分けるのが現実的である.4つのうち2つは,先に述べた6つの構成要素に含まれている大気圏(atmosphere)と水圏(hydrosphere)である.ここで水圏は海洋だけでなく,陸の淡水や極域の氷もすべて包括したものである.3番目のサブシステムは岩石圏(lithosphere)である.これは地球の表層50～100 kmの厚さの部分で,地殻にマントルの上端部を加えたものである.大陸地殻と海洋地殻は岩石圏の中に統合されるが,本書で登場する地殻は主として海洋地殻のほうである.また,陸上の土壌や海底堆積物も,ここでは便宜上,岩石圏に含めることとする.そして最後に4番目のサブシステムとして,地球上の生物活動を総合する生物圏(biosphere)を考える.

これらサブシステム一つひとつの内部で起こる物質・エネルギー循環と,複

図1.2 東京大学地震研究所のロゴマーク.地球をリンゴにたとえたもので,芯の部分が核(固体の内核とその外側に液体の外核),実の部分がマントル,表面の薄皮が地殻となる.

第1章 ● 地球システムの中の海洋

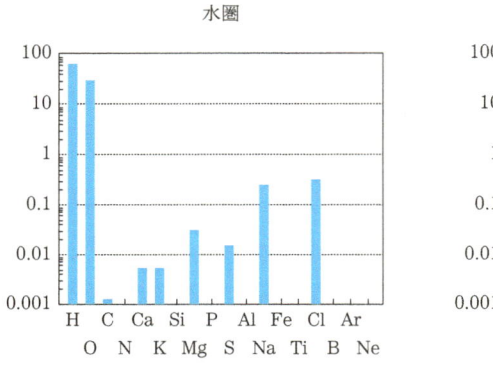

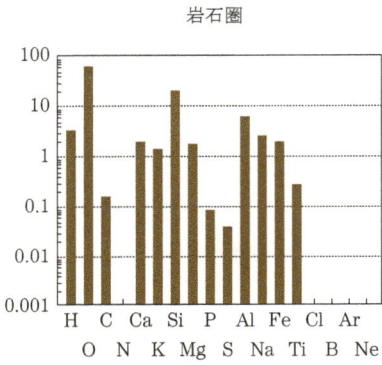

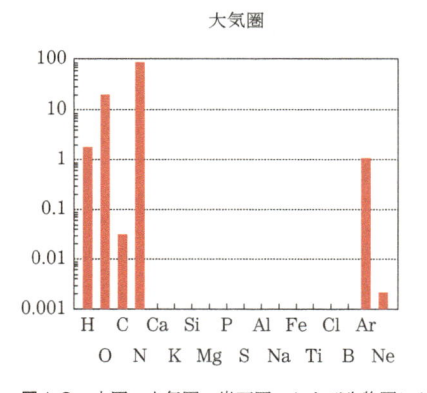

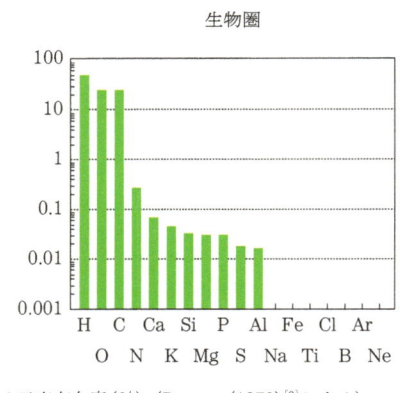

図1.3 水圏，大気圏，岩石圏，および生物圏における元素存在度(%)（Deevey (1970)[2]による）．

数のサブシステムにまたがって起こるさまざまな相互作用・物質交換との両方が絶妙にバランスし，地球が全体として一つのまとまったシステムを構成しているというのが，地球システム科学の基本的な考え方である．各サブシステムは元素組成（図1.3）から見ても大きな違いがある．4つのサブシステムについて，以下でもう少し詳しく見ていくこととしよう．

§ 1.3 水圏（Hydrosphere）

水圏は，地球上に存在するすべての水を総合したもので，海洋のほか，湖，

1.3 ● 水圏 (Hydrosphere)

河川，氷河の氷や極地の氷，および地下水によって構成される．地球に存在する水の大部分 (97%以上) は海洋にあるので，水圏を海洋で置き換えても大きな問題は生じない (表2.1参照)．

1.3.1 海洋の広がりと海底地形

海洋は，質量で見ると地球の0.02%にすぎないが，地球表面積のほぼ70% (3.62×10^8 km^2) を覆い，平均の厚みが3,730 mという莫大な水のかたまり (体積: 1.35×10^9 km^3) である．宇宙から見た地球が，水の惑星と呼ばれるゆえんである．海洋の上部には大気，下側には深海底，そして側面には大陸が接している．

図1.4は，大陸沿岸から外洋にいたる一般的な海底地形断面を示している．陸から深海底にいたるまでの部分は大陸縁辺 (continental margin) と呼ばれ，陸に近い側から大陸棚 (continental shelf)，大陸斜面 (continental slope)，およびコンチネンタルライズ (continental rise) の3部分に分けられる．その先は深海平原 (abyssal plain) へと続く．深海底の地形は平坦なだけではなく，海溝 (trench) と呼ばれる深い凹みや，中央海嶺 (mid-oceanic ridge) と呼ばれる火山山脈がある．

世界の海洋からもし海水をすべて取り去ったとすると，図1.5のような起伏

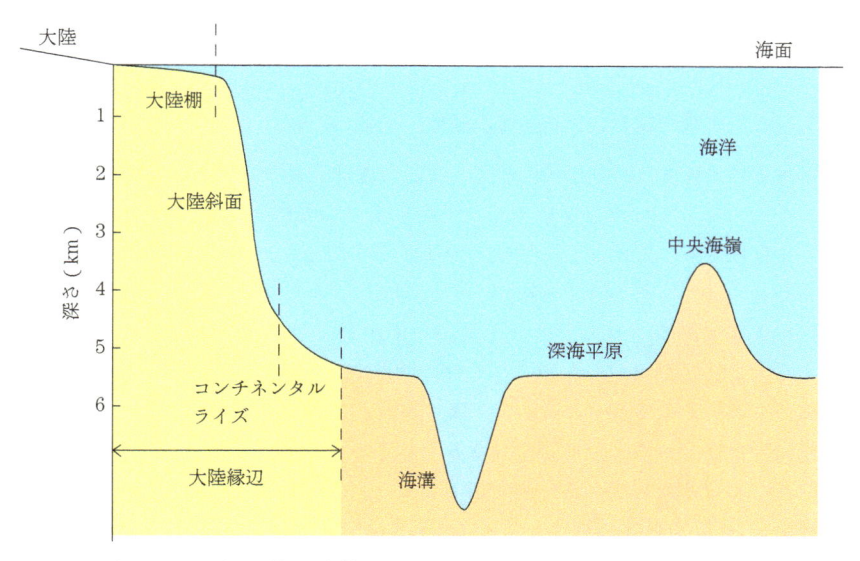

図1.4 大陸縁辺から深海底に続く一般的な地形断面図．

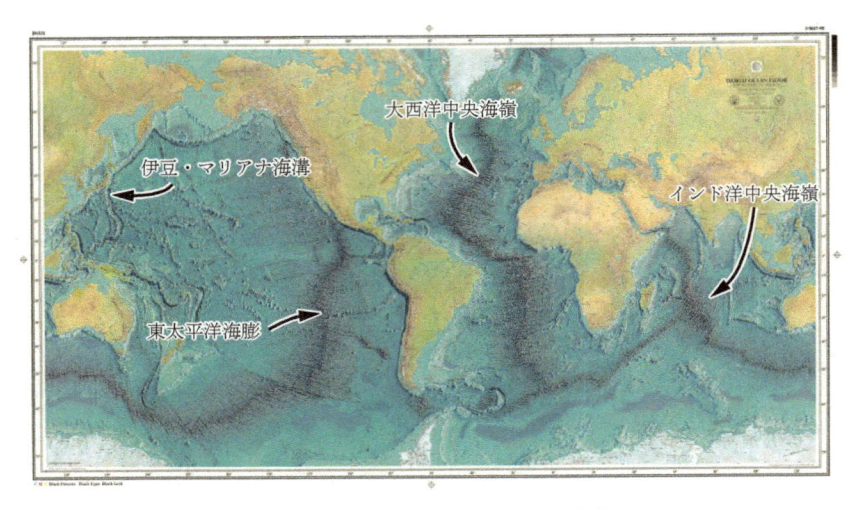

図1.5 世界の海底地形．鉛直方向の凹凸を強調した図であることに注意．
World Ocean Floor Panorama, Bruce C. Heezen and Marie Tharp, 1977. Copyright by Marie Tharp 1997/2003. Reproduced by permission of Marie Tharp Maps, LLC. 8 Edward Street, Sparkill, New York 10976.

に富んだ地形が現れる．大西洋やインド洋のほぼ真ん中には中央海嶺の高まりがある．太平洋では中央海嶺（東太平洋海膨）は東側に偏っており，日本近辺の西太平洋は海溝（最大深度はマリアナ海溝のチャレンジャー海淵における10,920（±10）m）によって縁取られている．

1.3.2 海水の物理学的性質と海水循環

　水は固体・液体・気体と形態を変えながら地球表層を循環し，地球環境や生命にとってなくてはならない重要な役割を果たしている．水分子（H_2O）はバラバラに存在するのではなく，複数の分子が水素結合（hydrogen bond）と呼ばれる弱い結合によって複合体（クラスター）を形成し，あたかも大きな分子量を持つ物質のごとくふるまうので，分子量がわずか18と小さいにもかかわらず，常温で液体の状態を保つことができる（第2章参照）．

　海洋に入射した太陽光（可視光線）は，深度とともに急激に減衰する．これは可視光線が水分子によって強く吸収されることと，海中の粒子状懸濁物によって散乱を受けるためである．海域にもよるが，一般的な外洋域では深度100 m付近の太陽光の強度は海面の1％程度しかなく，200 mの海中はほぼ完全に真っ暗となる．すなわち海洋の平均水深3,730 mのうち，明るいのは表層のご

く数%にすぎず,その下側は光のない暗黒の世界となる.

　水の密度は,水の循環や混合を支配する重要因子の一つである.密度が大きい(重い)水ほど,重力の作用で下へ下へと沈み込みやすくなる.密度は水温の低下とともに増加する.真水の場合は温度3.98℃のとき最大値(0.999973 g cm^{-3})を示すが,海水では温度が氷点(約−1.9℃)にいたるまで密度は増加し続ける(第2章参照).また,水の密度は塩分が高いほど大きくなる.

　外洋域で海水の温度を深度に対してプロットすると,北極海や南極海のような極域を除き,一般に図1.6に示したように3つの層が見えてくる.まず表層(厚さ50〜200 mほど)は,上下によく撹拌され温度変化がごく小さい.その下側に水温が急激に低下する水温躍層(thermocline)がある.さらにその下側が深層で,海底にいたるまで水温が徐々に減少し,深海底では1〜2℃まで下降して密度が最大値を示す.すなわち海洋では,冷たく高密度の深層水の上に,高温で低密度の表面水が浮かび,水温躍層が両者を隔てている.

　しかし,海洋は決して静止した水のたまり場所ではない.図1.7に示すように,海洋表層では,海上の風によって水平方向に海水が動く(風成循環と呼ぶ).地球の自転の影響を受け,北半球では時計回り,南半球では反時計回りに回る

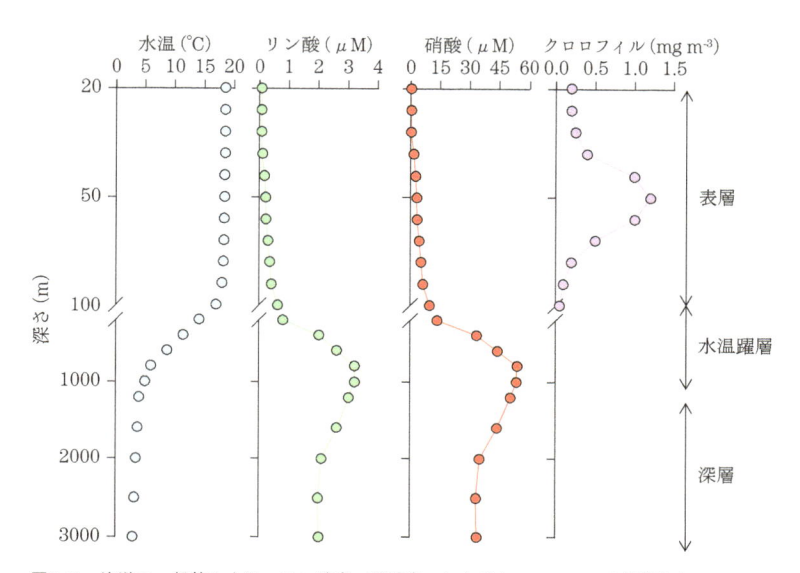

図1.6　海洋の一般的な水温,リン酸塩,硝酸塩,およびクロロフィルの鉛直分布.

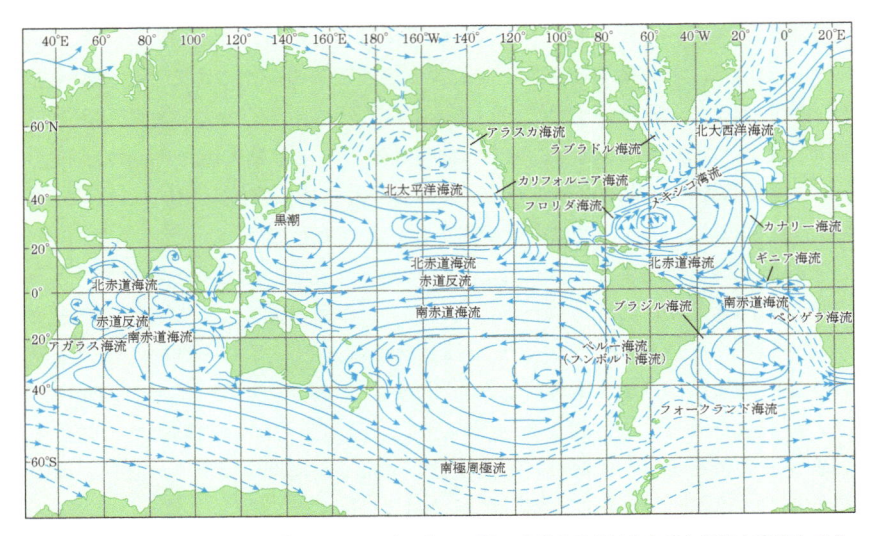

図1.7　世界の表面海流の平均的なパターン(11月〜4月).実線と破線はそれぞれ暖流と寒流を示す.5月〜10月にかけては,モンスーンの影響でインド洋と西太平洋では海流が変化する(The Open University Course Team (1989)を改変).

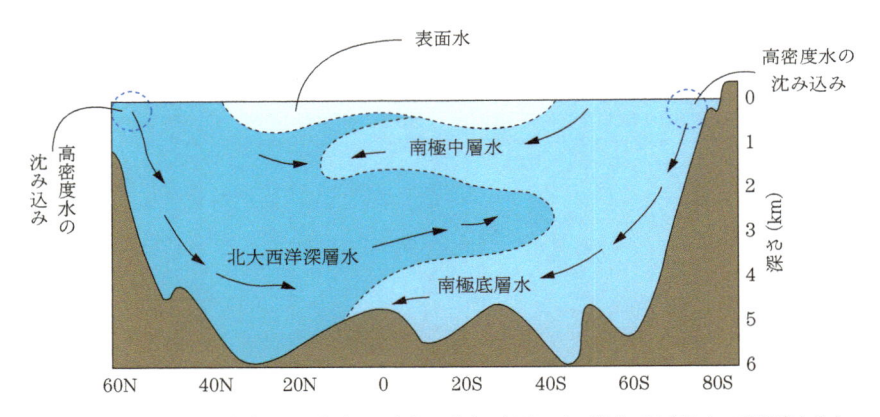

図1.8　大西洋における熱塩循環の概念図.気候が寒冷な極域で表面海水が冷却されて高密度となり,深層に向けて沈降する(Stowe (1979)[3]の図を改変).

大きな渦を形成する.われわれになじみの深い黒潮は,北太平洋の亜熱帯海域を一巡する風成循環系の一部である.

　一方,深層における海水循環は,海水の密度の違いによって駆動される.海水の密度が水温と塩分で決まることから,深層水の循環のことを熱塩循環

(thermohaline circulation）とも呼ぶ．大西洋における熱塩循環の概略を図1.8に示す．北大西洋グリーンランド周辺の表層水が冬季に冷却され高密度となって沈降したものが北大西洋深層水で，大西洋を南下する．一方，南極大陸周辺のウェッデル海やロス海で高密度表面水が沈み込むと南極底層水となり，大西洋，インド洋，および太平洋を北上する．南極底層水のほうが密度が大きいため，北大西洋深層水の下側に貫入している．

1.3.3 海水の化学組成

さて次は化学的な視点から海水を見てみよう．海水は塩辛い．これは主要な溶存イオンとしてナトリウムイオン（Na^+）と塩化物イオン（Cl^-）を含むため，すなわち食塩（NaCl）を溶かし込んでいるためである（コラム②参照）．他に主要な陽イオンとしてマグネシウム（Mg^{2+}），カルシウム（Ca^{2+}），カリウム（K^+）を，陰イオンとしては硫酸イオン（SO_4^{2-}）を，総計約3.5重量％含んでいる．海洋を構成する主要な元素は，水そのものを構成する水素（H）と酸素（O），そして上で述べたCl，Na，Mg，S，Ca，およびKということになる（図1.3参照）．

海水中には周期表にある天然の元素がすべて含まれている．濃度は低くても，それぞれの元素ごとに重要な役回りがある．生物体に多く含まれる元素は親生元素（biophilic element）と呼ばれ，炭素（C），窒素（N），およびリン（P），ケイ素（Si），鉄（Fe）などがこれに該当する．親生元素を含む化学成分は，海洋表層の植物プランクトンが一次生産（基礎生産ともいう）（primary production）すなわち光合成をおこない，有機物を合成する際に必要不可欠である．植物プランクトンによる一次生産は，海洋の食物連鎖の出発点として，海洋に生息する他の生物群すべての生存にかかわっている．したがって海洋における親生元素の分布を知ることは，海洋の生物地球化学研究にとってきわめて重要である．

1.3.4 海水中の栄養塩と一次生産

窒素およびリンは，多くが硝酸塩（NO_3^-）およびリン酸塩（PO_4^{3-}）として存在し，生物過程にとって必須の栄養塩（nutrient）の代表格である．光合成に必要な太陽光線の到達しうる海洋表層部（深さ～100 m以内）は有光層（euphotic zone）とも呼ばれ，ここに植物プランクトンを起点とする生物活動が集中している．図1.6に示したクロロフィル濃度は植物プランクトンの存在量に対応するものであるが，表層に明確なピークを示している．また，植物プランクトンが光合

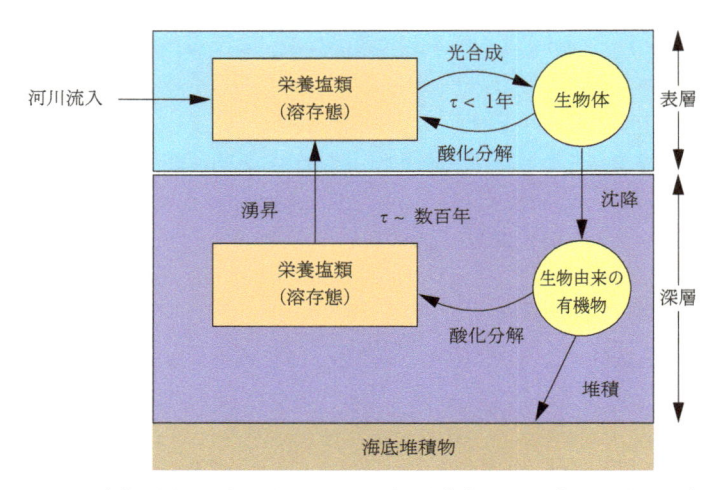

図1.9 海洋を表層と深層の2層に分けた場合の栄養塩の循環様式。τは循環の時間スケールを示す。

成をおこなうと栄養塩が消費されるので，表層海水中では栄養塩がほとんど枯渇している（図1.6）。

　植物プランクトンの排泄物や死骸など生物由来の有機物は，90〜95％程度は表層水中で直ちに分解され，再び光合成に利用されるが，それ以外は暗黒の深海へ沈降する（図1.9参照）。沈降する有機物質は，横から光を当てると降雪のように見えることからマリンスノーと呼ばれる（コラム①参照）。図1.6に示したように，NO_3^-とPO_4^{3-}の濃度は深さとともに増加し，深さ1000 m程度の中層で最大になる。これは沈降する有機物質が酸化分解され，生物体に含まれていた窒素やリンが，NO_3^-やPO_4^{3-}として深層水中に再生しているためである。これらの再生した栄養塩は，深層海水とともに海洋内を循環し，一般に数百年程度のタイムラグを経て海洋表層に戻されて一次生産に再利用される。こうして植物プランクトンによる光合成過程が定常的に続き，海洋の生命活動が維持されている。

　栄養塩の供給量が多ければ，それに応じて一次生産が活発に起こる。そのような海域は湧昇域と河口域である。湧昇(upwelling)とは，深層海水が表層まで上昇するプロセスのことで，一般に大洋の東縁海岸（南北米大陸の太平洋岸やアフリカ大陸の大西洋岸など）で顕著であることが知られている。湧昇によって，深層海水に含まれる豊富な栄養塩が海洋表層に運び上げられる。一方，栄養塩は

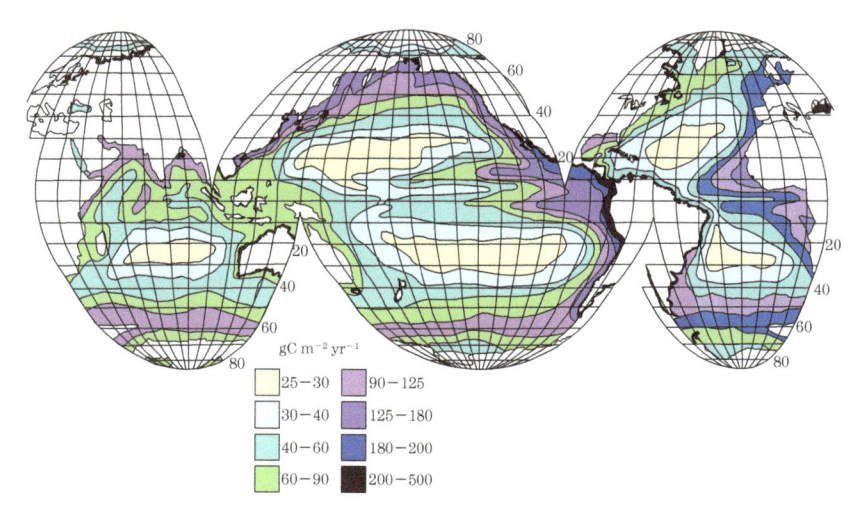

1.3 ● 水圏（Hydrosphere）

図1.10 全海洋の表層の一次生産速度の分布図（Berger et al.(1989)[4]をもとに作成）.

河川水や地下水にも豊富に含まれているので，河口域で栄養塩が供給される．海洋の一次生産（基礎生産）分布（図1.10）を見ると，栄養塩の供給を受けやすい大陸の近傍で一次生産が活発であるのに対し，大洋中央部では不活発であることがわかる．

1.3.5 海洋における化学物質の供給と除去

　河川や大気を通じて，海洋には絶えず化学物質が運び込まれている．そのままの状態が長い時間にわたって続くと，海水中の化学物質の濃度は次第に増加し，飽和溶解度まで高濃度になってしまうはずだが，現実の海洋はそうなっていない．これは，海洋に化学成分が運び込まれる一方で，海洋から化学成分を除去する生物地球化学的作用が同時に働いているためである．海洋からの物質の除去は，不溶性物質として海底に沈下し，海底堆積物として蓄積していくこと，および海底熱水活動に伴う除去作用によっている．

　化学物質の供給源をソース（source），除去先をシンク（sink）と呼ぶ．河川や大気はソースであり，海底堆積物はシンクである．図1.11は，海洋における化学物質の動きに注目して図1.1を簡略化したもので，化学物質の主要な供給と除去機構を矢印で示している．色のついた矢印がソースからの供給過程，黒塗りの矢印はシンクへの除去過程を示している．

ソースとしての河川と大気，シンクとしての海底堆積物のほかに，海洋には別の重要なソースとシンクがある．それは海洋と岩石圏とが接触する海底熱水活動である．**第9章**で詳述するように，循環する高温の海水(熱水)と高温の岩石との間で起こる活発な相互作用により，多くの化学元素や化学成分が熱水中に溶け出して海洋へ供給される．それと同時に，一部の化学成分が海底下の変質鉱物に取り込まれ，海水から除去されている．

図1.11に示した色つき矢印(海洋へのインプット)と黒矢印(海洋からのアウトプット)がつり合う(収支がバランスする)ことによって，海水中の化学成分濃度は定常的に保たれている．

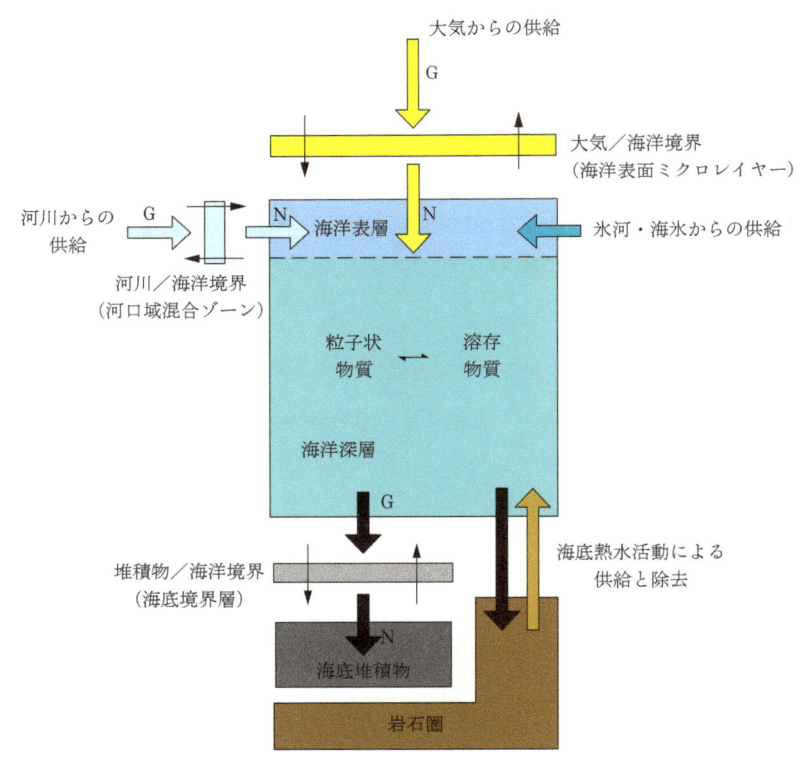

図1.11 海洋を中心とする物質循環の概念図(Chester and Jickells (2012)[5]を改変)．色のついた太い矢印は海洋への物質供給，黒く太い矢印は海洋からの物質除去を示す．海洋と大気，河川，および海底堆積物との間にはそれぞれ境界領域があり，双方向の物質の動きがある．GとNは，それぞれGrossおよびNetの略である．矢印の長さには特に意味はない．

1.3.6 元素の滞留時間

上で述べた定常的な収支バランスを前提として,海洋における元素の平均滞留時間(residence time)または交替時間(replacement time)が定義される.ある元素が,海洋に供給されてから除去されるまで,平均してどのくらいの時間(τ)を海洋で過ごすのかを示す数値である.以下の式で表される.

$$\tau = \frac{海水中の総量}{海洋への供給速度} \quad\quad (1.1)$$

海水中の総量は,これまでに報告されている海水中の平均濃度(付録参照)に海洋の体積を乗ずることで算出できる.また,海洋への供給速度(供給フラックスともいう)は,図1.11からわかるように,陸からの供給量,大気からの降下量,および海底熱水活動による供給量を合計したものとなる.

わかりやすい一例として,カルシウム(Ca)のτ値を算出してみよう[6].Caは海水中の主要元素の一つで,海洋における総量は1.42×10^{19} molと見積もられる.海洋への主なCa供給は,河川から12.5×10^{12} mol y^{-1},沿岸地下水から5.0×10^{12} mol y^{-1},および海底熱水活動から3.3×10^{12} mol y^{-1}と見積もられ,これらを合計すると20.8×10^{12} mol y^{-1}となる.したがってCaのτ値は,

$$\frac{1.42 \times 10^{19}\ \text{mol}}{20.8 \times 10^{12}\ \text{mol y}^{-1}} = 680{,}000\ \text{y} \quad\quad (1.2)$$

と計算できる.

表1.1は,最近欧米で出版された2つの教科書からτ値をピックアップして並べたものである.海洋の主要元素であっても,執筆者によってτ値には多少のずれがある.これはそれぞれの原典の著者が,海水中の平均濃度や海洋へのフラックスをどう見積もったかによって差が生じたためであろう.τ値は,あくまで目安として扱うべきことがわかる.

τ値が大きい,すなわち平均滞留時間が長いということは,その元素が海水中で長時間安定に存在できることを意味する.第6章で述べるように,全世界

表1.1 海洋における元素の平均滞留時間

化学元素	主要な無機存在形態	平均濃度*	滞留時間(年)*	滞留時間(年)**
(主要元素)				
塩素	Cl^-	546 mmol L^{-1}	119×10^6	100×10^6
ナトリウム	Na^+	468 mmol L^{-1}	68×10^6	70×10^6
マグネシウム	Mg^{2+}	53 mmol L^{-1}	7×10^6	14×10^6
硫黄	SO_4^{2-}	28 mmol L^{-1}	6×10^6	10×10^6
カルシウム	Ca^{2+}	10.3 mmol L^{-1}	0.6×10^6	0.7×10^6
カリウム	K^+	10.2 mmol L^{-1}	6×10^6	7×10^6
炭素	HCO_3^-	1.9〜2.5 mmol L^{-1}		
ホウ素	$B(OH)_3$, $B(OH)_4^-$	416 μmol L^{-1}	14×10^6	
臭素	Br^-	0.84 mmol L^{-1}		100×10^6
ストロンチウム	Sr^{2+}	90 μmol L^{-1}		6×10^6
フッ素	F^-	68 μmol L^{-1}		
(微量元素の一部)				
リチウム	Li^+	26 μmol L^{-1}	2×10^6	
バナジウム	HVO_4^{2-}	36 nmol L^{-1}	10,000	
ニッケル	Ni^{2+}	8 nmol L^{-1}	4,700	
クロム	CrO_4^{2-}	5 nmol L^{-1}	2,000	
亜鉛	Zn^{2+}	5 nmol L^{-1}	1,000	
銅	$CuCO_3$	3 nmol L^{-1}	1,400	
アルミニウム	$Al(OH)_3$, $Al(OH)_4^-$	2 nmol L^{-1}	<200	
カドミウム	$CdCl_2$	0.6 nmol L^{-1}	6,200	
鉄	$Fe(OH)^{2+}$, $Fe(OH)_3$	0.5 nmol L^{-1}	0.6	
マンガン	Mn^{2+}	0.3 nmol L^{-1}	12	
コバルト	Co^{2+}	0.02 nmol L^{-1}	62	
鉛	$PbCO_3$	0.01 nmol L^{-1}	9	
(栄養塩)				
ケイ素	H_4SiO_4	100 μmol L^{-1}	20,000	
窒素	NO_3^-	30 μmol L^{-1}	28,000	
リン	HPO_4^{2-}	2.3 μmol L^{-1}	23,000	

*Chester and Jickells (2012)[5], **Pilson (2013)[6]

の海洋水は1,000〜2,000年の時間スケールで一巡する大循環系を形成している．この時間スケールよりも τ 値が長ければ長いほど，海洋内で繰り返しかき混ぜられることになり，海洋内での分布は均一になっていく．**表**1.1にある海水中の主要元素は，すべて上記の時間スケールの1,000倍かそれ以上の長い τ 値を示しており，海洋のどこをとっても均一な濃度となっている．

一方，τ 値が1,000年よりも小さい場合は，その元素が海洋全体に均一に広がる前に，海水中での生物化学反応に関与して生物体に取り込まれたり，沈降粒子に吸着したりして，海水から除かれていることを示している．

§1.4　岩石圏（Lithosphere）

地球の質量の大部分は固体地球にあり，その内訳は最初に述べたように核，マントル，および大陸と海洋の地殻である．核の主成分は鉄で，固体である内核は10〜20%のニッケルを，また液体である外核は約10%の硫黄と少量のケイ素とカリウムを含むと考えられている．またマントルは，かんらん岩（peridotite）と呼ばれる鉄とマグネシウムを含むケイ酸塩でできている．

核やマントルにくらべて，地殻ははるかに不均一で，化学組成の異なる岩石が寄り集まっている．地殻はマントルよりもケイ素とアルミニウムに富み，一方，鉄とマグネシウムには乏しい．この傾向は，大陸地殻のほうが海洋地殻にくらべて顕著である．

地殻およびマントル最上部を合わせた厚み50〜100 kmの部分を岩石圏（リソスフェア）と呼ぶ．岩石圏は，1.4.2項で述べるプレートテクトニクスで重要な位置を占めている．

1.4.1　地殻の岩石と鉱物

岩石とは鉱物の混合体で，鉱物とはある特定の化学組成を持った結晶である．地殻を構成するさまざまな岩石は，それらの形成メカニズムの違いによって，火成岩（igneous rock），堆積岩（sedimentary rock），および変成岩（metamorphic rock）に区分される．

火成岩は，地下にある高温のマグマ（ケイ酸塩溶融体）が固結したものである．マグマが溶岩流として地表に露出して生成した岩石は噴出岩と呼ばれ，一方，マグマが地表内部で晶出したものは深成岩と呼ばれる．噴出岩はふつうマント

ル上部起源であり，マグネシウムと鉄に富んでいる（苦鉄質あるいはマフィックと呼ぶ）．最もありふれた苦鉄質火成岩は玄武岩（basalt）で，中央海嶺周辺から深海底に広く分布している．一方，深成岩はふつう地殻起源のマグマから生成するので，ケイ素（Si）とアルミニウム（Al）に富んでいる（Si＋Alでシアルと呼ぶ）．このタイプの火成岩の代表は花こう岩（granite）である．

堆積岩は，さまざまな物質が海底に沈積し，圧縮されて生成する．堆積岩には3通りある．①砕屑による堆積岩：風化や浸食によって生じた固体物質が機械的に堆積し固化したもので，泥土から生成する頁岩や砂から生成する砂岩など．②生物作用による堆積岩：生物が死んだ後の有機物質から生成するもので，(a)貝殻やサンゴ礁に由来する石灰岩（主成分は$CaCO_3$）や，(b)珪藻や放散虫に由来するチャート（主成分はSiO_2）など．③蒸発岩：陸地内に取り残された海水や池の水が蒸発することによって生成する．石膏（$CaSO_4 \cdot 2H_2O$），硬石膏（$CaSO_4$），岩塩（NaCl），方解石（$CaCO_3$）などがこれに属する．

変成岩は，既存の岩石がその鉱物組成や組織に変化を受けたもので，地表よりは高温・高圧であるが，溶融して火成岩が生成するほどではない条件下で生成する．頁岩から生じるスレート（粘板岩）や，石灰岩から生じる大理石などがこれにあたる．

1.4.2 プレートテクトニクス

プレートテクトニクス（plate tectonics）は，大陸や海洋が常に動いて互いの相対位置を変えたり，大陸が集結したり分裂するメカニズムを，きわめて合理的に説明する理論である．この理論が組み立てられ，その正しさが証明されたことは，20世紀の地球科学最大の成果といっても過言ではなかろう．

大陸の海岸線の形状から，大陸が移動あるいは漂移したとの発想は昔からあり，たとえば17世紀の哲学者フランシス・ベーコンは，西アフリカと南米の形状の一致について述べている．しかし，大陸移動説を学問的レベルまで高めた先駆者は，ドイツの気象学者アルフレッド・ウェゲナー（Alfred Wegener, 1880-1930）である．彼は1915年に出版した著書『大陸と海洋の起源』において，大陸はかつて一つの超大陸にまとまっており（彼はこれをパンゲアと呼んだ），約2億年前からこの超大陸が分裂・移動し，現在にいたったとの大陸移動説を主張した．

ウェゲナーは，当時知られていた地質学的，古生物学的，かつ気候学的デー

タを検討し，この仮説を支持する多くの間接的証拠を見いだした．しかし最も基本的な問題，すなわち巨大な質量を持つ大陸をどのようにして動かすのか，という力学的メカニズムをうまく説明することができなかった．大陸移動説は当時の地球科学界から異端視され，ウェゲナーが1930年にグリーンランド調査中に遭難死した後は，次第に忘れ去られていくこととなった．

ところが，1960年後半から1970年代初期にいたり，この説は劇的に息を吹き返す．新たな証拠として噴出岩に残された古磁気の変動パターンや，海底岩石の年代測定データが世界中から蓄積され，大陸を移動させていたのが，大洋中央海嶺に源を発する海洋底拡大であることが明らかにされたのである．ウェゲナーを悩ませた大陸移動の原動力は，地球内部からの熱エネルギーが駆動するマントルの対流にあった．大陸を含む地球表層部の形状は，対流するマントルの上側にあるプレートの動きに支配されるという革新的パラダイム「プレートテクトニクス」が確立していった．

この理論によれば，地球の表面は図1.12に示したように約20枚の堅い板（プレート）で覆われ，一つひとつのプレートは，その直下のマントルの動きに従っ

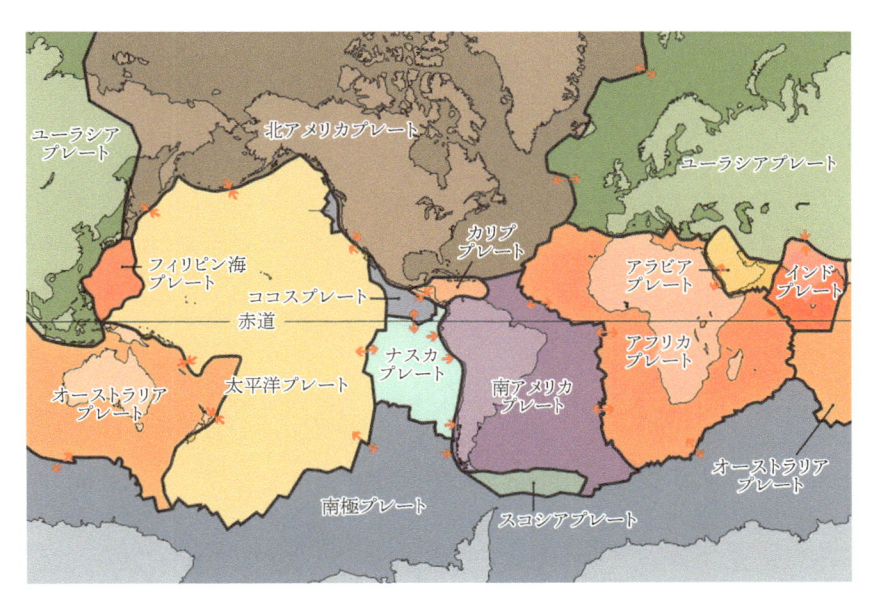

図1.12 地球表面をジグソーパズルのように覆うプレートの分布と形状．赤い矢印はプレートの動きを示す（USGSのホームページ〈http://pubs.usgs.gov/publications/text/slabs.html〉より）．

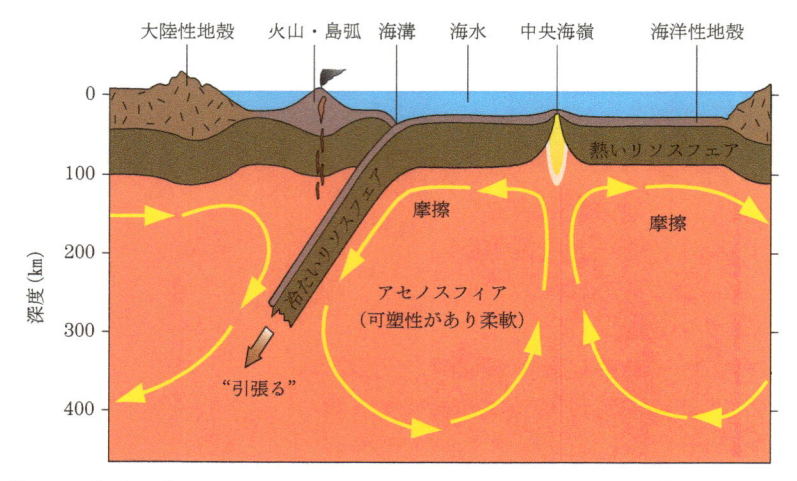

図1.13 岩石圏を移動させるマントルの対流（ピネ, 東京大学海洋研究所 (2010)[7] をもとに作成）．

て地球の表面をゆっくりと移動している（**図1.13参照**）．ここでプレートは海洋地殻と上部マントルの一部，すなわち岩石圏に相当する．プレートの下側には，もっと可塑性の大きい対流層があり，この部分はアセノスフェアと呼ばれている．

1.4.3　プレートの動きと海底熱水活動

　プレートは1年あたり数 cm から 10 cm 程度の速さで移動する．このプレートの動きが，地殻を隆起させ，われわれの住む地球表面の凹凸を支配している．その甚だしい例は地震のような大規模地殻変動で，これらは互いに反対方向に動くプレートどうしがぶつかり合う場所，すなわち収束的なプレート境界（plate boundary）で発生する．

　西太平洋の縁辺にある海溝は収束的プレート境界に相当し，ここで海側のプレートが陸側のプレートの下側に西向きに沈み込んでいる（沈み込みのことを subduction と呼ぶ）．収束的プレート境界では歪みが蓄積され，周期的に起こる歪みの解消は巨大地震を発生させる．2011年3月11日に発生した東北地方太平洋沖地震（マグニチュード9.0）はその典型である．また沈み込むプレートは，深部でマグマを発生させ，海溝の後側の島弧や背弧海盆で火山活動を引き起こす．

1.4 ● 岩石圏（Lithosphere）

　一方，隣り合ったプレートが互いに離れてゆく場所は，発散的プレート境界と呼ばれ，海底火山山脈すなわち中央海嶺である．海嶺の中央部（拡大軸）には割れ目があり，プレートが左右に移動した後の空隙を埋めるように，海底下からマントル起源のマグマが新たに湧き上がってくる．マグマは冷却固化して玄武岩となり，次々と新しい海底（海洋地殻）が形成され，海嶺の両側に拡大していく．これが大洋底拡大（ocean-floor spreading）と呼ばれる現象である．太平洋では，東太平洋海膨（図1.5）で生み出される海洋地殻が，年間約10 cmのスピードで東方向と西方向に移動している．西方向に移動するプレートは，1～1.5億年かけて太平洋を横断し，西太平洋の海溝から地球内部へ沈み込んでいる．

　海底火山の周辺では，海水が加熱され熱水として噴出する現象，すなわち海底熱水活動（submarine hydrothermal activity）が起こる．熱水が海底下を循環する際に海水中の化学成分の一部が失われたり，逆に新たな化学成分がつけ加えられたりする（図1.11）ので，海底熱水活動は海水の化学組成に大きな影響を与えている．なお海底熱水活動は中央海嶺付近で顕著に起こるが，プレートの拡大に伴う地殻の冷却には時間がかかるため，中央海嶺から離れた海底においても，余熱による熱水活動が穏やかに継続していると考えられる（第9章参照）．

1.4.4　海洋地殻を覆う堆積物

　中央海嶺で生成したばかりの海洋地殻は海水と直接接しているが，中央海嶺から離れていくにつれて表面が堆積物によって覆われていく．このような海底堆積物は，海水中を沈降する無機物・有機物の粒子が海底まで到達し，次々と積み重なったものである．

　海嶺から遠ざかるほど海洋底の年齢は古くなり，その上に積もった堆積物の厚さも増していく．移動するプレートが，海溝で陸のプレートの下側に沈み込む際には，プレートの上側に蓄積した堆積物は，プレートとともにマントル内部に向かって沈み込んだり，あるいは一部がはぎとられて陸側に押しつけられたりする．

　前にも述べたように，全海洋の体積は1.35×10^{18} m^{3}である．陸上の浸食作用によって年間約10^{10} m^{3}の大陸由来の物質が海洋に流れ込む．これらの多くはやがて海底に沈積し，海を埋め立てていく．単純な割り算をおこなうと，1.35億年で海は完全に埋め立てられてしまう計算になる．一方，地球上に海が誕生してからすでに40億年ほど経過していることは，古い堆積岩の年代測定から

明らかにされている.どこに間違いがあるのだろうか？

プレートテクトニクスはこのパラドックスに答えを与える.すなわちプレートの沈み込みによって海底が更新されていくので,海底堆積物が無制限に海底に蓄積し続けることはない.

海水と接する堆積物表面付近は酸化的であるが,表面から地中へ向かうにつれ,有機物の酸化分解が進行し,還元的な環境に移行していく.また海底堆積物中に保存された化学元素や同位体に関する情報は,過去の海洋環境を復元する古海洋学分野で重要な役割を果たすことになる(第10章参照).

§ 1.5 大気圏（Atmosphere）

大気圏は,質量から見ると固体地球のわずか100万分の1にすぎないが,海洋表面と接することによって,生物地球化学的サイクルに強い影響を与えている.大気と海洋との間では,活発に物質やエネルギーがやりとりされ,大気中の気体やエアロゾル粒子など化学物質は,大気の運動とともに迅速に遠距離輸送される.

1.5.1 大気の組成

窒素分子(N_2)と酸素分子(O_2)が,大気の質量のほぼ99％を占めている.残りの1％が,アルゴン(Ar),二酸化炭素(CO_2),およびその他の微量気体である.実際の大気には水蒸気が1〜5％程度含まれている.大気の化学組成(第7章参照)は,大気の起源や,大気が地球システム内で果たす役割などを考えるうえで重要である.

貴ガス(noble gas)＊は,化学反応に関与しないので保存性が強い.現在の地球大気中の貴ガスの存在度を調べてみると,太陽系における存在度とくらべて著しく低く,かつ存在度パターンや同位体比も異なっていることがわかる.原始太陽系星雲から地球が形成された時点では,同じ組成を持つ貴ガスが地球の原始大気中に存在していたはずであるが,それが現在の地球大気中に存在しないのは,地球の歴史の初期段階で,強力な太陽風,あるいは小惑星の衝突のた

＊従来「希ガス・稀ガス(rare gas)」が多用されてきたが,本書ではIUPAC(国際純正応用化学連合)の勧告に基づき「貴ガス(noble gas)」を用いる.

め，貴ガスを含めすべての気体が原始大気から吹き飛ばされてしまったためと考えられている．

現在の地球の大気は，地球の形成後に二次的に地球内部から大気圏に向かって放出されたもので，それは現在でも大洋中央海嶺や陸上で起こる火山活動において継続している．このような脱ガスによって大気中に水蒸気が供給され，やがて凝縮して海洋を形成したと考えられる．ただし二次的な脱ガスが，地球の歴史を通じてじわじわ定常的に続いてきたと考えると，いろいろ不都合が生じる．たとえばグリーンランドのイスア地方で見いだされた年代38億年の変成岩は，その源が深海底で形成された堆積岩であることから，当時すでに地表には大量の水(海洋)が存在したことを示しているが，これは定常的な二次脱ガスでは説明できない．Ozima and Kudo (1972)[8]は，アルゴンの同位体比を用いた先駆的研究に着手し，地球の歴史のごく初期に大量の脱ガスの起こったことを明らかにした．その後の研究により，地球形成後数億年程度の期間に，現在の大気の8割程度に相当する量が集中的に脱ガスし，その後は穏やかな脱ガスが現在にいたるまで続いてきたと考えられている．

大気の化学組成は，地球上の生命活動の影響を強く受けて進化してきた．太陽系の惑星の中で，大気中に酸素が酸素分子(O_2)の形で存在しているのは地球だけである．火星や金星では，酸素はO_2でなく，ほぼ完全にCO_2になっている．地球大気のこのような特異性は，陸上の緑色植物や海洋の植物プランクトンが光合成によってO_2を生産することに由来する．また酸素以外にも，大気中の微量ガス成分の多く(二酸化炭素，メタン，水素，一酸化二窒素など)は，地球上の生物活動(特に人間活動)と強く結びついている．

1.5.2　大気の動きと気体の混合

図1.14は，地球規模での平均的な大気の流れの概念図である．南北半球ごとに，赤道から極域にかけて，鉛直方向に大気を混合する3つの循環セルが，地球をぐるりとベルト状に取り囲んでいる．また水平方向には，低緯度帯では東風(貿易風)が，また高緯度帯では西風(偏西風)が吹く．偏西風は半月程度で地球を一回りしている．実際には，これらの平均流に加えて，大気の動きは小規模で複雑な時空間的変動を伴っており，これは日常われわれが経験しているとおりである．

活発な大気の動きによって，大気中の化学成分は迅速にかき混ぜられる．図

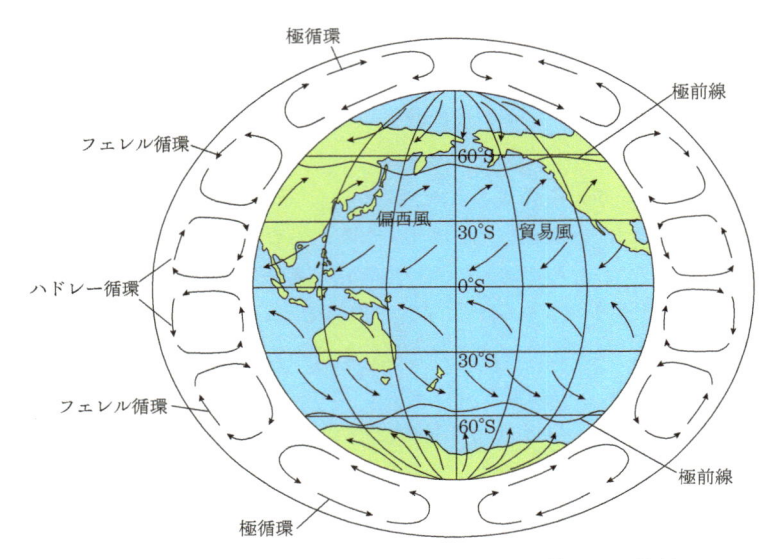

図1.14 大気中の一般的な風の流れ（大気大循環）（田近（1996）[9]）をもとに作成

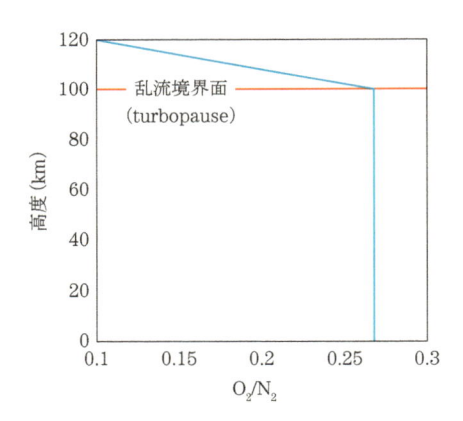

図1.15 地表からの高度に対する大気中の酸素／窒素比の変化（Chameides and Perdue（1997）[10]）をもとに作成

1.15は，O_2とN_2との混合比が高度とともにどう変化するかを示している．O_2のほうがN_2より少し重いので，重力の影響だけを考慮すれば，高度とともにO_2/N_2比は小さくなってもよさように思える．しかし現実には，大気のかき混

ぜ効果によって，O_2/N_2 比は地表面からはるか上方まで均一に保たれている．ただし高度が約 100 km の乱流境界面を超えると，この擾乱混合の効果は小さくなり，大気中の気体は重力によって分別されるようになる（O_2 が太陽の紫外線で O に解離される効果も加わる）ので，O_2/N_2 比は高度とともに減少する．

北半球内または南半球内だけで見ると，大気中の気体は1～2カ月程度の時間スケールで均一にかき混ぜられる．北半球と南半球との間で気体が入れ替わるには，もう少し長い時間が必要であるが，それでも1～2年間程度である．このように大気混合の時間スケールは，千年オーダーの海洋循環にくらべるとたいへん短い．

1.5.3　大気–海洋間の気体交換

大気と海洋は，海洋表面で接触している．この接触面を通じて気体交換(gas exchange)，すなわち大気から海洋へ，または海洋から大気へ気体が移動する．人類が放出する CO_2 の一部を海洋が吸収してくれるのは，大気から海洋へ CO_2 の移動が起こるからである．しかしこの気体の移動は，両圏の接触面で抵抗なくスムースに進むわけではない．海洋表面を覆うごく薄い膜層（表面ミクロレイヤーまたは海面薄膜層：surface micro-layer）が，大気–海洋間の障壁として存在するためである．この層は厚さ数ミクロン～数十ミクロン程度で，有機物質，粒子状物質，微生物などに富むといわれるが，実態はまだあまりよくわかっていない．気体は分子拡散によってこの薄膜を通過しなければならない．

薄膜層を介して大気と海洋との接する様子を，図1.16の模式図に示す．大気中も海洋表層中も，対流によってよく上下混合され，鉛直方向の濃度は均一である．薄膜層の内部では，分子拡散のみによってランダムに気体分子が動き回り，大気から海洋へ，あるいは海洋から大気へ気体が移動する．ここで薄膜層内に濃度勾配のある場合は，濃度の高いほうから低いほうに向かって実質的な気体のフラックスが生じる．

薄膜層の上端での気体の濃度を C_{top}，下端での濃度を C_{bottom} とおき，薄膜の厚さを z とすると，海洋から大気に向けて薄膜層を通過する気体のフラックス F は，フィックの法則(Fick's law)により，

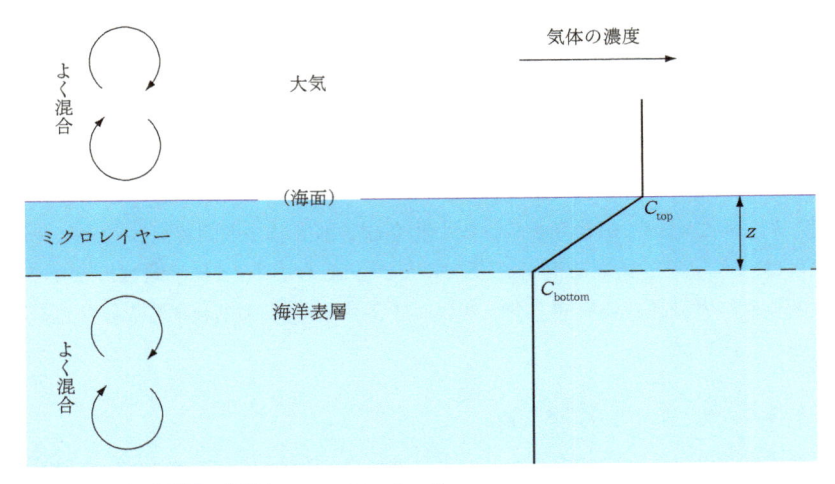

図1.16 大気-海洋間の薄膜（ミクロレイヤー）モデル．

$$F = -K\frac{C_{\text{top}} - C_{\text{bottom}}}{z} \quad\quad (1.3)$$

によって表される（$C_{\text{bottom}} < C_{\text{top}}$の場合は，大気から海洋へのフラックスが生じる）．ここでKは気体ごとに特有の定数（分子拡散係数）である．C_{bottom}は表層水中の濃度であり，実測できる．またC_{top}については，大気中の気体の濃度（分圧）と表面水の温度・塩分から溶解度（飽和平衡値）を理論的に算出できる（**付録参照**）．

天然の放射性核種ラドン-222（^{222}Rn，半減期：3.82日）が海洋から大気に一方的に逃散していることを利用して，表層水中の^{222}Rn欠損分（**図6.6参照**）から薄膜の厚さzを推定する方法がある．また，大気-海洋間の気体交換速度は，海面上の風速のほぼ2乗に比例して急増していくことが，風洞実験などから明らかにされている．これは風速の増加とともにz値が小さくなり，気体が薄膜内を通過しやすくなるためである．

§ 1.6 　生物圏（Biosphere）

　地球上の生物地球化学システムの場として最後に述べる生物圏は，これまでに述べてきた水圏，岩石圏および大気圏とは異なり，実質的な体積を持つような空間ではない．地球上に棲息する生物と，生物体由来の有機物質をすべてひっくるめて生物圏と呼ぶ．生物圏は，水圏・岩石圏とオーバーラップし，そして量的にはずっと少ないが大気圏にもまたがっている．

　現代の地球上の生物圏の規模とその内部での炭素循環の速さは，化石燃料の燃焼によって大気中に放出されたCO_2がその後どうなるのか，どの程度の温室効果や気候変化をもたらすのか，など近未来の地球環境問題と大きくかかわっている．生物圏が増大しつつあるのか縮小しつつあるのか定量的に明らかにすることは，海洋地球化学分野に課せられた重要な研究テーマの一つである．

1.6.1　代謝過程

　生命体と無生物は，代謝過程（metabolic process）を伴うかどうかで識別される．代謝過程とは生物体の内部で進行するさまざまな化学的プロセスの総称で，大きく2つに分類できる．一つは同化作用または生合成と呼ばれ，生物体が自らを構成する生物分子をつくる合成反応である．もう一つは異化作用と呼ばれる有機物質の分解反応で，生存に必要なエネルギーを獲得するためのものである．

　生合成には，独立栄養方式と従属栄養方式とがある．前者では，有機物（生物体）を合成するための原料として無機物質が使用される．一方後者は，独立栄養生物によってすでに合成された有機物質を摂取しておこなう生合成である．いずれの生合成も，進行させるためにエネルギーを必要とする．

　独立栄養生物のうち，緑色植物のように太陽光からエネルギーを得ているものを光合成独立栄養生物と呼ぶ．一方，ある種のバクテリアのように，化学反応からこのエネルギーを得ているものを化学合成独立栄養生物と呼ぶ．従属栄養生物は，その必要とするエネルギーを異化作用によって獲得するので，独立栄養生物と同じような分類法に従えば，化学合成従属栄養生物ということになる．これらの生物の分類と，それらが代謝過程で利用している代表的な化学反応を表1.2に示す．

表1.2 天然に起こる代謝過程のまとめ(Chameides and Perdue (1997)[10] より)

栄養方式	実例	代謝過程（反応）	ギブズ自由エネルギー変化 ΔG^0 (kJ/mole C)
化学合成独立栄養	メタンバクテリア	$CO_2 + 4H_2 \longrightarrow CH_4 + 2H_2O$	-114
光合成独立栄養	紅色細菌, 緑色硫黄細菌	$2CO_2 + H_2S + 2H_2O + h\nu \longrightarrow 2\text{"}CH_2O\text{"} + H_2SO_4$	126
	緑色植物	$CO_2 + H_2O + h\nu \longrightarrow \text{"}CH_2O\text{"} + O_2$	478
化学合成従属栄養	発酵バクテリア	$2\text{"}CH_2O\text{"} \longrightarrow CO_2 + CH_4$	-70
	硫酸還元バクテリア	$H_2SO_4 + 2\text{"}CH_2O\text{"} \longrightarrow 2CO_2 + H_2S + 2H_2O$	-126
	脱窒バクテリア	$4HNO_3 + 5\text{"}CH_2O\text{"} \longrightarrow 2N_2 + 5CO_2 + 7H_2O$	-397
	好気性細菌	$\text{"}CH_2O\text{"} + O_2 \longrightarrow CO_2 + H_2O$	-478

注：" CH_2O "はグルコース（$C_6H_{12}O_6$）の省略表現で，生物体の化学組成を近似的に表している．
注：ΔG^0 値からみて，光合成独立栄養の代謝反応は自発的に進まないことになるが，実際には太陽エネルギー（$h\nu$）が加わることで反応が促進される．

1.6.2 生物圏の化学組成

　生物体には有機重合体（単純な有機分子が2つまたはそれ以上結合してできる大型分子）が混在している．これらは表1.3に示したように，炭水化物（糖やデンプン），タンパク質，脂肪，リグニンなどで，生物種によって含まれる割合が異なっている（陸上の生物圏は大部分が樹木であることからリグニンに富んでいる）．これらの化合物は，炭素，水素，酸素，窒素，および多くの微量元素をいろいろな割合で含んでいる（図1.3）．

　グローバルな生物地球化学的サイクルの中で，生物による諸過程を化学的に記載する際，生物体の化学組成を代表するような化学式があると便利である．このような化学式としては，たとえば表1.2で使用した" CH_2O "がある．この $C:H:O=1:2:1$ の割合は，ブドウ糖（グルコース）の化学式 $C_6H_{12}O_6$ と同じであ

表1.3 地球の生物体の一般的な化学組成（Chameides and Perdue (1997)[10] より）

生体内物質	生物種				元素比		
	藻類	バクテリア	コペポーダ	陸上植物	H/C	O/C	N/C
炭水化物	30	40	2	45	1.67	0.83	0
タンパク質	40	50	75	5	1.54	0.38	0.27
脂質	5	10	15	1	2	0.1	0
リグニン	0	0	0	20	1.1	0.37	0
ミネラル(無機物)	25	0	8	29			
計(%)	100	100	100	100			

る．グルコースは緑色植物が光合成によってまず合成する化合物で，これをもとに他の複雑な分子へと重合したり合成されたりする．また，ほとんどの化学合成従属栄養生物の場合，グルコースは消化過程での最終生成物である．

しかし，"CH_2O"で代表させてしまうことには問題もある．生体内には，C，H，Oの3元素の他に，他の栄養塩元素も含まれているからである．特にN(窒素)とP(リン)が重要である．1950年代から1960年代初めにかけて，アルフレッド・レッドフィールド(Alfred Redfield)は，海洋の植物プランクトンの平均的なC：N：P比が106：16：1であることを明らかにした．この比はレッドフィールド比と呼ばれ，その後多くの研究者によって検証され，現在は117(±14)：16(±1)：1というのが，より確からしい値とされている(**第3章参照**)．

生物体にはさらに他の微量元素(鉄やケイ素など)が含まれている．これらの元素について生物地球化学的サイクルを解明するうえで，さらに詳細で正確なレッドフィールド比が今後明らかになっていくであろう．

§ 1.7 地球システムのまとめ

地球表層が4つの主要な「圏」——岩石圏，水圏，大気圏，および生物圏——によって構成されていること，これらの圏が，そして複数の圏にまたがる相互作用が，地球上の化学元素を保持し循環させるうえで，きわめて重要な役割を

表1.4 地球システムのまとめ（Chameides and Perdue (1997)[10] を一部改訂）．陸と海の純一次生産（NPP）の数字はEglington and Repeta (2006)[11] による．数字は研究者によって多少異なるので，目安と考えること．

圏	パラメーター	項目	サイズ	備考
大気圏	大気の質量	大気全体 対流圏	5×10^9 (Tg) 4.5×10^9 (Tg)	T : Tera (10^{12})
	混合の時間スケール	北半球内または南半球内 全球	〜0.1 (年) 〜2 (年)	
水圏	水の質量	海洋表層 海洋深層 海洋全体	1.1×10^{11} (Tg) 1.3×10^{12} (Tg) 1.4×10^{12} (Tg)	深度300 mまで
	水のフラックス	河川から海洋への流入量 降水量 蒸発量 海洋表層と深層との交換量	4.0×10^7 (Tg/年) 3.9×10^8 (Tg/年) 4.3×10^8 (Tg/年) 7×10^8 (Tg/年)	
	循環の時間スケール	海洋表層 海洋深層	〜100 (年) 〜1,000 (年)	
岩石圏	固体の質量	大陸地殻 土壌 海洋地殻 海底堆積物	2×10^{13} (Tg) 2×10^8 (Tg) 7×10^{12} (Tg) 2×10^{12} (Tg)	
	フラックス	大陸の風化速度 海底への堆積速度	2×10^4 (Tg/年) 2×10^4 (Tg/年)	
	循環の時間スケール	土壌 海底堆積物 大陸地殻	〜10^4 (年) 〜10^8 (年) 〜10^9 (年)	
生物圏	生物の質量	生きている生物体(陸) 生きている生物体(海) 死んだ生物体(陸) 死んだ生物体(海) 生物圏全体	8.3×10^5 (Tg炭素) 1.8×10^3 (Tg炭素) 1.5×10^6 (Tg炭素) 3×10^6 (Tg炭素) 5×10^6 (Tg炭素)	
	純一次生産（NPP）	陸上生物圏 海洋表層生物圏 全生物圏	6×10^4 (Tg炭素/年) 5×10^4 (Tg炭素/年) 11×10^4 (Tg炭素/年)	NPP : Net Primary Production（第3章参照）
	循環の時間スケール	生きている生物体(陸) 生きている生物体(海) 死んだ生物体(陸) 死んだ生物体(海)	〜10 (年) 〜0.03 (年) 〜30 (年) 〜75 (年)	

果たしていることが，本書でおいおい明らかになっていくであろう．これらの各サブシステムの大きさや化学物質の出入りの規模がどのくらいであるかイメージしやすくするために，**表1.4**に各サブシステムの質量や物質フラックス，および物質循環の時間スケールをまとめた．

　18世紀の産業革命以後，人類による地球環境へのかかわりが急激に増加しつつある．地球システムの中に「人間圏」という独立したサブシステムを追加すること（あるいは「生物圏」から「人間圏」を切り離すこと）が，地球システムを正しく理解するうえで必要となってきている．この点については，**第11章**において触れることとする．

Column 1

マリンスノーの名づけ親は日本の研究者

　微小な海洋生物の死骸や排泄物などの有機物質は，重力の作用で海底に向かって沈んでいく．重く大きい粒子ほどすみやかに海底に向かって沈降する．潜水船の窓から，真っ暗な海水中をライトで照らしてみると，これらの沈降粒子はひらひらと舞い落ちる牡丹雪のように見える．「マリンスノー（marine snow，海の雪）」と呼ばれるゆえんである．

　世界の海洋学者にとって身近なこの用語が最初に登場する学術論文は，日本人研究者によって執筆された．戦後間もない1952年10～11月に，北海道大学水産学部の練習船「おしょろ丸」から吊り下ろされた潜水球「くろしお号」（水深200 mまで潜れた）に乗り込んだ同学部の加藤健司助教授は，津軽海峡，陸奥湾，および鹿児島湾に潜航し，海中を舞う美しい海雪に強く興味を引かれた．そして翌年発行の北海道大学水産学部研究彙報（4巻2号）に，上司の鈴木昇教授と共著で，"Studies on Suspended Materials *Marine Snow* in the Sea: Part I. Sources of *Marine Snow*"という論文を発表した．その後，マリンスノーが海洋における鉛直方向の物質輸送に果たす重要な役割が解明されるにつれ，この用語は世界中に広まり，国際的な学術用語として定着していったのである．

　マリンスノーを採取するために，セジメントトラップ（sediment trap）という海洋機器がある．米国ウッズホール海洋研究所の本庄丕（Susumu Honjo）博士によって考案されたもので，巨大な漏斗を，開口部を上にして海中に係留し，降下してくる粒子物質を集めるのである．漏斗の一番下側には複数の試料回収容器がずらりと並び，あらかじめ設定した日数が過ぎると容器が自動的に次のものに更新され，時系列試料が採れる仕組みになっている．

第2章
海水とその化学組成

§2.1 水の物理化学的性質

　地球は「水の惑星」といわれている．しかし，われわれが生活の中で使用する湖沼や河川の淡水は，地球上の水全体のわずか0.01％にしかならない（表2.1）．地球上の水は，約2％は氷として，97％は海水として存在している．

表2.1 地球上*の水の分布（Berner and Berner (1987)[1]より）．

リザーバー	容積（10^6 km³）	割合（％）
海洋	1370	97.25
氷	29	2.05
地下水	9.5	0.68
湖沼	0.125	0.01
大気	0.013	0.001
河川	0.0017	0.0001
生物	0.0006	0.00004
合計	1408.64	99.99

＊海底堆積物中の間隙水，海底地殻内流体，および岩石圏の水は含んでいない．

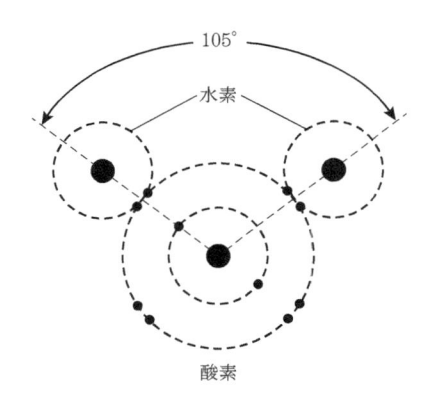

図2.1 水の分子構造（ピネ，東京大学海洋研究所監訳（2010）[2] をもとに作成）．大きな黒丸は原子核，小さな黒丸は電子を示す．

ここでは海水についての基本的な知識を示す．

水は2個の水素原子と1個の酸素原子からなる分子である．水はわれわれにとってあまりにも身近な液体だが，実はかなり特殊な分子である．図2.1に水の分子構造を示す．一般に，異種原子間にある共有電子対は電気陰性度のより強い原子のほうに引き寄せられる．水の場合，酸素原子に電子が引き寄せられるためわずかに負に帯電し，逆に水素原子はわずかに正に帯電する．すなわち，極性のある結合となる．もし，この極性のある結合が対称に配置されていれば，極性が打ち消され，全体としては極性を持たない分子となる．しかし水の場合，2つの水素原子は角度約104.5°で酸素と結合している（図2.1）ため，全体として極性を持つ分子（極性分子）となっている．

水（H_2O）と比較するため，酸素と同じ第16族元素である硫黄（S），セレン（Se），テルル（Te）と水素2個が結合した分子について，沸点と凝固点を示す（図2.2）．ファンデルワールス力などの分子どうしの間に働く力は，通常，分子量が大きくなるほど強くなる．このため，硫化水素（H_2S），セレン化水素（H_2Se），テルル化水素（H_2Te）の順に沸点・凝固点が高くなる．しかし，水は他の重たい分子にくらべて分子間の結合が強く，沸点・凝固点も高くなっている．

水の場合，電気陰性度の強い酸素原子と水素原子が結合しているため，電子が酸素原子側に移動することにより，水素原子はその周囲に1つの電子殻も持たないプロトン（H^+）に近い状態となる．この水素原子が，負に帯電した酸素

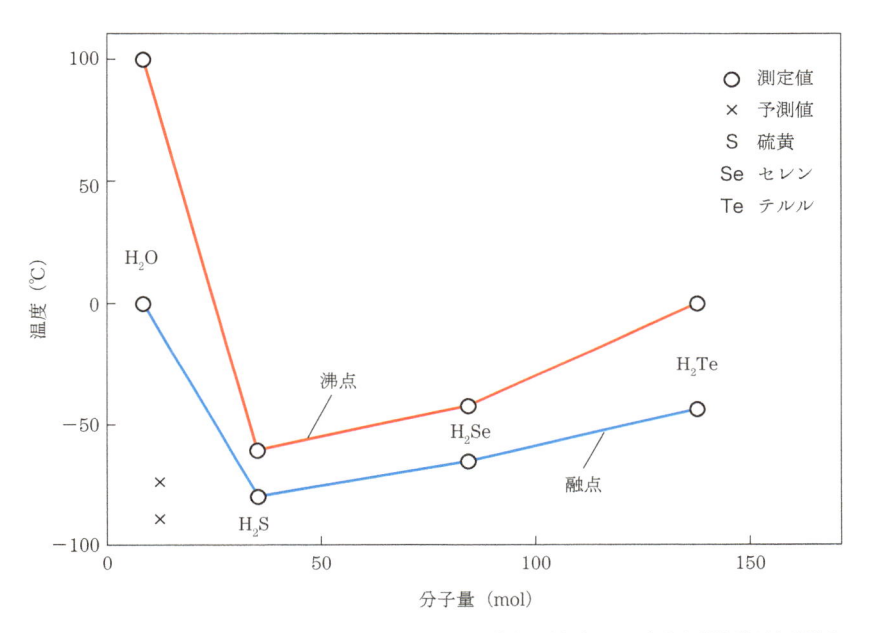

図2.2 水，硫化水素，セレン化水素，テルル化水素の沸点・融点（ピネ，東京大学海洋研究所監訳（2010）[1]をもとに作成）．

原子を引きつけるため，強い分子間の力を示す．水素と電気陰性度の強い原子（O, F, Nなど）との結合から生じる分子間力による結合は「水素結合」と呼ばれ，その結合力はファンデルワールス力などの分子間力よりもはるかに強い．地球上で，水が固体（氷）・液体・気体（水蒸気）という3つの形態を持つのは，この化学的性質のためである．

　水の密度は温度が低くなると大きくなるが，図2.3に示したように，密度が最大となる温度は約4℃（3.98℃）である．4℃以下の水は温度の低下とともに密度が小さくなる．このため，淡水が冷却されていく場合，通常4℃の水が沈み込み，表層には4℃よりも低い水が残り，やがて凍結していく．氷と水の密度を比較すると氷のほうが密度は低く，氷は水に浮かぶことになる．図2.1のような構造を持つ水分子は，低温では水素原子と酸素原子が近づき，静電的に安定な構造を保とうとする．このような安定した構造ができあがると，原子間には隙間ができ，密度は小さくなってしまう．さらに固体になるときには，特に隙間の多い構造を持つことになる．液体では分子がある程度自由に運動でき

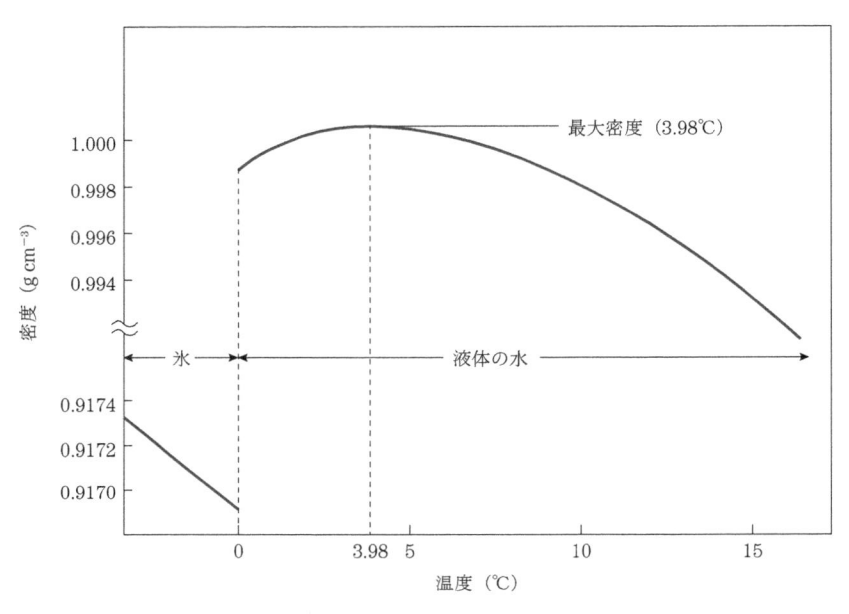

図2.3 水の密度の温度変化（ピネ，東京大学海洋研究所監訳 (2010)[1]をもとに作成）．

るため制約が弱まり，4℃までは密な形態をとることができる．

　水は物を溶かすという側面からもユニークな性質を持っている．あらゆる溶液について，物質を溶かしている液体を溶媒，溶けている物質を溶質と呼ぶ．海水の場合，水は溶媒の役割を果たす．溶媒は，その分子の性質から無極性溶媒と極性溶媒に分けられる．一般的に極性分子では，正電荷の極と負電荷の極が離れれば離れるほど，双極子モーメントが大きくなる．水は大きな双極子モーメントを持つ代表的な極性溶媒の一つである．極性を持つ溶媒は極性を持つ溶質を溶かしやすいため，極性の高い水分子はイオン結合した結晶に容易に配位できる（水和）．さまざまな無機塩類が容易に水に溶解するのは，水の極性溶媒としての性質が海水に反映されているためである

§2.2　海水の塩分と化学組成

2.2.1　主要元素

　海水にはさまざまな元素が含まれている．このうち，濃度の高い11の元素

を「主要元素 (major element)」と呼ぶ (**表1.1参照**). 濃度が1 ppm (part per million, すなわち10^{-6}. たとえば1 kgの海水に対して1 mg存在) 以上のものが主要元素となる. 主要元素以外の1 ppm以下の元素は微量元素となる. 濃度が1 ppm以下かつ1 ppb (part per billion, すなわち10^{-9}. たとえば1 kgの海水に対して1 μg存在) 以上の元素をminor element, 1 ppb以下の元素をtrace elementと呼ぶこともあるが, 一般的には主要元素以外の元素が微量元素 (trace element) と呼ばれている.

主要元素の組成比は海洋でほぼ一定であることが知られている. 海水中の主要元素の組成比が一定となる理由を考えるために, 海洋における元素の動きの時間スケールを理解しておく必要がある. ここで, よく用いられるのが, **第1章**で述べた平均滞留時間である (**表1.1参照**). 主要元素はいずれも長い滞留時間を持っており, 海洋内でよく均一化されていることがわかる.

2.2.2 塩分と塩素量

主要元素の組成比が世界中でほぼ一定であれば, 主要元素をひとくくりに扱うことは比較的簡単である. ここで汎用的に使われる概念が海水の「塩分 (salinity)」である. この「塩分」という言葉は昔から使われてきたが, その定義はさまざまな変遷をたどって現在にいたっている. その変遷と現状を簡潔に記す.

海水の塩分は, 古典的には1 kgの海水に含まれる固形塩類の総量と定義されていた. しかし, 海水を蒸発乾固させてその重量を測定するという方法では, 高精度の値を得ることはできない. そこで, 主要元素の組成比が世界中でほぼ一定であると仮定することとなった. もしこの仮定が成り立てば, 主要元素の一つを正確に測定することにより塩分を計算できることになる.

塩化物イオンは海水中に最も多く含まれており, 銀イオンを添加して塩化銀の沈殿をつくれば, 比較的簡単に測定することができる (銀滴定). このため, 主要元素の組成が一定という仮定の下, 海水中の塩素量 (chlorinity) を「海水1 kg中に含まれる塩素・臭素・ヨウ素の全量をgで表したもの. ただし, 臭素とヨウ素は塩素に置き換えられているものとする」と定義し, この塩素量から塩分に換算するようになった. この方法は長らく使われてきたが, 1960年代以降は電気伝導度 (conductivity) を測定することによって, さらに精度よく塩分を測定できるようになった.

2.2.3 実用塩分

その後,海水の電気伝導度を測定する技術は向上し,ますます測定精度は上がっていった.しかし,こうして得られた高精度な測定値は,海水の主要元素の比が一定であるという前提と合わなくなり,電気伝導度を海水中の主要元素量と結びつけることができなくなってきた.そこで,1978年,UNESCO(国連教育科学文化機関,ユネスコ)において電気伝導度を用いた新たな「実用塩分(practical salinity, S_P)」が提案され,1981年から使用されることとなった(PSS 1978).「実用塩分」は「1 kg中に32.4356 gの塩化カリウムを含む溶液と15 ℃,1気圧において電気伝導度が等しい海水の塩分を35とする」と定義され,海水中の主要元素とは直接関係のない無単位の数値となった.

実用塩分の定義式は以下のとおりである.K_{15}＝(海水試料の電気伝導度)/(標準塩化カリウム溶液)の電気伝導度とすると,

$$S_p = 0.0080 - 0.1692 K_{15}^{1/2} + 25.3851 K_{15} + 14.0941 K_{15}^{3/2} - 7.0261 K_{15}^2 + 2.7081 K_{15}^{5/2}$$

——— (2.1)

この式は $2 < S_P < 42$ の範囲で適用可能である[3].

これに対して,従来の海水中の溶存物質量を表す塩分は「絶対塩分(absolute salinity, S_A)」と呼ばれ,区別されるようになった.「実用塩分」は比較的容易に精度よく測定できるため,現在でも広く使われている.

2.2.4 絶対塩分

「実用塩分」は広く使われるようになったが,「絶対塩分」との間には差があることも知られていた.他にも「実用塩分」にはいくつかの問題点があった.たとえば,実用塩分は国際単位系ではなく,海洋学内で用いられる特殊な数値であることがあげられる.また,電気伝導度を変化させない物質が海水に溶解された場合,電気伝導度を変化させずに密度が変化することとなる.

これらの問題は,「絶対塩分」を使うことによって解消することができる.塩分だけでなく,他の海水の特性(密度・音速・熱容量など)を熱力学的に整合的に表すため,2009年のユネスコ政府間海洋学委員会(Intergovernmental Oceanographic Commission ; IOC)において,新しい海水の状態方程式

(Thermodynamic Equation of Seawater 2010, TEOS-10)が提案され，承認された．TEOS-10は非常に複雑であるため本書では取り扱わないが，その全容はWebページで確認できる[4]．簡易な解説もWebページに掲載されており[5]，日本語の解説もある[6]．ここでは簡単に塩分に関する要点だけを記す．

TEOS-10で使われる塩分は「絶対塩分 (S_A)」である．しかし，「実用塩分 (S_P)」は以前と変わらず使われており，基本的には塩分の測定値は「実用塩分」として記録していくことが求められている[5]．ここで重要な点は，両者を厳密に区別し，どちらを使用しているか明記することである．

「実用塩分」からいくつかの手順を経て，「絶対塩分」を導出することができる．まず，$2 < S_P < 42, -2\,°C < t < 35\,°C$ の範囲であれば，「参照成分塩分 (reference composition salinity, S_R)」を

$$S_R\,(\mathrm{g/kg}) = \left(\frac{35.16504}{35}\right) \times S_P \quad\quad (2.2)$$

と近似することができる．精密に成分を定められた人工海水 (IAPSOの標準海水に組成が近い) を基準として S_R は定義されているため，単位は重量の分率となっている．ただし，実際の海水の化学組成は炭酸系パラメータ・栄養塩・カルシウムなどの影響によって変化するので，この人工海水の組成と厳密には一致せず，補正が必要となる．その補正値を δS_A とすると，$S_A = S_R + \delta S_A$ となる．

δS_A を推定する方法はいくつか提案されている (たとえば，McDougall et al. (2012)[7]) が，現時点では議論の余地が残されている．海水中において，ケイ酸は主に $Si(OH)_4$ の形で存在しており，電気伝導度を変化させない溶存物質である．ケイ酸濃度が高くなる太平洋深層において δS_A の値が大きくなることから，δS_A 値にケイ酸が大きな影響を与えていることが予想される．

現時点では，「実用塩分」は測定しやすく汎用性が高いため，海洋観測の現場ではまだまだ使われていくであろう．「絶対塩分」についてはその計算方法に議論の余地があるため，今後もその動向を見守っていく必要がある．しかし，「絶対塩分」は化学の立場から理解しやすい概念であり，その重要性は変わらない．

2.2.5 海水の密度

第1章で述べたように,海水の密度は海洋の循環・構造に大きくかかわっている.特に海洋深層循環は密度の大きい水塊形成が駆動力となっている(図1.8参照).また,海洋の鉛直構造は海水の密度差によって支配されており,密度躍層(pycnocline)の存在が物質循環にも関係している.密度躍層とは,第1章で述べた水温躍層と同じように,海洋表層の下側に存在し密度が急速に増大する層である.たとえば,表層に非常に密度の低い海水が存在し成層構造が強まれば,海水の鉛直方向の循環は妨げられる.その結果,深層への酸素の供給が少なくなり,無酸素層が形成されやすくなる.

海水の密度は主に水温と塩分によって決まる.ここに,1978年にUNESCOで定義された,1気圧($p=0$)のもとでの海水の密度ρ ($\mathrm{kg\,m^{-3}}$)を算出するための式を示す.塩分S_Pと温度t(℃)に対して,

$$\begin{aligned}\rho(S_\mathrm{P}, t, 0) = {} & \rho_\mathrm{w} + (8.24493\times10^{-1} - 4.0899\times10^{-3}t + 7.6438\times10^{-5}t^2 \\ & - 8.2467\times10^{-7}t^3 + 5.3875\times10^{-9}t^4)S_\mathrm{P} \\ & + (-5.72466\times10^{-3} + 1.0227\times10^{-4}t - 1.6546\times10^{-6}t^2)S_\mathrm{P}^{3/2} \\ & + 4.8314\times10^{-4}S_\mathrm{P}^2 \quad\text{―――――} \quad (2.3)\end{aligned}$$

という関係が成り立つ[8].ここでρ_wは純水の密度であり,

$$\begin{aligned}\rho_\mathrm{w} = {} & 999.842594 + 6.793952\times10^{-2}t - 9.095290\times10^{-3}t^2 + 1.001685\times10^{-4}t^3 \\ & - 1.120083\times10^{-6}t^4 + 6.536332\times10^{-9}t^5 \quad\text{―――――} \quad (2.4)\end{aligned}$$

となる.$\rho(S_\mathrm{P}, t, 0)$は$0 < S_\mathrm{P} < 42$,$-2 < t < 40$ ℃の範囲で適用可能である[6].絶対塩分に基づく海水の密度はさらに複雑である[2].

2.2.6 塩分の変化

海水の塩分の変化は,いくつかの環境的要因に起因する.表層海水の塩分は,主に海洋からの水の蒸発量と降雨量のバランスによって決まる.水の蒸発量の大きい海域では,表層水の塩分は上昇する.たとえば乾燥地帯に囲まれた地中

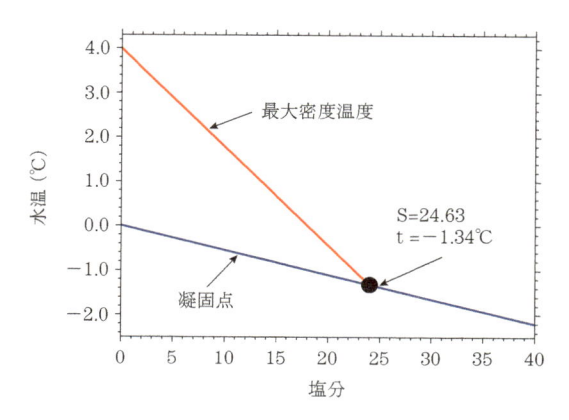

図2.4 海水の最大密度と凝固点に対する塩分の効果(Pilson (2013)[9]をもとに作成).

海東部の表層海水では，塩分が39を超えることがある．さらに，紅海やペルシャ湾には，表面水の塩分が40を超えるところがある．また，これらの海域では高塩分・高密度の海水が生成され，深層水の起源となる．北大西洋東部では高塩分の地中海起源水(Mediterranean water)が北大西洋深層水(North Atlantic deep water)に影響を与えている一方，北インド洋では紅海起源水(Red Sea water)・ペルシャ湾起源水(Persian Gulf water)が深層水循環に影響している．

外洋域と異なり半閉鎖系海域においては，海水から水が蒸発していくと，塩分の非常に高いブライン(brine)が形成される．蒸発がさらに進み，塩の飽和量を超えると固体の塩が析出する．まず炭酸塩(ドロマイト$\langle CaMg(CO_3)_2 \rangle$など)が析出し，次に硫酸ナトリウム($Na_2SO_4$)が析出してくることが知られている．さらに蒸発が進むと塩化ナトリウム(NaCl)が析出し，これらの塩は蒸発岩(evaporite)を構成する鉱物となる．

一方，海水が低温になった場合，高濃度の塩を含む海水は凝固点降下を起こす．塩分と凝固点の関係を図2.4に示す．また，各塩分において，最大の密度となる温度も図2.4に示す．前述したように，塩分を含まない水の密度が最大となる温度は約4℃である．しかし，塩分が高くなるにつれ，密度が最大となる温度は低下し，塩分24.63で凝固点と一致する(−1.3℃)．これより高い塩分を持つ水では，凝固点間近で最も密度が高くなる．塩分35の海水の凝固点は−1.9℃であるので，この塩分では凝固点の温度で最も密度が高くなる．

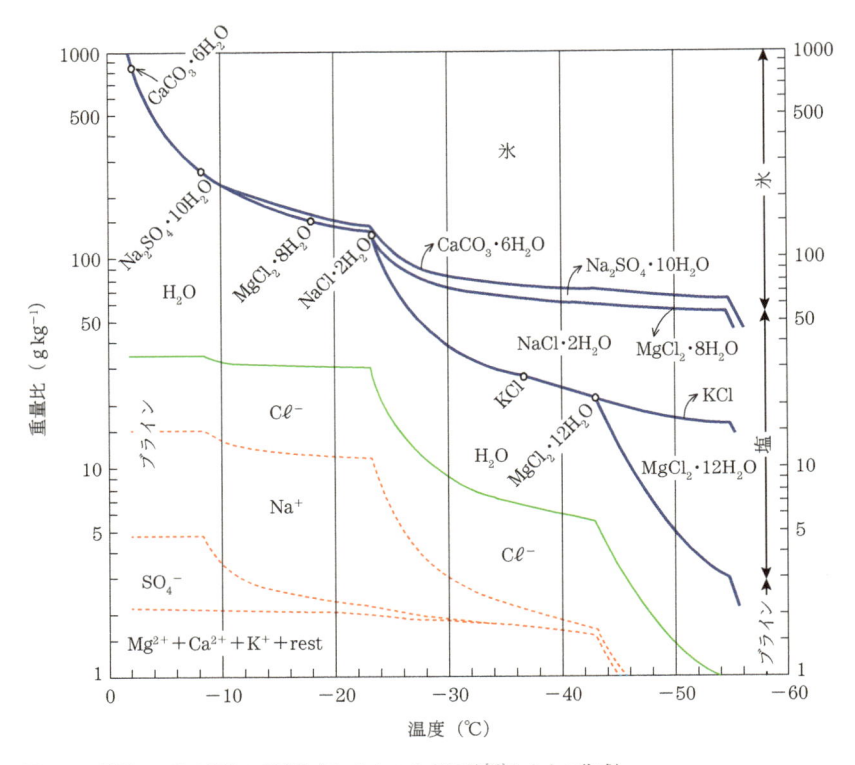

図2.5 低温における海水の相変化(Hunkel et al. (2011)[10] をもとに作成).

海水が凝固点よりも低温になると海氷が生成される．海水が凍るときには塩を含まない純水部分が先に凍り，残った海水に塩が濃縮される．こうして氷からはじき出された水がブラインとなる．さらに水温が低下すると，塩が固体として析出するようになる．$-2.2\,°C$で炭酸カルシウム($CaCO_3$)が，$-8.2\,°C$でNa_2SO_4が，$-23\,°C$でNaClが析出する[10]．

海氷の生成過程では氷・固体の塩・ブラインの3相が不均一に現れるため，その組成を観測から調べるのは困難であるが，実験室での実験によって主成分組成はモデル化されている(図2.5)．ここで生じる低温・高塩分のブラインは密度が非常に高くなるため，極域での深層水形成に寄与すると考えられる．

§2.3 溶存物質と粒子状物質

海水中の化学成分は，溶存物質 (dissolved material) と粒子状物質 (particulate material) に大別される．海洋地球化学においては，この定義はあくまで実験操作 (たとえば濾過など) によって分けられる画分を指す．一般的には $0.2 \sim 0.6~\mu m$ 程度の孔径のフィルターを通過した画分に含まれる物質を「溶存物質」とし，フィルターを通過できない画分に含まれる物質を「粒子状物質」と呼ぶ．

2.3.1 海水中の粒子

海水中の粒子をサイズで分けた場合の概念的な分布を図2.6に示す．実際に海洋で得られる粒子は，その性質から大きく2つに分けられる．一つは微細粒子物質 (fine particulate material) であり，もう一つは粗大粒子状物質 (coarse particulate material) である．前者は $5~\mu m$ くらいの粒径にピークを持ち比較的長時間海水中を浮遊するが，後者は $50~\mu m$ 程度の粒径にピークを持つ大きな粒子であり，自重のためすみやかに海水中を沈降する．前者は主に，海水を採取して濾過することによって得られる．このような採取方法で得られる粒子をここでは懸濁粒子 (suspended particle) と呼ぶ．後者は主に，セジメントトラップという漏斗あるいは筒状の捕集機器 (**コラム①参照**) を海洋に設置して，沈降してくるところを捕集する．こうして得られる粒子を沈降粒子 (settling particle また

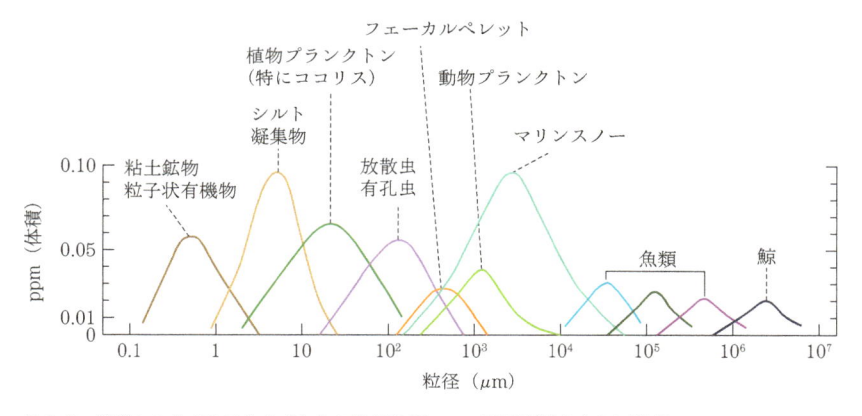

図2.6 海洋における粒子サイズとその存在度 (Chester (2000)[11] をもとに作成)．

はsinking particle）と呼ぶ．

　粒子はその生成過程からも分類することができる．まず，外部から供給された粒子と海洋内部で生成された粒子に分けられる．前者の代表は大陸から運ばれた粘土鉱物などの石質粒子（lithogenic particle）である．これらは大陸の風化に伴って陸地で生成され，河川から主に供給される．河川から流入する粒子の量は多いが，大部分が河口域で沈降してしまうため，長距離輸送にはむしろ，大気を経由して運ばれるエアロゾルが寄与しているともいわれている．氷河が移動するときに大陸を削り取って生成する粒子が含まれる海域もある．海洋内部で生成する粒子には，生物起源粒子（biogenic particle），海成起源粒子（hydrogenic particle）があり，生物起源粒子には，有機物・炭酸塩・生物起源ケイ酸（biogenic silica）が含まれている．

　生物起源の有機物粒子については，**第5章**に詳しく述べられている．炭酸塩は，主に円石藻・浮遊性有孔虫・翼足類が持つ炭酸カルシウム殻を起源としており，方解石（calcite）から構成されることが多いが，一部，アラレ石（aragonite）の殻が含まれる場合がある．生物起源ケイ酸は主に珪藻（diatom）が持つ殻を起

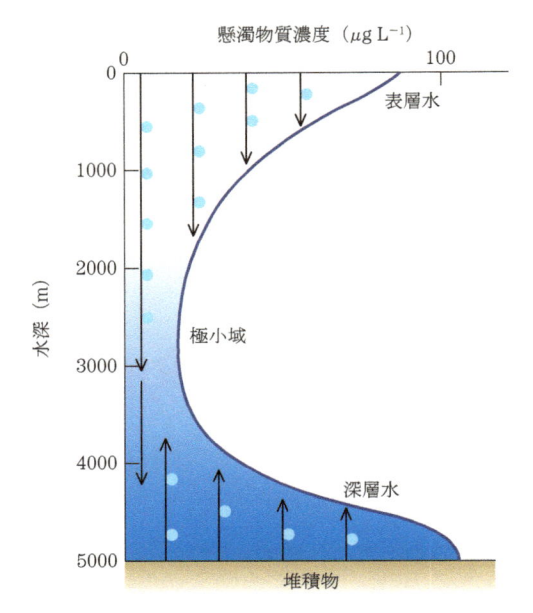

図2.7　海洋における懸濁粒子の鉛直分布（Chester（2000）[11]，p.243をもとに作成）．

源としている．特に南極海などの生物生産の高い海域では植物プランクトンの中でも珪藻が卓越しており，生物起源ケイ酸も多く生産されている．放散虫 (radiolaria) もケイ酸殻を持つ動物プランクトンである．

海成起源粒子には，河口域での凝集によって粒子化された物質，熱水域で生成された鉄マンガン酸化物などが含まれる．

これまでに外洋域で得られた粒子状物質の分布を概念的に示したのが図2.7である．粒子状物質は表層に多く存在し，中層に向けて減少する．生物起源粒子の多くは有光層において生産されるが，やがて沈降し，分解・溶解されていく．一方，底層で再び粒子が増加する傾向もしばしば観測される．海底付近で観測される乱泥流によって堆積物が巻き上げられた影響だと考えられる．しかし，底層での巻き上げは定常的に起こっている現象ではなく，空間的・時間的変化が大きいことも知られている．なお，図2.7は粒子の鉛直分布を概念的に示しており，常に外洋域でこのような分布が観測されるわけではない．大陸棚堆積物の水平輸送や海底熱水活動が活発な海域では，中層に粒子状物質の極大が現れることもある．

2.3.2 溶存物質とコロイド粒子

フィルターを通過した海水に含まれる物質を便宜的に「溶存物質」と呼んでいるが，この中にはコロイド粒子も多く含まれている．たとえば，太平洋の海水中には，粒径0.4〜1 μmのコロイド粒子が存在し，その多くが非生物粒子であった[12]．一方，粒径5〜200 nmのコロイド粒子が北太平洋・北大西洋・南極海などの海水中で検出されている[13, 14]．これらの多くは有機物であったが，堆積物の舞い上がりによる再懸濁粒子も含まれている．これらのコロイド粒子と微小生物 (ウイルスやバクテリアなど) の大きさの比較を図2.8に示した．また，海水中の鉄についても，溶存態の画分 (< 0.2 μm) にコロイド粒子状 (0.03 μm $< d < 0.2$ μm) の鉄が多く含まれていることが明らかにされている[15, 16]．

ただし，このコロイド粒子と真の溶存物質はそれぞれ独立に存在しているわけではない．海水中のコロイド粒子の挙動は，海水中のトリウム同位体 (Th-234, Th-230など) をトレーサーとして研究が続けられている (たとえばAnderson (2003)[17])．その結果，コロイド粒子が凝集 (aggregation)・崩壊 (disaggregation)・分解 (degradation) などの過程を繰り返しながら海水から除去されていく様子が明らかになりつつある (図2.9)．

第 2 章 ● 海水とその化学組成

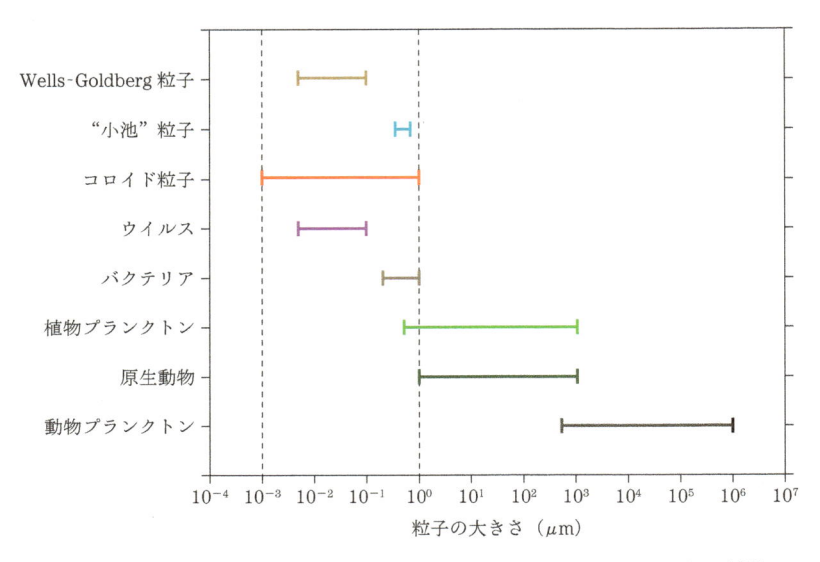

図 2.8 海洋におけるコロイド粒子と微生物のサイズ分布（Nagata and Kirchman (1997)[18] をもとに作成）.

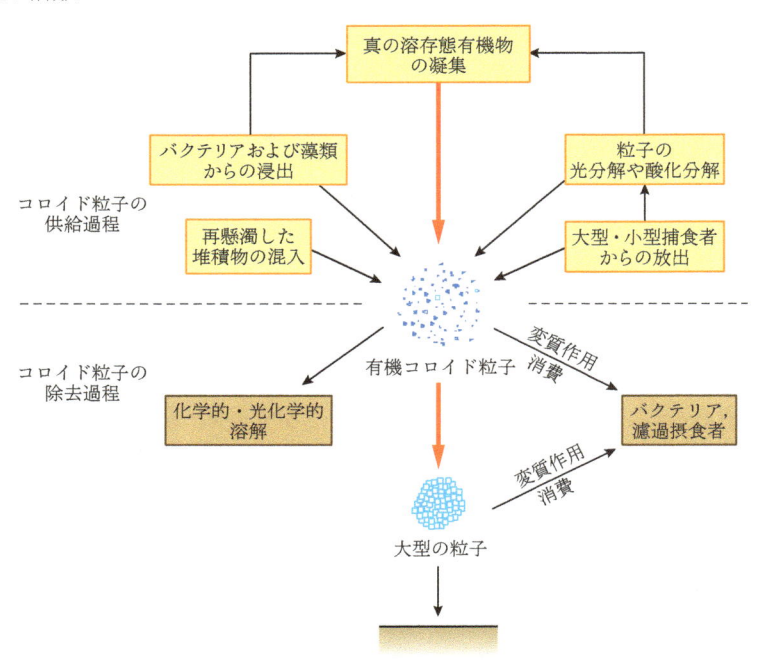

図 2.9 海洋におけるコロイド粒子の動態（Wells and Goldberg (2011)[19] をもとに作成）.

44

真の溶存物質とコロイド粒子との相互作用(吸着・脱着)は，さまざまな溶存物質(微量金属元素・有機物など)の挙動を解明するために重要である．溶存物質-コロイド粒子-懸濁粒子の相互作用は，今後の大きな研究課題の一つである．

§ 2.4　海洋観測

　海水の化学組成の研究においては，海洋に出て観測をおこなうことが最初の一歩となる．海洋地球化学は，海水中のさまざまな成分を測定し，そのデータに基づき議論を進めるという形で発展してきたため，信頼に足る観測を計画的に実施することが重要である．さまざまな観測機器の発展により，多様な形態の観測が実現しつつあるが，ここでは最も基本的な観測について述べる．

2.4.1　センサーによる海洋観測

　海洋観測の最も基本的な項目は水温(T)・塩分(S)である．2.2.3項で示したように，海水の密度は水温と塩分によって決まる．また，水塊の識別にはT-Sダイアグラムが用いられる(図2.10)．ここに示した水温・塩分の連続データはセンサーによって得られたものである．

　現在，海洋観測においては，水温と塩分のデータを得るために，CTD (Conductivity-Temperature-Depth) センサーを用いるのが一般的になっている．このセンサーにより電気伝導度・温度・圧力を同時に連続的に測定でき，その測定値から塩分・水温・水深が計算できる．

　センサーを用いる利点は連続的に数多くの測定値が得られるというところにある．さらに，最近のセンサーは「精度(precision)」が向上しており，その測定値への信頼も増している．「精度」とは測定値の再現性のことであり，繰り返し測定して得られた測定値相互の一致の程度を指す．しかし，精度のよい測定値が数多く得られても「正確さ(accuracy)」に欠ければ，その測定値の価値は下がる．たとえば，大きな系統的誤差が存在すれば，その測定値をそのままデータとして用いることはできない．ここでいう「正確さ」とは測定値と真値との一致の程度のことであるが，絶対的な真値を得ることは不可能に近いため，あらゆる努力をおこなって求めた「真値と認められる測定値」を真値とするしかないのが現状である．

　CTDセンサーの場合は耐圧試験が必要となるため，一般的にはセンサーを

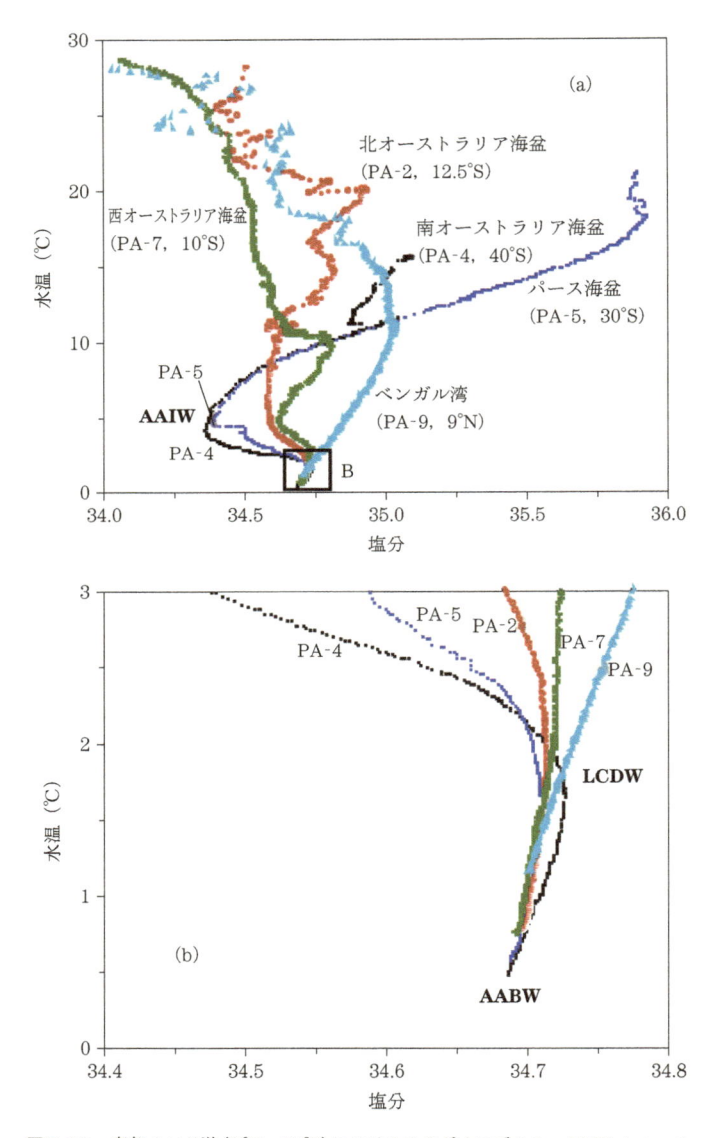

図2.10　東部インド洋（9°N〜40°S）におけるT-Sダイアグラム．AAIW: Antarctic Intermediate Water, LCDW: Lower Circumpolar Deep Water, AABW: Antarctic bottom water．（Obata et al. (2004)[20]をもとに作成）

製造した会社で定期的に校正をおこなうことが望ましい．校正されたCTDセンサーについての正確さは，電気伝導度±0.0003 S m^{-1}，水温±0.001 ℃，水圧±0.015 %程度である．これらのデータを使って，ポテンシャル水温(水圧による昇温効果を除いた水温)や密度を計算することができる．

海水中の酸化還元反応に最も大きな影響をおよぼすのは溶存酸素濃度である．海水中のある元素の酸化還元状態を調べるために，溶存酸素濃度は必須の測定項目である．また，海洋における有機物分解・水塊移動のトレーサーとしても利用できる(第6章参照)ため，海洋地球化学研究の観測では測定されることが多い．現在では，センサーを用いることにより，「海水の採取後，ウインクラー法(2.4.3項参照)で測定する」という通常の方法では得られなかった微細な情報が得られるようになってきた．センサーとしては電極式(たとえば隔膜ポーラログラフィック検出方式)・光学式(たとえば酸素消光性色素のリン光測定)などがあり，高い精度のデータが得られるようになっている．CTDセンサーと同じく，正確さについては十分注意を払う必要があり，採水器によって個別に採水した海水の分析結果と比較することも重要である．

この他に，植物プランクトンの指標となるクロロフィルに由来する蛍光を調べる蛍光光度計，海水中の粒子状物質の多寡を知るための透過度計・濁度計などを追加のセンサーとしてつける場合もある．これらのセンサーは，どこにクロロフィルや粒子の極大が存在するかという相対的な分布を調べることを目的に用いられることが多く，船上でデータをモニターしながら極大層から試料を採取するのに便利である．

2.4.2 試料の採取

試料の採取法は，観測する対象物質に依存する．海水中の溶存成分・粒子状成分，溶存成分の中でも気体成分・金属元素など，測定したい研究対象によって採取法は異なる．たとえば粒子成分の中でも，沈降粒子を集めたい場合はセジメントトラップが使われる(2.3節参照)．一方，懸濁粒子の場合は外洋域ではその存在量が少ないため，研究には一般に多量の海水を必要とする．そのために，海中にポンプを沈め現場でフィルター上に粒子を集める現場濾過器(In-situ pumping system)が開発されている[21]．

海水中の溶存成分を調べるために，古くから採水器による海水試料採取がおこなわれてきた．北極観測で有名なフリチョフ・ナンセン(Fridtjof Nansen,

1861-1930)の時代から，金属製のナンセン式採水器などが使われてきた．塩分など一般的な測定項目については，このような古いタイプの採水器を用いても問題なくデータを得ることができる．一方，海水中の微量金属元素などを対象とする場合には注意が必要である．微量金属元素は海水中で濃度が低いため，研究船や陸上の実験室の環境で汚染を受ける可能性が高い．特に採水中に採水器から受ける汚染が深刻な問題であった．

近年では，内部にいっさいの金属を使わない採水器が開発され，ようやく汚染なく採水ができるようになってきた．微量金属元素の研究でよく用いられる採水器は，ボールバルブで蓋の開け閉めをおこなうゴーフロー採水器(GO-FLO warter sampler，図2.11)や，外につけたバネで採水器を開閉するニスキン-X採水器(NISKIN-X warter sampler，図2.12)である．ただし，内部をテフロンコートしたり，採水口をテフロンにするなどの改良も必要になる．さらに，採水器の内部もあらかじめ界面活性剤や酸類で洗浄してから使用する．

海洋における微量金属元素研究の発展(**第4章参照**)は，こうした細心の採水技術に基づいている．CTDセンサーとともに12〜36本の採水器を降ろし，船上でセンサーのデータを見ながら，電気信号によって採水器の蓋を閉じるというCTD-カローセル式多層サンプリングシステム(Carousel Multi-sampling System; CMS)が，現在よく用いられる観測システムである．

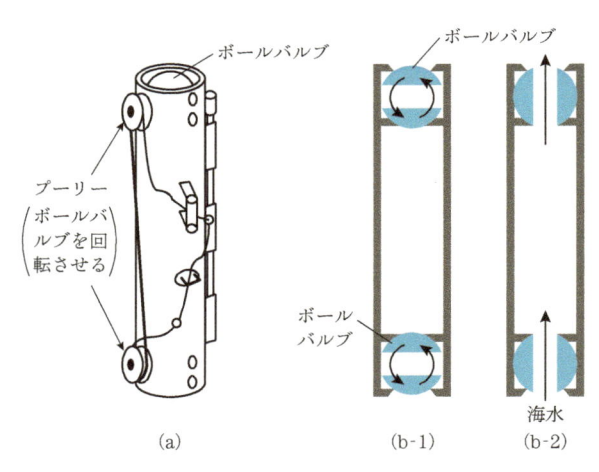

図2.11 GoFlo型採水器．(a) 概観図．(b) 断面図．(b-1) 採水後の閉じた状態．(b-2) 採水前の開いた状態．

バネ

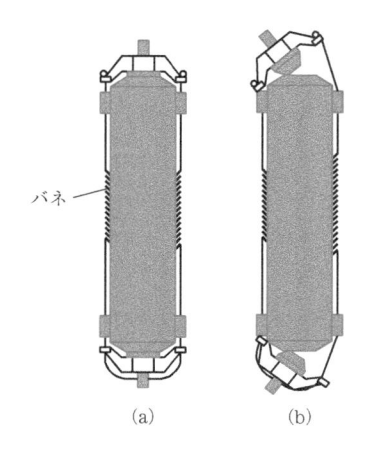

図2.12 X型ニスキン採水器．(a) 採水後の閉じた状態．(b) 採水前の開いた状態．

2.4.3 試料の保存と化学分析

　測定する化学成分のうち，その濃度や状態が変化しやすい成分については，すみやかに観測船上で前処理または分析操作をおこなう．保存可能な試料についても，保存法を誤るとせっかく苦労して採取した試料からデータを得ることができなくなる．目的とする化学成分に適した処理法を採用する必要がある．

　たとえば海水試料を空気に解放した状態で放置すると，空気と海水の間で気体交換がおこなわれるため，海水中の溶存酸素濃度が変化してしまう．このため，溶存酸素を船上でウインクラー法により測定する場合は，空気と接しないように海水を採取し，塩化マンガン溶液，水酸化ナトリウム(NaOH)とヨウ化カリウム(KI)の混合溶液をすみやかに加え，空気が入らないように蓋をし，よく撹拌する．分析の原理は以下のとおりである．アルカリ性にした海水中で白色の水酸化マンガン($Mn(OH)_2$)の沈殿が生成されるが，ここに酸素が存在すると，$Mn(OH)_2$ の一部が褐色の $MnO(OH)_2$ の沈殿に酸化される．この $MnO(OH)_2$ とKIが共存する状態で試液を酸性にすると，マンガン(IV)によってヨウ化物イオンが酸化され分子状ヨウ素(I_2)が生じるので，これをチオ硫酸ナトリウム溶液で滴定し，溶存酸素濃度に換算する．外洋域の観測では，研究船内で測定するのがふつうである．

　一方，海水中の金属元素の濃度を測定する場合は，試料の前処理や保存法に

十分な注意を払わなければならない．濾過などの試料の処理中，あるいは容器での保存中に試料が損なわれる場合がある．たとえば濾過フィルターや保存容器の壁面への吸着によって目的の化学成分が失われてしまうことがある．また，フィルターや容器の壁面から目的化学成分の汚染を受けることもある．目的の化学成分が吸着しにくく，汚染しない素材を選ぶとともに，その洗浄法についても基礎実験で確認しておく必要がある．研究船において採水時や試料処理時に汚染されやすく測定が困難な元素（たとえば鉄や亜鉛）については，船上分析法によって汚染のチェックをしておくことが推奨されている[21]．

　目的成分の存在状態を調べる場合には，船上で測定するか，存在状態を変化させない保存法を開発する必要がある．冷蔵・冷凍によって保存できる場合もある．観測目的に合わせた方法を準備しておかなければならない．

Column
②

海水はなぜ塩辛いのか？

「海水はなぜ塩辛いのか？」というのはなかなか難しい質問である．「海水はなぜ塩分が高いのか？」と訊かれたら，「太古，火山活動により放出された塩素ガスが岩石と反応してナトリウムを溶かし，海水中には多量の塩素イオンとナトリウムイオンが溶けるようになったため」といった回答ができるかもしれない．しかし，「塩辛い」と感じるのは味覚であり，人間の味覚はまだ未解明の点が多い．特に塩に対する味覚は複雑である．最近のマウスを使った実験では，低濃度の塩は「おいしい」と感じる一方，高濃度の塩に対しては苦味と酸味を感じる細胞が応答し，「まずい」と感じることがわかってきている[22]．人間の体液の組成を海水の組成と比較してみると，ナトリウムなどの主要元素については，海水のほうが高濃度であることがわかる（下表）．海水は高濃度の塩を含むため，飲んでしまうと健康に有害となる．このような過剰摂取を忌避するため，海水に対して不快な「塩辛さ」を感じる味覚をわれわれは得てきたのであろう．

表　人間の血清および海水中の主な元素の濃度とその濃度比（Haraguchi (2004)[23] より）

元素名	血清 [A] (mg L^{-1})	海水 [B] (mg L^{-1})	[A]/[B]
Cl	3200	19350	00.17
Na	3130	10780	0.29
Mg	18	1280	0.014
S	1.1	898	0.0012
Ca	93	412	0.23
K	151	399	0.38
Br	4.4	67	0.066
Sr	0.033	7.8	0.0085
B	0.0021	4.5	0.00047
F	0.019	1.3	0.015
P	119	0.062	1920
Si	0.14	2.8	0.05
Al	0.0018	0.00003	60
Fe	1.2	0.00003	40000
Zn	0.65	0.00035	1860
Mn	0.00057	0.00002	29

Column ❸

現場化学観測

　海水中の化学成分に関する研究では，採水→船上処理→分析というのが基本的な手順である．しかし，作業一つひとつに手間がかかるため，得られるデータ数は限られてくる．水温・塩分のようにセンサーで連続データが得られれば，海洋における化学成分の動態についての情報は飛躍的に増える．溶存酸素濃度については，2.4.1項で述べたようにセンサーが開発され，実績をあげている．他の化学成分については，観測項目として一般化されているわけではないが，現場で観測できるさまざまなシステムが開発されつつある．たとえば紫外線吸収を使った硝酸塩のセンサーが開発され，数 $\mu mol\,kg^{-1}$ 程度までの観測はおこなわれている．自動昇降式の漂流フロートなどにつければ，長期の連続観測も可能になる．

　一方，海水中の微量金属元素の現場型自動分析装置も開発されている．海水中のマンガンは，熱水噴出口から放出され海水で希釈された水塊の広がっていく様子（熱水プルーム）を追跡するよい指標になるといわれている．そこで深海で連続的なデータを得ることにより，熱水噴出口の位置や熱水プルームの微細構造を調べることができる（下図）．たとえば，Geochemical Anomaly Monitoring System (GAMOS) が熱水の観測に活用されている[24]．現場でキャリブレーションをおこなう機能を備えており，正確な濃度を測定することができる．

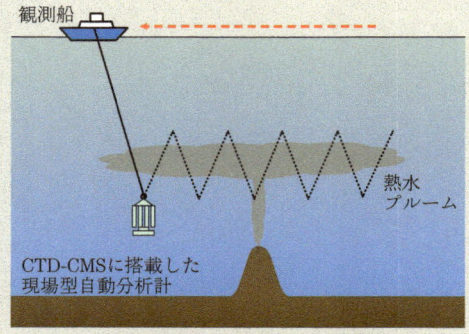

図　CTD-CMSに搭載した現場型自動分析計による熱水プルームの観測．

第3章
海洋の炭酸物質と栄養塩

§ 3.1 海洋の一次生産と栄養塩

3.1.1 一次生産

　炭素は，生物の体やそれから生じた非生物のさまざまな有機物や無機物に形を変えながら，海洋，大気，陸上の植生といった，生命が共生する地球の表層——生物圏——を循環している．この炭素循環は，地球上の生物たちに体組織の材料と活動のエネルギーを行き渡らせ，使い終わったものを再利用するプロセスである．炭素循環はまた，その循環プロセスで生じる二酸化炭素 (CO_2) やメタン (CH_4) などの温室効果気体 (greenhouse gas) や，大気中を漂う微粒子 (エアロゾル) によって地球の気候にも強く作用し，生物たちの生存環境にも深くかかわっている．

　炭素循環は，太陽光をエネルギー源とした2つのプロセスが駆動している．その一つは，太陽光に暖められた陸面や海面の温度上昇によって引き起こされる水の循環と，大気や海洋の対流などの物理的な動きである．もう一つは，植物が水 (H_2O) と CO_2 を原料として，炭水化物をつくる光合成である．陸上の植物や海洋の植物プランクトンといった独立栄養生物 (autotroph) がおこなう光合成は，太陽光エネルギーを化学エネルギーに変換して有機物に蓄えるプロセスであり，食物網を通じてこれに依存する動物たち，すなわち従属栄養生物 (heterotroph) の成長や繁殖を支えている．このことから，光合成による有機物生産を一次生産 (または基礎生産) と呼んでいる．

一次生産によってつくられた有機物は，独立栄養生物自身がおこなう有機物の酸化分解によるエネルギー利用，すなわち呼吸によって，一部が消費される．そのため，植物がある期間に生産した有機物の総量を「総一次生産（GPP：gross primary production）」，総一次生産から独立栄養生物の呼吸（R_a）を差し引いた量を「純一次生産（NPP：net primary production）」と，区別して呼ぶ．

$$\mathrm{NPP} = \mathrm{GPP} - R_a \quad\text{―――――}\quad (3.1)$$

さらに，海洋については，NPPから従属栄養生物による呼吸（R_h）を差し引いた生物群集全体の正味の生産量を「純群集生産（NCP：net community production）」と呼ぶ．

$$\mathrm{NCP} = \mathrm{NPP} - R_h \quad\text{―――――}\quad (3.2)$$

地球全体で，NPPは1年間にどれほどあるだろうか．これを見積もるのは容易ではない．しかし，植物プランクトンが持つクロロフィルの量などを人工衛星から観測することで，海洋全体でNPPは年におよそ50 PgC（ペタグラム炭素：1ペタグラムは10億トン）になると推定されている．これは，陸上の植生全体のNPPの推定値とほぼ等しい（**表1.4参照**）．海の表層を漂う小さな植物プランクトンが，これほどの純一次生産をおこなっていることは，驚くべきことである．

NPPが高い海域は，大陸棚など沿岸域，赤道域の東部，北大西洋と北太平洋の亜寒帯域の夏，そして南大洋の亜南極圏などである（**図1.9参照**）．これらの海域は，太陽光が海面によく届くことに加えて，栄養塩が比較的豊富な海域でもある．

3.1.2　栄養塩

生物の体組織は，タンパク質，脂質，糖質，核酸など，さまざまな化合物でできている．これらの化合物の多くは炭素（C），水素（H），酸素（O）からなる有機物だが，タンパク質を構成するアミノ酸や核酸には，そのほかに炭素と結合した窒素（N）が含まれているし，脂質や核酸などには，リン酸エステル結合し

たリン (P) も含まれている．また，生体内の化学反応に触媒として機能しているさまざまな酵素の活性中心には，金属イオンも使われている．

このことは，植物プランクトンにももちろん当てはまる．植物プランクトンが一次生産によって体組織をつくり，生産した有機物からエネルギーを取り出して利用するには，炭素，水素，酸素以外にもさまざまな元素が必要で，これらを体外から摂取しなければならない．しかし，すべての元素がいつも必要なだけ身のまわりの水中にあるとは限らない．陸上の植物にとって不足しがちな元素は，いわゆる土壌肥料三大要素の窒素 (N)，リン (P)，カリウム (K) である．カリウムは海水中に豊富にあるので，植物プランクトンの増殖を制限する元素は窒素，リンである．海洋に広く生息し，主な一次生産者である珪藻類にとっては，ケイ素 (Si) も必須の元素となっている．

これらの元素は，窒素がアンモニウム塩，亜硝酸塩，硝酸塩，リンはリン酸塩，ケイ素はケイ酸として，ほとんどが酸化物の形で海水中に溶けており，これらの化合物を総称して「栄養塩」と呼ぶ．栄養塩は，亜熱帯海域の表層ではほぼ枯渇している．西部北太平洋の亜寒帯域のように濃度が高い海域でさえ，表層では硝酸塩が $20\ \mu\mathrm{mol\ kg^{-1}}$，リン酸塩が $2\ \mu\mathrm{mol\ kg^{-1}}$，ケイ酸が $40\ \mu\mathrm{mol\ kg^{-1}}$ の濃度レベルにすぎない．アンモニウム塩にいたっては，生成してもすぐに利用されてしまうので，濃度は数 $\mu\mathrm{mol\ kg^{-1}}$ にも満たない．

また，鉄 (Fe) など，海水 1 L に 0.1 nmol 以下のごく微量にしか含まれていない金属塩も，栄養塩に含めることがある (4.3 節参照)．植物プランクトンにとって，鉄は光合成における電子伝達系や硝酸還元酵素に必須の元素である．

3.1.3 レッドフィールド比

1960 年代の初めに米国の海洋学者レッドフィールドらは，海の植物プランクトンに含まれる有機物の元素組成を分析し，一次生産や呼吸作用において**式 (3.3)** の関係が成り立つことを示した．

$$106\mathrm{CO_2} + 16\mathrm{HNO_3} + \mathrm{H_3PO_4} + 122\mathrm{H_2O} \rightleftarrows (\mathrm{CH_2O})_{106}(\mathrm{NH_3})_{16}(\mathrm{H_3PO_4}) + 138\mathrm{O_2} \quad\quad (3.3)$$

この化学式の左辺には，一次生産の原料となる $\mathrm{CO_2}$ や栄養塩類と $\mathrm{H_2O}$ が含まれ

ている．また，右辺には生産された有機物と，生産によって放出される酸素分子 (O_2) が含まれている．この式によれば，生産や呼吸によって変化する CO_2 や栄養塩類と溶存酸素の化学量論比は，

$$C:N:P:O_2 = 106:16:1:-138 \qquad (3.4)$$

となる．この比をレッドフィールド比 (Redfield ratio) と呼ぶ．

　レッドフィールド比については，その後も，海洋学者たちがより正確な比を求めて検討を加え，海域や深度によっていくらか変動することも明らかになった．現在は，ローレンス・アンダーソン (Lowrence Anderson) とジョージ・サルミエント (Jorge Sarmierto) によって1994年に提案された**式 (3.5)**[1]の化学量論比がよく用いられる．

$$C:N:P:O_2 = (117\pm14):(16\pm1):1:(-170\pm10) \qquad (3.5)$$

　こうした化学量論比は，栄養塩類や溶存酸素の濃度変化から，生物活動による全炭酸濃度 (3.2節，3.3節参照) の変化を評価するときに，とても役立つ．また，大気との酸素交換がとだえた海洋の内部では，同じ水塊中であれば，リン酸塩濃度と溶存酸素濃度の1/170の和は一定になることが**式 (3.5)** から仮定できるので，その数値を水塊の同定に使うこともできる (6.4節参照)．

　ただし，こうした化学量論比は，いつも成り立つとは限らない点に注意したい．もともとタンパク質，脂質，糖質，核酸などの化合物では元素組成が異なるので，これらの化合物の生産割合が異なれば，元素組成も変化する．また，温暖な亜熱帯域の海洋表層では硝酸塩が枯渇しているが，こうした海域には，強固に三重結合した窒素 (N_2) を還元して一次生産に使用する窒素固定細菌がいる．太平洋東部の海洋深層のように，有機物分解のために溶存酸素の濃度が著しく低い貧酸素状態の場所では，硝酸 (HNO_3) を還元して酸素を取り出し，有機物分解に利用する脱窒菌の作用も知られている．これらも**式 (3.5)** の化学量論比に影響をおよぼす．ニコラス・グルーバー (Nicolas Gruber) とサルミエントは，これら窒素固定と脱窒の大きさを評価するため，**式 (3.6)** で表され

るトレーサーN^*の利用を提案している[2].

$$N^* = (N - 16P + 2.90 \ \mu\text{mol kg}^{-1}) \times 0.87 \quad \text{------} \quad (3.6)$$

NとPは,それぞれ硝酸塩とリン酸塩の濃度を表す.この式は,N^*の値が正のとき,窒素固定に由来する硝酸塩濃度の増加を示し,負のときは,脱窒による硝酸塩濃度の減少を示す.

§3.2 二酸化炭素の溶解と酸塩基平衡

本節では,大気との交換や海中の生物活動によって海水中にCO_2が溶けたとき,それが化学的にどうふるまうかについて解説する.

3.2.1 炭酸物質

CO_2が水に溶けてできる炭酸(H_2CO_3),炭酸水素イオン(HCO_3^-),炭酸イオン(CO_3^{2-}),およびそれらの塩を総称して「炭酸物質」と呼ぶ.家庭などで調理や洗浄に使う重曹(重炭酸ソーダ)はHCO_3^-のナトリウム塩で,炭酸物質の一つである.

海水中には,1 kgあたりにおよそ0.002 mol(2000 μmol)の炭酸物質が溶けており,その多くはHCO_3^-である.炭酸水素ナトリウム($NaHCO_3$)の式量は84.0なので,海水1 kgに溶けている炭酸物質の量は$84.0 \times 0.002 \fallingdotseq 0.17$ g,すなわち小さなスプーン1杯分ほどの$NaHCO_3$に相当する.塩化ナトリウム($NaCl$)などの塩が,海水1 kgにおよそ35 gも溶けていることにくらべれば,炭酸物質の濃度はそのおよそ1/200にすぎない.しかし,海水中に溶けている炭酸物質の量を海洋全体で合算すると,炭素量に換算しておよそ38,000 PgC(ペタグラム炭素)もの莫大な量になる.これは大気中に含まれるCO_2のおよそ60倍である.少しおおげさだが,海水は「しょっぱい重曹水」といえるだろう.

後述するように,海水中に溶けている炭酸物質は,互いに化学平衡の状態にある.この化学平衡系すなわち「炭酸系」は,海水の酸塩基的な性質を支配する要因となっている.炭酸系は複数の化学平衡からなっているので複雑に見えるが,「物質の収支(化学量論)」,「質量作用の法則による平衡定数の表現」,そ

して「電解質溶液中のイオンの総濃度の電気的中性の原理」の3つを基本として解くことができる．

3.2.2 二酸化炭素から炭酸へ

CO_2は水に溶けるとH_2CO_3になる．この反応は式(3.7)と式(3.8)の化学平衡式で表される．海中の生物が呼吸によって放出したCO_2についても同様である．

$$CO_2(g) \rightleftharpoons CO_2(aq) \qquad (3.7)$$

$$CO_2(aq) + H_2O(l) \rightleftharpoons H_2CO_3(aq) \qquad (3.8)$$

化学記号の後の記号は，(g)が気体，(l)が液体，(aq)が水溶液に溶けた状態を表している．式(3.7)は，気体状のCO_2と水溶液に溶けて水和したCO_2との間の化学平衡を表す．式(3.8)で表されるのは，水和したCO_2とH_2CO_3の間の化学平衡である．式(3.8)の化学平衡は大きく左辺に偏っており，CO_2(aq)とH_2CO_3(aq)の濃度比はおよそ1000:1になっている．しかし，これらは酸塩基平衡を考えるうえで識別する必要がないことから，CO_2(aq)とH_2CO_3(aq)を合わせてCO_2^*(aq)と記し，式(3.7)と式(3.8)を合わせて式(3.9)で表すのが一般的である．

$$CO_2(g) \rightleftharpoons CO_2^*(aq) \qquad (3.9)$$

CO_2を含む空気と水溶液を接触させると，CO_2が水溶液に溶けてゆく．また，サイダーのようにCO_2を多く含む水溶液と空気を接触させると，CO_2が空気中に出てゆく．しかし，やがてCO_2が空気中から水溶液中に溶け込む速さと，水溶液中から空気中に出てゆく速さが均衡して，空気中のCO_2(g)の濃度と水溶液中のCO_2^*(aq)の濃度が，見かけ上は変化しなくなる．この状態が式(3.9)で表される平衡状態である．

式(3.9)の平衡式の平衡定数は，式(3.10)で表される(以下(aq)は省略する)．

$$K_0 = \frac{[CO_2^*]}{pCO_2} \quad \text{(3.10)}$$

[ ]は水溶液中の濃度(ここでは海水1 kg中のモル濃度:単位はmol kg^{-1}を使用する)を表す.また,pCO_2は空気中のCO$_2$分圧を表す.分圧(partial pressure)は,理想気体の性質に関するドルトンの法則(Dolton's law)で示される概念である.ドルトンの法則は,式(3.11)のように「混合気体の全体としての気圧(全圧:P)が,各気体成分の気圧(分圧:p_i)の和に等しい」ことを示す.このとき,ある気体成分iの分圧p_iは,その気体のモル分率x_iと全圧Pの積で表される.

$$P = p_1 + p_2 + \cdots + p_n = x_1 \cdot P + x_2 \cdot P + \cdots + x_n \cdot P \quad \text{(3.11)}$$

大気の主成分はN$_2$とO$_2$で,そのほかにH$_2$O,アルゴン(Ar),CO$_2$などの微量気体が含まれている(**表7.1参照**).大気の全圧はおよそ1 atmだが,ドルトンの法則では,全圧がそれぞれの気体成分の濃度(モル分率)に応じた分圧の和になっていると考えるのである.なお**式(3.10)**には,CO$_2$の「分圧」の代わりに,実在気体の物理化学平衡の表現に使う「フガシティー (fugacity)」の概念を用いるのが,熱力学的にはより正確である.空気中のCO$_2$については,気体の分子間相互作用が無視できないので,「理想気体」とはいえないからである.しかし,空気中のCO$_2$濃度が400 ppm(1 ppmは100万分1)程度の場合,分圧とフガシティーの数値上の違いは0.5 %ほどにすぎないと考えられるので,本書では簡単のため「分圧」と表現する.

空気中のCO$_2$濃度は,一般に,乾燥させた空気中のCO$_2$のモル分率(xCO_2)で報告される.そのためCO$_2$濃度の測定値をCO$_2$分圧に換算するときは,**式(3.12)**のように大気圧から水蒸気圧(p_W)の寄与を差し引いて計算する.

$$pCO_2 = xCO_2 \cdot (P - p_W) \quad \text{(3.12)}$$

たとえば,大気圧Pが1 atm,水蒸気圧p_Wが0.02 atm,空気中のCO$_2$濃度が

400 ppm のとき，CO_2 分圧は

$$400 \times 10^{-6} \times (1\,\mathrm{atm} - 0.02\,\mathrm{atm}) = 392 \times 10^{-6}\,\mathrm{atm} = 392\,\mu\mathrm{atm}$$

と計算できる．

式 (3.10) は気体の溶解に関するヘンリーの法則 (Henry's law) を CO_2 に当てはめた式であり，水溶液 (海水) 中の CO_2^* 濃度が，平衡状態では空気の CO_2 分圧に比例することを表している．式 (3.10) 中の平衡定数 K_0 を溶解度と呼ぶ．K_0 は水温 25 ℃，塩分 35 の条件では，$0.0284\,\mathrm{mol\,kg^{-1}\,atm^{-1}}$ であり，水温や塩分が低いほど大きな値となる．R. ワイスがおこなった実験によって，K_0 は海水の水温 T (絶対温度) と塩分 S の関数として，式 (3.13) の経験式で表されることがわかっている[3]．

$$\ln K_0 = 93.4517 \times \frac{100}{T} - 60.2409 + 23.3585 \times \ln\frac{T}{100} \\ + S\left\{0.023517 - 0.023656 \times \frac{T}{100} + 0.0047036 \times \left(\frac{T}{100}\right)^2\right\} \quad (3.13)$$

海水を少量の空気とよく混合して式 (3.10) の平衡状態とし，その空気中の CO_2 濃度を測って分圧を求めると，海が大気から CO_2 を吸収しているか，それとも大気に CO_2 を放出しているかを推定できる．海水と気液平衡になった空気の CO_2 分圧 ($p\mathrm{CO}_{2\mathrm{sw}}$) と洋上の大気の CO_2 分圧 ($p\mathrm{CO}_{2\mathrm{air}}$) とをくらべたとき，$p\mathrm{CO}_{2\mathrm{sw}} < p\mathrm{CO}_{2\mathrm{air}}$ の状態ならば海水は CO_2 未飽和なので，$p\mathrm{CO}_{2\mathrm{sw}} = p\mathrm{CO}_{2\mathrm{air}}$ の平衡状態に達するまで，大気から海水に CO_2 が吸収される．反対に $p\mathrm{CO}_{2\mathrm{sw}} > p\mathrm{CO}_{2\mathrm{air}}$ の状態ならば海水は CO_2 過飽和なので，やはり平衡状態に達するまで，海水から大気に CO_2 が放出される．

単位面積あたりの海面における大気-海洋間の CO_2 移動速度 (フラックス，F) は，式 (3.14) で表される．

$$F = k \cdot K_0 \cdot (p\mathrm{CO}_{2\mathrm{sw}} - p\mathrm{CO}_{2\mathrm{air}}) \quad\text{(3.14)}$$

k はピストン速度 (piston velocity) と呼ばれ,おもに海面の擾乱に応じて変化するため,一般に風速の関数で表される.CO_2 は大気中にわずか400 ppmほどしか含まれていないので,その分圧は低い.そのため,大気-海洋間の CO_2 の移動速度は遅く,平衡に達するには年単位の時間がかかる.実際には,大気中の CO_2 分圧は,北半球の高緯度域で10 ppm以上、季節変化するし,海洋では,水温変化,海水の運動,あるいは生物活動によって,表面海水の CO_2 分圧が,100 μatm 以上も季節変化する海域もある.そのため,大気と海洋が CO_2 に関して平衡状態になることはまれである.

3.2.3 炭酸の酸塩基平衡

次に,海水に溶けた $\mathrm{H}_2\mathrm{CO}_3$ がどうなるか,その酸塩基平衡について考えよう.$\mathrm{H}_2\mathrm{CO}_3$ は,解離し得るプロトン(H^+(aq))を2つ持つ二塩基酸である.$\mathrm{H}_2\mathrm{CO}_3$ からプロトン1個が解離すると HCO_3^-(aq)になり,2個が解離すると CO_3^{2-}(aq)になる.これらの反応も可逆的で,迅速に式(3.15)と式(3.16)で表される酸塩基平衡の状態になる.

$$\mathrm{CO}_2^*(\mathrm{aq}) \rightleftharpoons \mathrm{H}^+(\mathrm{aq}) + \mathrm{HCO}_3^-(\mathrm{aq}) \quad\text{(3.15)}$$

$$\mathrm{HCO}_3^-(\mathrm{aq}) \rightleftharpoons \mathrm{H}^+(\mathrm{aq}) + \mathrm{CO}_3^{2-}(\mathrm{aq}) \quad\text{(3.16)}$$

これらの酸塩基平衡の酸解離定数 K_1 および K_2 は,式(3.17)および式(3.18)で表される.

$$K_1 = \frac{[\mathrm{H}^+][\mathrm{HCO}_3^-]}{[\mathrm{CO}_2^*]} \quad\text{(3.17)}$$

$$K_2 = \frac{[\mathrm{H}^+][\mathrm{CO}_3^{2-}]}{[\mathrm{HCO}_3^-]} \quad \text{(3.18)}$$

K_1 と K_2 は,水温 T (K),塩分 S,水圧によって変化する.これまで多くの物理化学者が実験によって K_1 や K_2 を求めてきたが,ここでは1973年にC. メールバッハらが求め,2000年にT. ルーカーとA. G. ディクソンらが再評価した1気圧下の経験式を示す[4].

$$\mathrm{p}K_1 = \frac{3633.86}{T} - 61.2172 + 9.6770 \ln T - 0.011555 S + 0.0001152 S^2 \quad \text{(3.19)}$$

$$\mathrm{p}K_2 = \frac{471.78}{T} + 25.9290 - 3.1696 \ln T - 0.01781 S + 0.0001122 S^2 \quad \text{(3.20)}$$

ここで $\mathrm{p}K_n = -\log_{10} K_n$ であり,たとえば,水温25 ℃,塩分35の条件では,$\mathrm{p}K_1 = 5.847$,$\mathrm{p}K_2 = 8.966$ である.

海水中のプロトンの濃度がなんらかの原因で下がる(pHが上がる)と,**式 (3.15)** の酸塩基平衡は右に動き,$\mathrm{CO}_2^*(\mathrm{aq})$ の濃度が下がって $\mathrm{HCO}_3^-(\mathrm{aq})$ の濃度が上がる.プロトン濃度がさらに下がると,**式 (3.16)** の酸塩基平衡が右に動き,今度は $\mathrm{HCO}_3^-(\mathrm{aq})$ の濃度が下がって $\mathrm{CO}_3^{2-}(\mathrm{aq})$ の濃度が上がる.

これらのことを定量的に表現してみよう.

まず,水溶液に溶けている炭酸物質の濃度の総和を「全炭酸濃度(total dissolved inorganic carbon)」と呼び,C_T と表記する.C_T は**式 (3.21)** で表される.

$$C_\mathrm{T} = [\mathrm{CO}_2^*] + [\mathrm{HCO}_3^-] + [\mathrm{CO}_3^{2-}] \quad \text{(3.21)}$$

次に,式 (3.17) (3.18) (3.21) から,$[\mathrm{HCO}_3^-]$ を C_T と $[\mathrm{H}^+]$ の関数で表してみよう.式 (3.17) と式 (3.18) を変形すると,式 (3.17)' と式 (3.18)' が得ら

れる.

$$[CO_2^*] = \frac{[H^+][HCO_3^-]}{K_1} \quad \text{―――} \quad (3.17)'$$

$$[CO_3^{2-}] = \frac{K_2[HCO_3^-]}{[H^+]} \quad \text{―――} \quad (3.18)'$$

式(3.17)'と式(3.18)'をそれぞれ式(3.21)に代入すると,

$$C_T = \frac{[H^+][HCO_3^-]}{K_1} + [HCO_3^-] + \frac{K_2[HCO_3^-]}{[H^+]}$$
$$= [HCO_3^-] \cdot \left(\frac{[H^+]}{K_1} + 1 + \frac{K_2}{[H^+]}\right) \quad \text{―――} \quad (3.22)$$

となる. したがって,

$$[HCO_3^-] = \frac{C_T}{([H^+]/K_1) + 1 + (K_2/[H^+])} \quad \text{―――} \quad (3.23)$$

となる. 同様に, 式(3.17)(3.18)(3.21)の各式から

$$[CO_2^*] = \frac{C_T}{1 + (K_1/[H^+]) + (K_1K_2/[H^+]^2)} \quad \text{―――} \quad (3.24)$$

$$[CO_3^{2-}] = \frac{C_T}{([H^+]^2/K_1K_2) + ([H^+]/K_2) + 1} \quad \text{―――} \quad (3.25)$$

が得られる．式(3.23)〜(3.25)からわかるように，それぞれの炭酸物質の濃度は，C_T と，K_1, K_2, そして[H^+]の関数で表される．水温，塩分，水圧が一定の条件では，K_1 や K_2 も一定なので，炭酸物質の濃度は，C_T とプロトン濃度(pH)だけの関数となる．

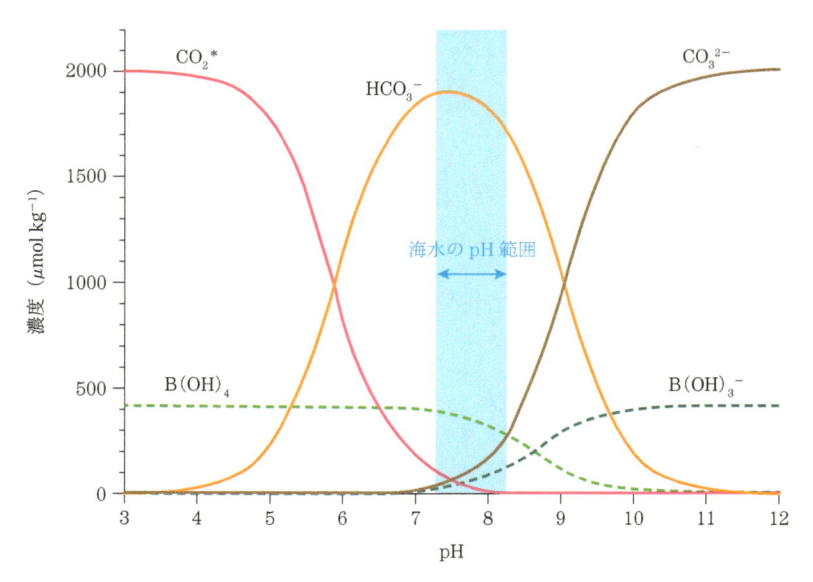

図 3.1 に，C_T が一定のときの，それぞれの炭酸物質の濃度と pH($=-\log[H^+]$)の関係を示す．この図の中で，[CO_2^*]の分布曲線と[HCO_3^-]の分布曲線の交わる点，すなわち[CO_2^*] = [HCO_3^-]の点では，pH = pK_1 である（式(3.17)参照）．同様に[HCO_3^-]の分布曲線と[CO_3^{2-}]の分布曲線の交点では，pH = pK_2 である（式(3.18)参照）．海水は弱塩基性で，そのpHは水温25℃でおよそ7.2〜8.2の範囲にあり，海洋表層水で高く，深層水で低い傾向がある．このpH領域では，炭酸物質の85〜95％が炭酸水素イオンに，また1〜14％が炭酸イオンになっている．海水が CO_2 未飽和なのか過飽和なのかにかかわる CO_2^* の濃度は，pHが低い深層水で全炭酸濃度の4％に達することがあるが，pHが高い亜熱帯域の表層水では0.5％にも満たない．

図 3.1 炭酸やホウ酸の溶存化学種とpHの関係（水温20℃，塩分35，全炭酸濃度2000 μmol kg^{-1} の場合）．

3.2.4 炭酸水のpH

　世界の海の海水中の全炭酸濃度は表層から深層まで含めて，およそ1900〜2400 μmol kg^{-1}の範囲にある．にもかかわらず，海水がpH7.2〜8.2の弱塩基性を示すことは，海水がたんなる炭酸水なのではなく，炭酸物質のほかに多くの塩基性物質が溶けていることの証拠である．この塩基性物質の当量濃度を「全アルカリ度(total alkalinity)」と呼ぶ．全アルカリ度は，全炭酸濃度とともに炭酸系を記述するうえで重要な変数の一つである．

　この節では，全アルカリ度について理解するために，塩分が海水と同じで，酸も塩基もまったく含まない塩化ナトリウム溶液を考える．そして，CO_2を含む空気をこの溶液と接触させて平衡にしたときに，溶液中の全炭酸濃度やpHがどんな値になるのか，まず計算してみよう．計算条件は，水温が25°C，塩分が35，pCO_{2air}が392 μatmで，空気中のCO_2が溶液中に溶けてもpCO_{2air}は変わらないと仮定する．

　塩化ナトリウム溶液には，空気中のCO_2が気液平衡に達するまで溶けてゆく．溶けた$CO_2{}^*$の一部は，プロトンを解離して$HCO_3{}^-$や$CO_3{}^{2-}$になるかもしれない．このとき溶液中に溶けている陽イオンの電荷の総和と陰イオンの電荷の総和は等しく保たれるので，この電気的中性を示す式(3.26)が成り立つはずである．

$$[Na^+] + [H^+] = [Cl^-] + [HCO_3{}^-] + 2[CO_3{}^{2-}] + [OH^-] \quad\text{(3.26)}$$

　ここで，ナトリウムイオン(Na^+)と塩化物イオン(Cl^-)は，すべて最初から水溶液に溶けていたNaClがもとになっており，炭酸物質とは反応しないので，$[Na^+]=[Cl^-]$が成立する．また，塩基をまったく含まない塩化ナトリウム溶液にCO_2を溶かせば，溶液はどちらかというと酸性になると想像できる．いくらか酸性であれば，図3.1から$[HCO_3{}^-] \gg [CO_3{}^{2-}]$が成り立つと考えられる．したがって，式(3.26)は式(3.26)'に近似できる．

$$[H^+] = [HCO_3{}^-] + [OH^-] \quad\text{(3.26)'}$$

また，プロトン(H^+)と水酸化物イオン(OH^-)は，水分子(H_2O)が解離してできるイオンで，それらの濃度の間には式(3.27)の関係が成り立つ．

$$[H^+]\cdot[OH^-]=K_W \quad\text{―――――}\quad (3.27)$$

K_Wを水のイオン積と呼ぶ．K_1やK_2と同じように，水温，塩分，圧力が一定なら，K_Wも一定の値となる．式(3.27)を変形して式(3.26)'に代入すると，

$$[H^+]=[HCO_3^-]+\frac{K_W}{[H^+]} \quad\text{―――――}\quad (3.28)$$

となる．さらに式(3.17)を変形すると$[HCO_3^-]=K_1[CO_2^*]/[H^+]$なので，これを式(3.28)に代入し，気液平衡に関する式(3.10)の関係を代入すると，式(3.29)が得られる．

$$[H^+]^2=K_0\cdot K_1\cdot pCO_2+K_W \quad\text{―――――}\quad (3.29)$$

この式に$K_0=0.0284$ mol kg^{-1} atm^{-1}，$K_1=10^{-5.847}$ mol kg^{-1}，$K_W=10^{-13.127}$ (mol kg^{-1})^2，$pCO_2=392\times10^{-6}$ atmの数値を代入して解くと，$[H^+]=3.989\times10^{-6}$ mol kg^{-1}，すなわちpH=5.399の計算結果が得られる．

このとき全炭酸濃度は

$$C_T=[CO_2^*]+[HCO_3^-]=[CO_2^*]\left(1+\frac{K_1}{[H^+]}\right)=K_0\cdot pCO_2\left(1+\frac{K_1}{[H^+]}\right)$$
$$=11.13\times10^{-6}\times(1+0.357)=15.11\times10^{-6}\text{ mol kg}^{-1} \quad\text{―――――}\quad (3.30)$$

と計算され，CO_2^*とHCO_3^-の濃度比は，1：0.357となっている．

3.2.5 全アルカリ度

3.2.4項で計算した空気と気液平衡にある炭酸水のpHを，現実の海水のpHとくらべてみると，海水のpHは炭酸水より1.8から2.8も高い．また，海水の全炭酸濃度のほうが120倍から160倍も高い．このことは，現実の海水には高濃度の塩基が溶けていると同時に，その多くが炭酸によって中和されていることを意味している．

海水中の塩基の総濃度に相当するのが，全アルカリ度である．この節では，海水中の全アルカリ度を，炭酸物質などの濃度によってどう表すことができるか考えてみよう．

海水に加えられた塩基の総濃度をC_Bとする．塩基は，NaOHでもよいし，他の物質でもよいが，ここでは簡単のためにNaOHとして話を進める．3.2.4項で使用した塩化ナトリウム溶液にNaOHを添加すると，式(3.26)の中の$[Na^+]$と$[Cl^-]$のバランスが崩れる．これらのイオンの濃度差は，添加したNaOHに由来するNa^+の濃度に相当する．

$$C_B = [Na^+] - [Cl^-] \quad\quad (3.31)$$

しかし，電気的中性を示す式(3.26)は，やはり成立している．したがって，式(3.26)と式(3.31)から，

$$C_B = [HCO_3^-] + 2[CO_3^{2-}] + \frac{K_W}{[H^+]} - [H^+] \quad\quad (3.32)$$

となる．式(3.32)で表されるC_Bを「炭酸アルカリ度(carbonate alkalinity)」と呼び，A_Cと表記する．

現実の海水には，炭酸物質のほかに，ホウ酸($B(OH)_3$)，ケイ酸，硫酸(H_2SO_4)など，酸塩基平衡にかかわるさまざまな物質(プロトン受容体やプロトン供与体)が溶けている．それらの寄与も考慮して全アルカリ度(A_T)を表現したのが，式(3.33)である．

$$A_\mathrm{T} = A_\mathrm{C} + [\mathrm{B(OH)_4^-}] + [\mathrm{HPO_4^{2-}}] + 2[\mathrm{PO_4^{3-}}] + [\mathrm{SiO(OH)_3^-}] + [\mathrm{NH_3}]$$
$$+ [\mathrm{HS^-}] + \cdots - [\mathrm{HSO_4^-}] - [\mathrm{HF}] - [\mathrm{H_3PO_4}] \qquad (3.33)$$

式(3.33)に含まれる化学種の海水中の濃度レベルを考えると,全アルカリ度に主に寄与しているのは,$\mathrm{HCO_3^-}$,$\mathrm{CO_3^{2-}}$,ホウ酸イオン($\mathrm{B(OH)_4^-}$)の3つである.

全アルカリ度は,海水を塩酸(HCl)で滴定し,$A_\mathrm{T} = 0$の状態,すなわち海水中の塩基性物質がHClと過不足なく反応した状態にいたらせるに必要なHClの量として計測できる.海洋の全アルカリ度は,およそ2150〜2450 $\mu\mathrm{mol\ kg^{-1}}$の範囲にあり,全炭酸濃度にくらべてやや高い.

海中には,サンゴ,貝,有孔虫,植物プランクトンの円石藻類など,炭酸カルシウム($\mathrm{CaCO_3}$)の殻を身にまとったさまざまな生物が棲んでいる.これらの生物が$\mathrm{CaCO_3}$をつくる(石灰化する)とき,海水に溶けている$\mathrm{CO_3^{2-}}$が使われる.そのとき,全炭酸濃度と全アルカリ度はともに低下するが,それらの比は,全炭酸濃度1に対して全アルカリ度2である(図3.2参照).反対に,$\mathrm{CaCO_3}$の殻が溶けると,全炭酸濃度1に対して全アルカリ度は2増加する.

3.2.6 炭酸カルシウム飽和度

海の生物たちが$\mathrm{CaCO_3}$を殻に利用できるのは,海水中の$\mathrm{CaCO_3}$の溶解度が低く,$\mathrm{CaCO_3}$が固体の状態を保つことができるからにほかならない.海洋の表層では,pHが高いので$\mathrm{CO_3^{2-}}$の濃度も高く,$\mathrm{CaCO_3}$は過飽和になっている.とはいえ,海洋表層で$\mathrm{CaCO_3}$の結晶が化学的に成長することはない.その代わり,生物たちがつくったアラゴナイト(アラレ石,aragonite)やカルサイト(方解石,calcite)といった結晶形の$\mathrm{CaCO_3}$の殻は,生物が死んだ後も溶けないで,貝殻,サンゴ礁のかけら,星の砂(有孔虫の殻)などとして残る.一方,海洋の深層では,pHが低いために$\mathrm{CO_3^{2-}}$の濃度が低く,$\mathrm{CaCO_3}$は未飽和になっている.このため,たとえば円石藻や有孔虫の殻が深海に沈降して$\mathrm{CaCO_3}$未飽和の水深に達すると,殻は溶けてしまい,海底に堆積することはない.

$\mathrm{CaCO_3}$が過飽和なのか未飽和なのかを知る指標として,式(3.34)で表されるΩ値が定義されている.

$$\Omega = \frac{[Ca^{2+}][CO_3^{2-}]}{K_{sp}} \quad\text{―――}\quad (3.34)$$

$\Omega > 1$ ならば$CaCO_3$は過飽和であり，$\Omega < 1$ ならば未飽和である．K_{sp}は$CaCO_3$の溶解度積を表す．K_{sp}の値はアラゴナイトとカルサイトで異なり，アラゴナイトはカルサイトにくらべてK_{sp}の値が大きいので，海水中ではアラゴナイトのほうが溶けやすい．アラゴナイトのΩ値は，温暖な熱帯域や亜熱帯域で最も高く，およそ4を示す．サンゴ骨格はアラゴナイトでできており，$CaCO_3$過飽和の点でも，これらの海域はサンゴ礁の形成に適している．反対に寒冷な海域ではΩ値は小さい傾向にあり，北極海では1を下回ることもある．

3.2.7　海洋における炭酸系の変化要因

　酸塩基平衡にかかわる化学反応は，一般にとても迅速に進行するので，溶液中の炭酸物質をそれぞれ単離して個別に濃度を測定することはできない．その代わり，全炭酸濃度(C_T)，全アルカリ度(A_T)，pCO_{2sw}，pHの4つの変数のうち2つを測定するとともに，水温，塩分，水圧を測定して平衡定数を計算することで，個々の炭酸物質の濃度や他の測定変数の値を算出することができる．

　たとえば，C_T，A_T，水温，塩分の測定値から，pCO_{2sw}，pHを計算するには，以下の方法を用いる．

　式(3.33)は，式(3.23)と式(3.25)を代入することで，式(3.33)'のようにC_Tと$[H^+]$の関数で表現できる（ただし，式(3.33)の$[HPO_4^{2-}]$以下の項は寄与が小さいので，ここでは省略する）．

$$A_T = \frac{C_T}{([H^+]/K_1)+1+(K_2/[H^+])} + \frac{2C_T}{([H^+]^2/K_1 K_2)+([H^+]/K_2)+1} + \frac{B_T}{([H^+]/K_B)+1} + \frac{K_W}{[H^+]} \quad\text{―}\quad (3.33)'$$

B_Tは海水中に溶けているホウ酸とホウ酸イオンの総濃度で，経験的に塩分Sの関数として$B_T = 4.1576 \times 10^{-4} \cdot S/35 \text{ mol kg}^{-1}$と表される．$K_B$は式(3.35)で表

第3章 ● 海洋の炭酸物質と栄養塩

される $B(OH)_3$ の酸解離定数である.

$$K_B = \frac{[H^+][B(OH)_4^-]}{[B(OH)_3]} \quad \text{(3.35)}$$

$B(OH)_3$ の酸解離定数の詳細は,Dickson et al. (2007) を参照願いたい[5].

式(3.33)'の C_T に測定値を代入し,式(3.33)' から計算される A_T がその測定値と一致するように,$[H^+]$ の値を二分法などで求める.$[H^+]$ が求まれば,次にこれを C_T の測定値とともに式(3.23)〜(3.25) に代入することで,それぞれの炭酸物質の濃度を求めることができる.さらに式(3.10)や式(3.34)から pCO_{2sw} や Ω の値を求めることもできる.

図3.2に,水温・塩分が一定の条件下で,C_T や A_T の変化に伴って pCO_{2sw} や Ω がどう変化するかを等値線で示した.また,大気-海洋間の CO_2 交換,有機物生産と呼吸,炭酸カルシウム殻の形成と溶解によって,C_T や A_T がどの方向に変化するかを合わせて矢印で示した.

図3.2からわかるように,海水が大気から CO_2 を吸収すると,A_T は変化しないが,C_T の上昇によってpHと Ω 値は低下,pCO_{2sw} は増加する.生物が呼吸によって海水中に CO_2 を排出したときもほぼ同じ効果があるが,呼吸とともに HNO_3 も排出されると考えられるので,図3.2中の矢印は炭素と窒素のレッドフィールド比に相当する分だけ傾いている.また,生物活動による全炭酸濃度の変化は,大気-海洋間の CO_2 交換による変化にくらべて,一般に大きい.円

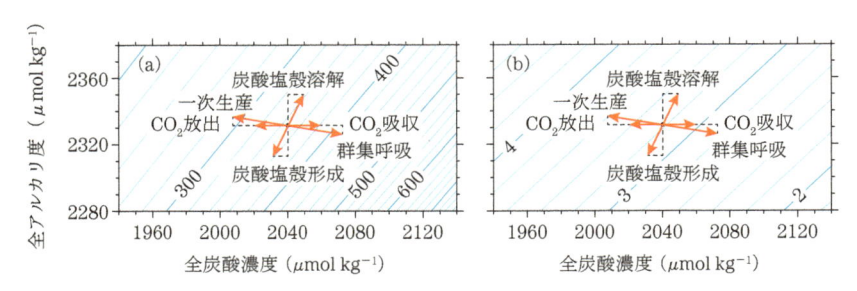

図3.2 全炭酸濃度と全アルカリ度の変化に伴う (a) pCO_{2sw} の変化と,(b) Ω(アラゴナイト)の変化(水温20℃,塩分35).

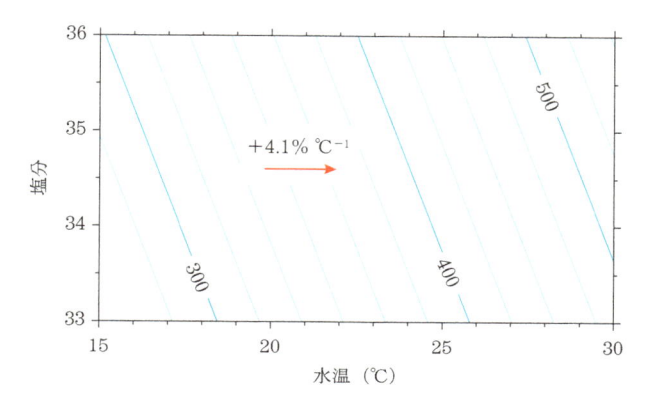

図 3.3 水温と塩分の変化による $p\mathrm{CO}_{2\mathrm{sw}}$ の変化（全炭酸濃度 2000 $\mu\mathrm{mol\,kg^{-1}}$，全アルカリ度 2300 $\mu\mathrm{mol\,kg^{-1}}$）．

石藻などが $\mathrm{CaCO_3}$ の殻をつくるとき，$\mathrm{CO_3^{2-}}$ が使われるので，C_T と A_T は 1：2 の比で減少する．ただし，円石藻は光合成もおこなうので，実際に炭酸系がどう変化するかは，光合成による C_T の低下と，炭酸カルシウム殻の形成による A_T・C_T の低下の，両方の大きさによって決まる．

図 3.3 には，C_T と A_T が一定の条件下で，水温と塩分の変化によって $p\mathrm{CO}_{2\mathrm{sw}}$ がどう変化するかを示した．水温の変化は，海水の $\mathrm{CO_2}$ 溶解度を大きく変化させることで，水温 1℃あたり $p\mathrm{CO}_{2\mathrm{sw}}$ をおよそ 4％も変化させる．

§ 3.3　炭素循環

3.3.1　地球表層の炭素循環

大気，海洋，陸上の植生には，莫大な量の炭素が $\mathrm{CO_2}$，炭酸物質，有機物の形で蓄えられている．炭素はこれらの炭素リザーバーの間を，主に $\mathrm{CO_2}$ の形で活発に行き来している（図 3.4）．

1980 年代に，スイスやフランスの科学者たちが，南極氷床の奥深くの氷中に泡となって閉じ込められていた過去の空気の採取と分析に成功し，18 世紀以前には，大気中の $\mathrm{CO_2}$ 濃度がおよそ 280 ppm だったことを明らかにした．このことは，産業革命前の大気中に，全体でおよそ 589 PgC の $\mathrm{CO_2}$ が含まれていたことを意味している．

また，産業革命の後に化石燃料の燃焼によって大気に排出された $\mathrm{CO_2}$ の総量

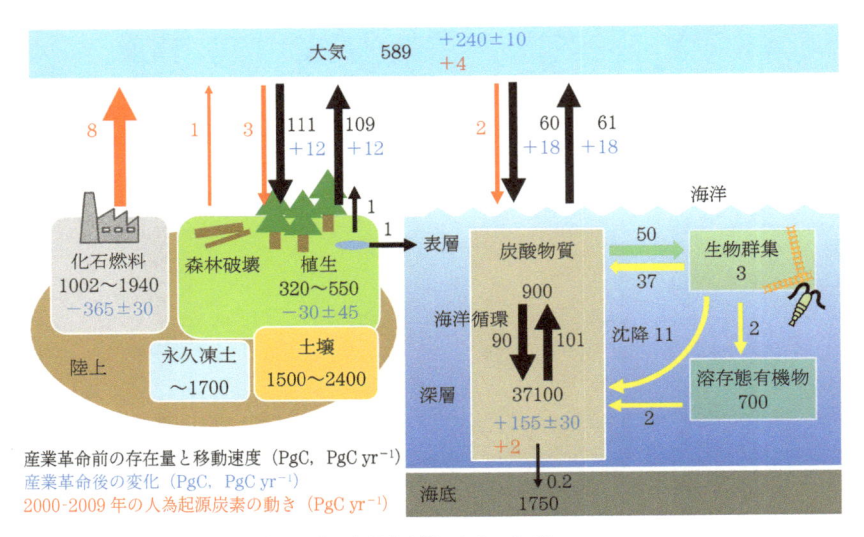

図3.4 地球表層の炭素循環（IPCC第5次報告書[6]をもとに作成）.

は，およそ365 PgCにのぼると推定されている．実際には，これに森林破壊によって排出された多くのCO_2が加わっているはずである．こうした人為的なCO_2排出の結果，大気中のCO_2濃度は急激に上昇し，2000～2009年の平均値は，産業革命前にくらべて100 ppm以上も高いおよそ390 ppmに達した．しかし，大気中のCO_2濃度上昇のデータから計算すると，産業革命以後に，大気中に増えたCO_2の総量は240 PgCであり，化石燃料消費による総排出量の365 PgCだけとくらべても，その66%にとどまっている．また，大気中のCO_2濃度の上昇速度は，エル・ニーニョ現象に伴って大きく変化するが，平均すると近年は毎年2 ppm増となっている．これから計算される大気中全体のCO_2増加量は毎年4 PgCで，2000～2009年の化石燃料消費と森林破壊を合わせた平均CO_2排出量の8 PgCに対して，その50%にとどまっている．

残りのCO_2はどこに行ったのだろうか．それらは地球表層の炭素循環にのって，海洋や陸上の植生に吸収されたと考えられる．エル・ニーニョ現象に伴って大気中のCO_2濃度の上昇速度が変化するのも，海洋や陸上植生へのCO_2吸収量が変化するためである．特に海洋は，世界的な海洋観測の結果から，産業革命以後に排出されたCO_2のうち155 PgCを吸収したと推定されている[7]．近年は，海洋と陸上の植生でCO_2を年におよそ2 PgCずつ吸収していると評価され

ている[8]．しかし，産業革命以後の収支を見ると，大気中のCO_2増加量と海洋への蓄積量の合計は395 PgCとなり，化石燃料消費によるCO_2総排出量を30 PgC上回っている．このことから，歴史的な森林破壊によるCO_2の総排出量は，森林の一次生産増加によるCO_2吸収量の増加よりも，まだ30 PgCほど多いと考えられるのである．

海洋が大気からCO_2を吸収できるのは，なぜだろうか？ そして，大気-海洋間でCO_2が活発に行き来しているにもかかわらず，海洋が大気のおよそ60倍も(3.2.1項参照)の炭酸物質を蓄えることができたのは，そもそもなぜだろうか？

それは，3.2節で述べたように，海水が弱アルカリ性で，炭酸物質のほとんどが，CO_2ではなく，HCO_3^-やCO_3^{2-}に形を変えて溶けているためである．その上，次節で述べるように，海洋表層から深層へとCO_2を送り込み，深層に多量の炭酸物質を蓄え続ける「ポンプ」の役割を果たす機能を，海洋が持っているからにほかならない．

3.3.2 溶解度ポンプと生物ポンプ

大気中のCO_2は，どのようなメカニズムで海洋の深層に運ばれるのだろうか．そのメカニズムには，「溶解度ポンプ」と「生物ポンプ」がある．

A．溶解度ポンプ

「溶解度ポンプ」は，物理的な効果によって大気から海洋表層へ，さらに海洋表層から深層へとCO_2を運ぶ機能であり，「物理ポンプ」といいかえてもよい．式(3.13)で表されるように，水温が下がるほど海水へのCO_2溶解度は高くなるので，pCO_{2sw}は低くなる(図3.3参照)．たとえば，北太平洋の亜熱帯域には，大きな時計回りの海流がある(図1.7参照)．これを亜熱帯循環といい，その北西の縁にある強い流れが黒潮である．黒潮によって水温が夏に30℃にも達するフィリピンや台湾の近海から日本の南岸付近に運ばれてきた表層海水は，冬の季節風に冷やされて水温がおよそ20℃にまで下がる．このため，海洋表層のpCO_{2sw}は，大気のpCO_{2air}にくらべて50 μatm以上も低下し，大気から海洋にCO_2が吸収される．これが「溶解度ポンプ」の一例である．

溶解度ポンプが強く作用しているため，日本付近の北太平洋は，冬になるとCO_2の強い吸収域になる．また，黒潮は房総半島沖から東に離岸したところで

黒潮続流と呼ばれるようになるが，黒潮続流付近では，表層海水が冬の季節風でさらに冷やされて密度が増すために，表層から沈降してゆき，亜熱帯モード水や中央モード水といった水塊が形成される．大気から海洋に吸収されたCO_2は，これによってさらに海洋の内部へと運ばれてゆくのである．こうした現象は，世界のさまざまな海域で起きている．特に北大西洋では，暖かいメキシコ湾流がアイスランド近海まで北上し，冷却されて深層水が形成されるとき，多量のCO_2を大気から海洋深層に運んでいる．

B. 生物ポンプ

「生物ポンプ」は，「有機物ポンプ」と「炭酸塩ポンプ」に分けられる．

3.1節で述べたように，海洋表層では一次生産によってCO_2から有機物が生産される．生産された有機物の多くは海洋表層で消費されてCO_2に戻るが，一部は粒子としてマリンスノーのように沈降したり，海水に溶けて海水とともに沈降した後に，深層でバクテリアに分解されてCO_2に戻る．有機物を介したこのようなプロセスによって，海洋表層のCO_2は深層に運ばれるのである．これが「有機物ポンプ」である．

また，海洋表層で円石藻など生物の殻としてつくられた$CaCO_3$も，生物の死後に沈降し，Ω値の低い深層で溶けてCO_3^{2-}とカルシウムイオン（Ca^{2+}）に戻る．炭酸塩を介したこうしたプロセスによって，海洋表層のCO_3^{2-}は海洋の深層に運ばれる．これが「炭酸塩ポンプ」である．

有機物ポンプ（一次生産）は，海洋表層の全炭酸濃度を下げ，pHを上げることでpCO_{2sw}を下げ（図3.2 (a) 参照），大気から海洋へのCO_2吸収を促進させる．一方，炭酸塩ポンプは，海洋表層の全炭酸濃度を下げるが，その2倍相当の全アルカリ度を同時に下げるために，むしろpCO_{2sw}を上げ，海洋から大気にCO_2を放出させる作用がある（図3.2 (a) 参照）．したがって，なんらかの原因で有機物ポンプの主役と考えられる珪藻の増殖がいっそう促され，これと競合する円石藻の増殖が抑えられると，炭酸塩ポンプが弱まって表層海水中の全アルカリ度が増える．その結果，pCO_{2sw}が下がり，大気から海洋へのCO_2吸収が増えるはずである[6]．

3.3.3　大気中の二酸化炭素濃度の変化と海洋の炭素循環

溶解度ポンプや生物ポンプによって海洋内部に運ばれた炭酸物質は，海水の

物理的な循環とともに，やがて海洋の表層に戻ってくる．太平洋では，赤道域の中部から東部にかけて広がる赤道湧昇域が，その代表例である．こうした溶解度ポンプや生物ポンプは，大気中の CO_2 と海洋深層の CO_2 をつなぐ役割を果たしている．中でも有機物ポンプはその効果が大きく，海洋表層の全炭酸濃度や pCO_{2sw} を低いレベルに保つことで，大気から CO_2 を吸収し，大気中の CO_2 濃度を低いレベルに保つ重要な役割を担っている（図3.5）．

南極氷床に閉じ込められていた過去の空気の分析からは，過去数十万年間に繰り返された氷期・間氷期の中で，氷期には大気中の CO_2 濃度が200 ppmを下回り，間氷期よりも80 ppm以上も低かったことも明らかになっている．こうした気候変化に伴う大気 CO_2 濃度の著しい変化に関して，大気のおよそ60倍もの炭素を含む海洋が，溶解度ポンプや生物ポンプの強さの変化を通じて，重要な役割を担っていたことは間違いないだろう．水温変化による溶解度ポンプの変化や，陸から大気中に舞い上がったエアロゾルによって海洋に供給される鉄やケイ素の量の変化によって引き起こされる有機物ポンプや炭酸塩ポンプの

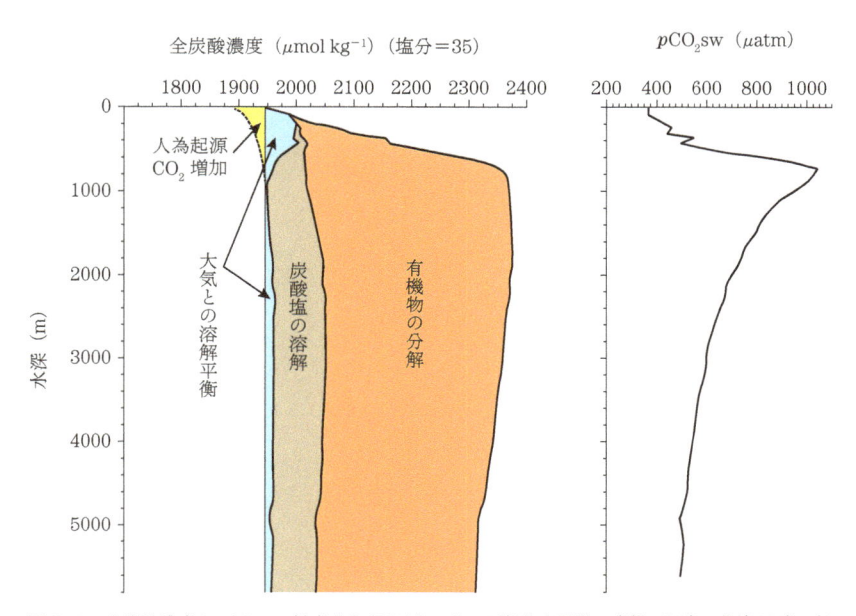

図3.5 全炭酸濃度と pCO_{2sw} の鉛直分布（2011年7月，西部北太平洋の東経165度，北緯20度の気象庁による観測例）．全炭酸濃度の鉛直分布には，海面付近を基準としたときの生物ポンプや溶解度ポンプの寄与の大きさを示した．

変化が，大気CO_2濃度の変動を引き起こした原因に挙げられている[9]．

現代に目を向けると，化石燃料の消費や森林破壊による大気中のCO_2濃度の増加に伴って，海水中のCO_2が増加するメカニズムも，溶解度ポンプの一種といえる．式(3.14)に示したように，表層海水が大気のCO_2に対して未飽和なのか過飽和なのかは，pCO_{2sw}とpCO_{2air}を比較することでわかる．大気中のCO_2濃度が増加し続けている現代，海洋はCO_2未飽和の度合いが増す方向か，CO_2過飽和の度合いが減る方向の状況にいつもさらされ続けている．その結果として大気から海洋へCO_2が吸収され続けているのである．

今後，大気中のCO_2濃度はますます上昇し，地球温暖化がさらに進行してゆくと予測されている．そのとき，炭素循環はどう変化し，海洋へのCO_2吸収量はどう変化してゆくだろうか？

物理化学的には，海洋へのCO_2蓄積量が増えると，海水はCO_2を吸収しにくくなり，大気CO_2濃度の増加に拍車がかかると予想される．図3.2(a)をもう一度見てみよう．全アルカリ度が一定の条件では，全炭酸濃度が増えるにつれてpCO_{2sw}の等値線の間隔が狭まってゆく．いいかえると，一定速度のpCO_{2sw}増加に対して，海水中の全炭酸濃度の増加速度は，低下してゆくのである．この効果は，今後，顕著になってゆくはずである．気候変化に伴う溶解度ポンプの変化——特に海水温の上昇による海洋表層から内部への海水の沈降の減少——の影響や，栄養塩の供給速度の変化による生物ポンプの変化も，炭素循環に顕著な影響をおよぼしてゆくだろう．

Column
④

海洋酸性化

　人為活動によるCO_2排出のために，海水中でもCO_2が上昇傾向にあることは，pCO_{2sw}や全炭酸濃度の長期的な海洋観測によって確かめられている．このことは，pHがおよそ8で弱塩基性の海洋表層水が，少しずつ酸性方向に変化していることを意味している．

　海洋へのCO_2蓄積は，大気中のCO_2濃度の増加を抑制する一方で，それによる酸性化は，海洋生態系にとって大きな脅威である．もともと全炭酸濃度が高くΩ値が低い北極海や南大洋では，その影響が特に危惧されている．熱帯域や亜熱帯域でもΩ値の低下が着実に進んでおり，これがサンゴ骨格などの炭酸カルシウムの形成を阻害するとともに，風化を助長することで，海水温上昇による白化現象や富栄養化などともに，サンゴ礁とその豊かな生態系の破壊に拍車をかける可能性が高い．

　海洋酸性化は，食料問題などを通じて人々の生活や社会安全に大きな影響をおよぼす恐れが高いことから，「もう一つのCO_2問題」と呼ばれる．いま，その実態を知り，影響を予測するための調査・研究が国内外で精力的に進められている．

第 4 章
微量元素と同位体

§ 4.1 微量元素とは

4.1.1 海水の微量元素

海水は地球上のすべての元素を含んでいる．図4.1は，大陸地殻と海水の元素の平均濃度を比較したものである．まず，濃度の単位が地殻ではμg g^{-1}であるのに対して，海水ではng kg^{-1}であり10^6倍も小さいことに注意しよう．元素濃度の変動幅は，地殻では10桁であるが，海水では14桁におよぶ．また，個々の元素の濃度は，地殻と海水で大きく異なる．海水の微量元素は，一般に濃度が10^6 ng kg^{-1}（すなわち1 ppm，モル濃度ではおよそ10 μmol kg^{-1}）未満のものを指す[1]．この定義によれば，11の主要元素を除き，ほとんどの元素が微量元素となる．

主要元素が海洋に均一に分布するのと異なり，微量元素の濃度と分布は，海洋と地殻および大気との境界での物質収支（河川，大気塵，熱水活動など），ならびに海洋内で起こる海水の循環，生物活動，化学反応などの影響を受け，さまざまに変化する．そのため，海水の微量元素は，海洋生物の微量栄養塩（micronutrient），海水・物質循環のトレーサー（tracer），および古海洋のプロキシ（proxy）として注目されている（第6章，第10章参照）．海洋の微量元素・同位体を対象とする国際共同観測計画GEOTRACES（ジオトレイシス）（コラム⑤参照）のキーパラメータに選ばれている微量元素・同位体を表4.1に示す[2]．

4.1 ● 微量元素とは

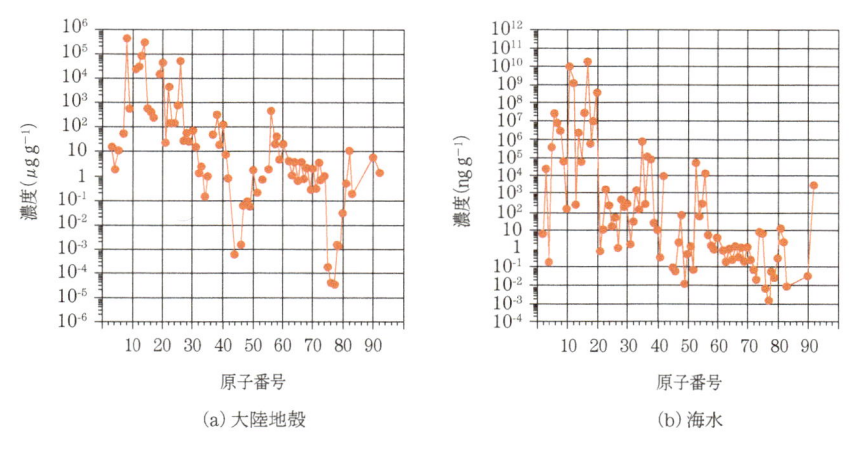

図 4.1 大陸地殻と海水の平均元素濃度.
(a) 大陸地殻
(b) 海水

表 4.1 GEOTRACES 計画のキーパラメータ

キーパラメータ	特　徴
微量金属	
Fe	微量栄養塩
Al	Fe 供給のトレーサー（大気塵およびその他）
Zn	微量栄養塩，高濃度での潜在的毒性
Mn	Fe 供給および酸化還元サイクルのトレーサー
Cd	微量栄養塩，古海洋栄養塩濃度のプロクシ
Cu	微量栄養塩，高濃度での潜在的毒性
安定同位体	
δ^{15}N（硝酸イオン）	現代および古海洋の硝酸イオン循環のプロクシ
δ^{13}C	現代および古海洋の栄養塩濃度および海洋循環のプロクシ
放射性同位体	
^{230}Th	堆積フラックスの指標，現代海洋の循環および粒子スキャベンジのトレーサー
^{231}Pa	古海洋の循環および生産力のプロクシ，現代海洋の粒子プロセスのトレーサー
放射性起源同位体	
Pb 同位体	海洋への天然および汚染起源のトレーサー
Nd 同位体	海洋への天然起源のトレーサー

4.1.2 微量元素の定量

　海水中に含まれる微量元素の定量は，分析化学の先端的な課題である[3]．ここでは，海水中の微量元素を定量するうえでの難しさについて述べる．

　第一に，微量元素はさまざまな形態（スペシエーション，speciation）で海水中に存在し，それによって化学反応性や生物に対する効果が異なる．外洋では，多くの微量元素は粒子態（particulate species）より溶存態（dissolved species）が高濃度である．一般に海水試料を濾過したとき，孔径0.2～0.45 μmのフィルターを通過するものを溶存態と定義する．溶存態はさまざまな化学種を含む．溶存無機態には，水酸化物錯体，塩化物錯体，炭酸錯体などがある．溶存有機態には，有機配位子が酸素，窒素，硫黄などを配位原子として金属原子と配位結合した有機錯体と，メチル基などが炭素—金属の共有結合によって金属原子と結合した有機金属化合物がある．さらに，酸化的な環境にある現代の海水中では，一般に酸化数の高い化学種（Cu(II)，Mn(IV)，Fe(III)，As(V)）が熱力学的に安定であるが，生物過程や化学反応によりCu(I)，Mn(II)，Fe(II)，As(III)などの酸化数の低い化学種が生じる．これらのうち分解速度の遅い有機金属化合物については確からしい分別定量が可能となったが，その他の化学種を実験的に定量することはきわめて難しい．さらに，試料の保存方法（pH，温度，時間など），分離・濃縮法，定量法によって，測定されるフラクションが変化することに注意しよう．

　第二に，最新の分析機器を用いても，ほとんどの微量元素は海水試料から直接定量することができない．多くの分析法は，海水の主要成分によって妨害され，また微量元素を直接定量できるほど感度が高くない．したがって，測定に先だって目的金属を分離・濃縮することが必要である．

　第三に，試料の採取，保存，前処理，測定のすべての操作を通して，目的金属の汚染（contamination）を防がねばならない．汚染の原因はいたるところにある．空気中のほこり，海洋観測船から船外への排水，観測機器を吊り下げるワイヤのさび，採水器や保存容器，試薬，衣服や人間自身など．初期の研究においては汚染を防ぐ十分な手段（クリーン技術，clean technique）がとられていなかった．1980年代以降，クリーン技術の進歩によって，ようやく信頼できる微量元素濃度が得られるようになった[4]．

　最後に，これまでは外洋海水の標準物質がなかったため，分析法の正確さを確認すること，あるいは異なる研究者のデータを比較することが難しかった．

しかし，最近，GEOTRACES計画などを通して，代表的な微量元素・同位体については，同じ外洋海水試料を用いた国際相互較正が可能となった．これからの研究では，GEOTRACES計画の標準海水試料などを利用して，データの質を正しく評価することが大切である．

§ 4.2 濃度分布パターンと循環

4.2.1 鉛直分布による分類

西暦2000年頃には，ほとんどの微量元素について，外洋における溶存態濃度の鉛直分布が報告された．野崎(2001)は北太平洋における元素の鉛直分布を周期表の形にまとめて表した(付録)．海水中の微量元素の鉛直分布は，基本的に次の3つの型に分けられる．

保存性成分型(conservative-type)．濃度が塩分に比例して，外洋では表層から深層までほぼ一定の値をとる．モリブデン(Mo)，ウラン(U)などがこれに属する．これらの元素は，海洋での平均滞留時間(oceanic residence time)が10^5年以上であり，海洋大循環によって，海洋に均一に分布している．

リサイクル型(recycled-type)．濃度が表層で低く，深層で増加する．リン酸イオン(PO_4^{3-})，硝酸イオン(NO_3^-)，ケイ酸($Si(OH)_4$)と似た分布であるため，栄養塩型(nutrient-type)とも呼ばれる．海洋滞留時間は10^3〜10^5年である．カドミウム(Cd)，亜鉛(Zn)などがこれに属する．これらの元素は，表層で生物粒子に取り込まれ，深層に向かって沈降するが，沈降粒子の分解・溶解によって再び海水に溶解する(再無機化，remineralization)．表層における栄養塩の取り込みは，植物プランクトンなどの生物による能動的摂取である．微量元素が栄養塩と同様に能動的に取り込まれるのか，偶然に同じようにふるまうのかは，よくわかっていない．深層水には，再生された栄養塩が次第に蓄積される．そのため，年齢の古い太平洋深層水は大西洋深層水にくらべて栄養塩に富んでいる．リサイクル型の微量元素も，栄養塩と同じように年齢の古い深層水で高濃度となる．

スキャベンジ型(scavenged-type)．濃度が表層で高く，深層で減少する．アルミニウム(Al)，鉛(Pb)などの元素がこのタイプに属し，海洋滞留時間は10^3年未満である．これらの元素は，粒子に吸着されやすく，海水からすみやかに除去される．表層で濃度が高いのは，大気塵や表面海流による供給の影響が強

いためである(第7章参照)．リサイクル型元素とは逆に，スキャベンジ型元素は年齢の古い深層水でより低濃度である．これは，海洋大循環の間に深層水から徐々に除去されるからである．

マンガン(Mn)，鉄(Fe)，コバルト(Co)などの元素は，リサイクル型とスキャベンジ型の両方の性質を合わせ持っているので，ハイブリッド型(hybrid-type)と呼ばれることがある．

4.2.2　三次元分布および時間変動

微量元素の三次元分布と時間変動は，まだよくわかっていない．微量元素・同位体の海洋断面観測(ocean section study)をおこない，その全球的な分布を明らかにするGEOTRACES計画に大きな期待が寄せられている．

GEOTRACES Japanの成果の例として，インド洋の北緯17°から南緯38°までの3測点において測定された溶存態微量9元素の鉛直分布を図4.2に示す[5]．これらの元素は，同一の海水試料から，キレート樹脂固相抽出法により一括して分離濃縮され，誘導結合プラズマ質量分析法(ICP-MS)により定量された[6]．9元素は試料中の濃度の相関関係に基づいて，3つのグループに分けられる．

第一のグループはスキャベンジ型であり，Al, Mn, Co, Pbを含む．これらの元素の表面濃度は，一般にインド大陸からの風送塵の影響および海流の影響を受ける測点で高い．深層の濃度は，局所的な供給の影響を除くと，変動が小さい．

第二のグループはリサイクル型であり，ニッケル(Ni)，銅(Cu)，Zn, Cdを含む．これらの元素は互いに，また栄養塩であるリン(P)やケイ素(Si)と高い相関を示す．^{14}Cのデータによれば，インド洋の深層水は約300年かけて北上する．これに伴って，4元素の深層の濃度は，南から北に向かうにつれて上昇する．

第三のグループはFeである．Feはきわめて大きな濃度変動を示し，他の8元素との相関が低い．特に，アラビア海底層での高濃度は独特である．大陸斜面付近の底層でのFeの高濃度は，他の海域でも報告されている．この原因は明らかではないが，高い生物生産による深層への沈降，堆積物への蓄積，還元的な底質からの溶出，堆積物の再懸濁などが複合的に寄与していると考えられる．

図4.3は，ほぼ東経70°に沿って測定されたMn/Al比の鉛直断面分布である．

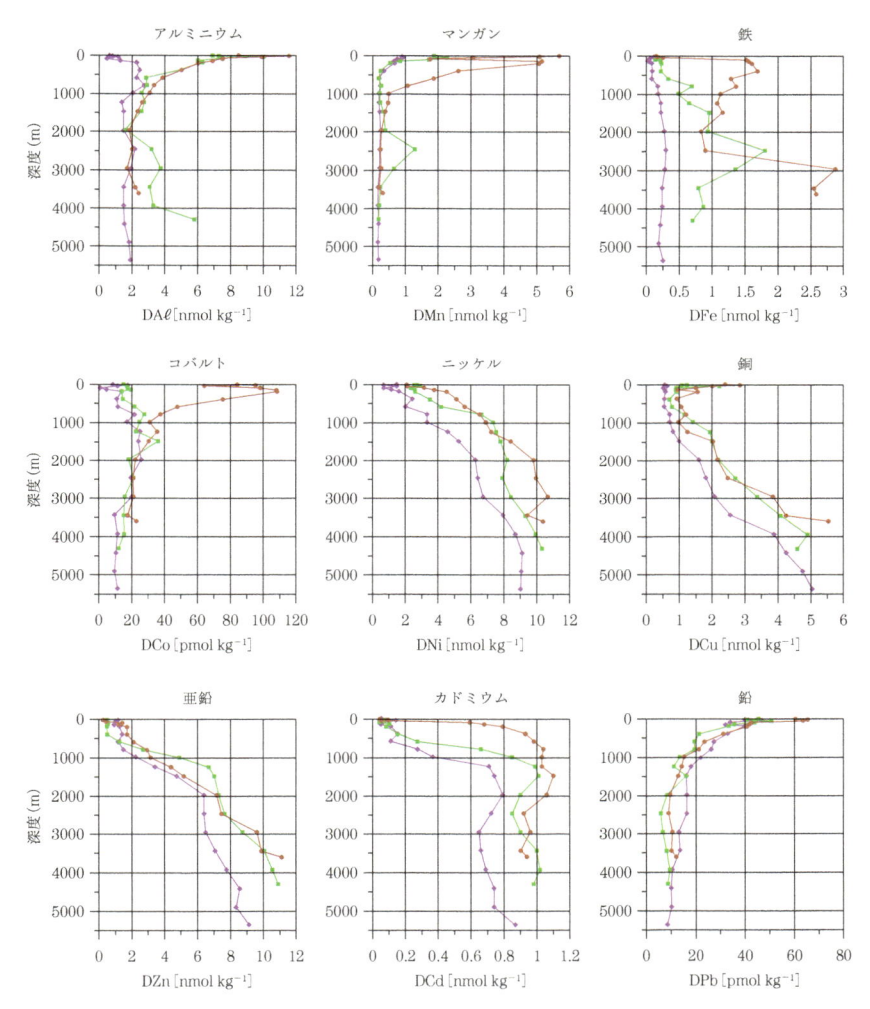

図 4.2　インド洋における溶存態微量9元素の鉛直分布．元素記号の前のDは溶存態（dissolved）を意味する．
● ER-5（69°E, 16.8°N），■ ER-10（72.5°E, 20°S），◆ ER-12（57.6°E, 37.8°S）

MnとAlはともにスキャベンジ型である．Mnは酸化的な環境では＋4価が熱力学的に安定であるが，＋2価に還元されると溶解度が著しく高くなる．一方，Alは＋3価のままである．表面のMn/Al比は0.3〜1.4であり，アラビア海のエアロゾルのMn/Al比（0.007）にくらべて有意に高い．これは，塵などとして供

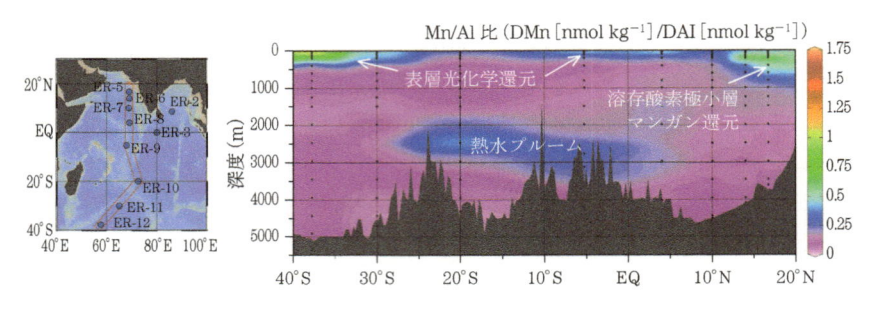

図4.3 インド洋東経70度におけるMn/Al比の断面分布.

給されたマンガン酸化物が光還元を受け，生成したマンガンイオン(Mn^{2+})が溶解した結果である．アルミニウムイオン(Al^{3+})は還元されないので，相対的にMn^{2+}がより速く，より多く溶解することになる．アラビア海北部では，80〜1,500 mの深さに溶存酸素極小層(oxygen minimum zone)が発達する．観測点ER-5とER-6では，深さ200 m付近に，亜硝酸イオン(NO_2^-)とMn, Coの極大が認められた．これは，微生物による硝酸還元とマンガン還元がほぼ同じ深度で起こっていることを示す．その結果，海水のMn/Al比が増加する．さらに，Mn/Al比は南緯5°〜20°の中央インド洋海嶺の上方，深さ2,500 m付近で極大を示す．この極大は，Feの極大とほぼ一致している．中央インド洋海嶺では，海底熱水活動(第9章参照)が報告されている．きわめて還元的な熱水噴出流体は，桁違いに高濃度のMnを含む．Mn/Al比の極大は，流体が海水と混合，拡散して生じた熱水プルームを示す．以上のように，Mn/Al比は海洋で起こる還元反応と，その影響の広がりを示すよいトレーサーである．

溶存態Pbの経年変動に関するデータが，大西洋の時系列観測点BATS(31°40′N, 64°10′W)およびその近辺で得られている[7]．1979年および1984年の観測では，Pbの極大は深さ500 mくらいにあり，その濃度は約170 pmol L^{-1}であった．この極大は年とともに小さくなり，2008年の観測では消失していた．2008年の観測では表面に25 pmol L^{-1}の極大，および深さ900〜2,000 mに約40 pmol L^{-1}の極大が認められた．この海洋上層におけるPb濃度の減少は，米国とヨーロッパにおける有鉛ガソリンの禁止を反映していると考えられる．この結果は，人類活動がすでに海洋の微量元素の動態に大きな影響をおよぼしていること，および海洋の微量元素が定常状態にあるとアプリオリに仮定することは誤りであることを示している．

§ 4.3　海洋の微量栄養塩と鉄仮説

4.3.1　微量栄養塩

生物が健全に生長し，増殖するためには，微量栄養塩として，さまざまな微量元素が必須である．代表的なものはMn，Fe，Co，Ni，Cu，Zn，Mo，Cdである[8]．微量元素が生物に利用可能であるか否かは，その濃度とスペシエーションに依存する．

最近の学説によると，海洋は24億年前までは酸素(O_2)も硫黄(S)も乏しかった．18〜8億年前に硫化水素(H_2S)に富むようになり，その後O_2を含む酸化的な状態に遷移した．これに伴って，海水の微量元素濃度は大きく変化したと考えられる[9]．特にFeは大きく減少し，逆にMoは大きく増加した．このような微量元素の変動は，生物進化に深くかかわった可能性がある．

現代の酸化的な海洋では，微量元素は生物による摂取と，鉄マンガン酸化物や生物起源粒子などへの吸着・スキャベンジのため表層海水から除かれる．そのため，外洋は一般に微量元素濃度が低く，生物にとってきわめて厳しい環境である．一方，人類活動は，微量元素の海洋への供給を増大させている．これは，微量元素濃度が低い環境に適応し，進化してきた生物に深刻な影響をおよぼす恐れがある．したがって，現代海洋における微量元素のスペシエーションおよび循環と生態系との相互関係を明らかにすることは，たいへん重要である．

4.3.2　微量栄養塩の化学量論

炭素(C)，窒素(N)，Pなどのマクロ栄養塩(macronutrient)には，一般にレッドフィールド比が成り立つ．すなわち，植物プランクトンの元素組成は，典型的にC：N：P＝106：16：1というモル比で表される(第3章参照)．さらに，NとPについては，海水濃度の比もほぼ16：1である．これと同じような化学量論(stoichiometry)が微量栄養塩においても成り立つかどうかは，長年の議論の的であった[10]．

微量栄養塩を含めた化学量論は，拡張レッドフィールド比と呼ばれる．植物プランクトンの微量元素組成を正しく求めることは高度な分析技術を必要とする．近年，ようやく確からしい値の報告が増えてきた．それによれば，植物プランクトンの微量元素の濃度比は，種や環境条件によって，1桁以上変動する．

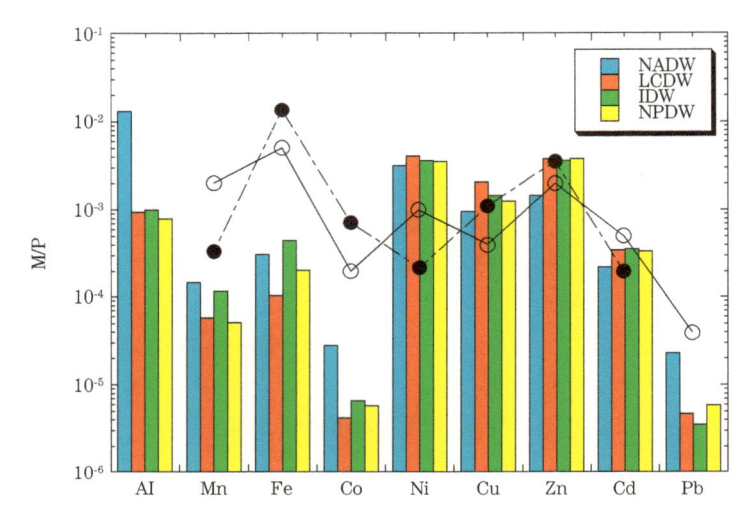

図 4.4 深層海水（バーグラフ）と植物プランクトン（折れ線グラフ）のM/P比の比較．NADW（北大西洋深層水），LCDW（下部南極周極水），IDW（インド洋深層水），NPDW（北太平洋深層水），○Kuss and kremling（1999），● Ho et al.（2007, 2009）．

　また近年，多元素分析法により，海水の微量元素の化学量論が明らかになった．図4.4は，深層水塊の溶存態金属/リン（M/P）比を比較したものである[5]．年齢の若い北大西洋深層水（North Atlantic Deep Water；NADW）では他の水塊にくらべて，Al，Co，Pbなどのスキャベンジ型元素の比が有意に高い．一方，下部南極周極水（Lower Circumpolar Deep Water；LCDW），インド洋深層水（Indian Deep Water；IDW），および北太平洋深層水（North Pacific Deep Water；NPDW）では，M/P比の変動は約5倍以内である．すなわち，数百年以上経過した古い深層水は，微量元素の化学量論比がおおよそ等しいといえる．さらに，栄養塩型のNi，Cu，Zn，Cdでは，深層水と植物プランクトンのM/P比がほぼ一致している．表面に湧昇する深層水は，NとPの主要な供給源である．深層水は，植物プランクトンに必要な量のNi，Cu，Zn，Cdを同時に供給できる．しかし，Mn，Fe，Coでは，深層水のM/P比は植物プランクトンの比より1桁以上小さい．したがって，深層水だけでは植物プランクトンが必要とする量のMn，Fe，Coを供給できない．深層水によってもたらされるN，Pを利用して植物プランクトンが生長し，増殖するとき，Mn，Fe，Coは他の供給源から供給されなければならない．考えられる主な供給源は，大陸，島，およびその周囲の海域の堆

積物である．

以上より，微量栄養塩について，単純な拡張レッドフィールド比は成り立たない．また，現代の海洋においては，Mn，Fe，Coが植物プランクトンの制限因子(limiting factor)になりやすいといえる．

ベーリング海東部の大陸棚域は，世界でも指折りの生物生産の高い海域である．この海域の溶存態Mn，Fe，Co濃度は，太平洋深層水にくらべて数倍以上にもなる[11]．粒子態はさらに高濃度である．Feの場合，粒子態が全濃度の8割以上を占める．これらの金属は，ユーコン川および還元的な大陸棚堆積物から供給される．この豊富なMn，Fe，Coの供給が，高い生物生産を支えていると考えられる．

4.3.3 鉄仮説

一般に植物プランクトンは溶存している栄養塩を使い尽くすまで増殖するので，表層水における栄養塩濃度はほとんどゼロとなる．しかし，南極海，赤道太平洋などでは，N，Pなどが豊富にあるにもかかわらず，植物プランクトンの生物量が小さい．これらの海域において何が生物生産を制限しているのか？ これは海洋学の長年の謎であった．1980年代末，ジョン・マーチン(John Martin)は微量栄養塩であるFeの不足が原因であるという仮説を提唱した[12]．

Feは多くの酵素やタンパク質に含まれ，さまざまな生理機能を担っている．Feは，光合成や窒素固定に不可欠である．植物プランクトンが必要とするFeの量は，Pに対して100分の1から1,000分の1である．Feは地殻では4番目に豊富な元素である．しかし，酸素を含む海水では，Feの溶解度はきわめて小さい．そのため，現代の海洋では，FeはNやPより先に枯渇しやすい．

マーチンの鉄仮説(iron hypothesis)は，次の3つの内容から成る．①現代の広い海域において，Feの不足が生物生産を制限している．②氷期には，強風により南極海に多量の塵が降り，植物プランクトンは塵から溶出するFeを利用して増殖した．その結果，大気中二酸化炭素(CO_2)濃度が減少した．③Feの不足している南極海に人為的にFeを散布(鉄肥沃化，iron fertilization)すれば，植物プランクトンを増殖させ，大気中CO_2の固定を促進できる．毎年30万トンの鉄(大型タンカー1隻分)を散布すれば，1.8ギガトン(毎年大気中に蓄積されている人為起源CO_2の約半分)を固定できる可能性がある．

マーチンの鉄仮説は，海洋学にセンセーションを巻き起こした．その真偽を

調べるために，外洋の数十km^{2}の海域に数100 kgの鉄を散布する中規模鉄添加実験 (mesoscale iron enrichment experiment) が企画された．1993年から2005年までに12回の中規模鉄添加実験が，赤道太平洋，亜寒帯北太平洋，南極海などで実施された[13]．これらは，人類がおこなった最大規模の実験である．その結果，マーチンの鉄仮説の①の妥当性が確かめられた．しかし，マーチンの鉄仮説の②および③については，いまなお議論が続いている．

　海洋の鉄肥沃化は，エネルギー効率のきわめて高いCO_2の固定化策として，注目を集めた．米国では，いち早く鉄肥沃化に基づくベンチャービジネスが生まれた．しかし，多くの科学者は，鉄肥沃化には未知の点が多く，慎重を期すべきであるという意見である．鉄肥沃化は，海洋生態系に深刻な影響をおよぼす恐れがある[14]．国連の関連機関は，予防原則に基づいて，当面の鉄肥沃化を法的に禁止しようとしている．

§4.4　微量元素の放射性同位体

4.4.1　放射性同位体とは

　原子核は，陽子と中性子からなる．陽子の数を原子番号と呼び，陽子と中性子の数の和を質量数と呼ぶ．原子番号が元素の種類を決める．陽子数が同じでも中性子数が異なる核種は，同位体 (isotope) と呼ばれる．同位体には，変化しない安定同位体 (stable isotope) と，時間とともに崩壊する放射性同位体 (radioisotope) がある．放射性同位体は，次式に従って崩壊し，別の核種に変化する．

$$\frac{dN}{dt} = -\lambda N \quad (4.1)$$

ここでNは放射性同位体の原子数，tは時間，λは崩壊定数 (decay constant) である．崩壊定数は核種に固有で，温度や圧力などの条件に依存しない．式(4.1)を変形すると，

$$N = N_0 e^{-\lambda t} = N_0 \left(\frac{1}{2}\right)^{\frac{t}{T_{1/2}}} \quad \text{(4.2)}$$

ここでN_0は初期($t=0$)の原子数，$T_{1/2}$は半減期(half-life)である．すなわち，放射性同位体の原子数は，1半減期が経過するごとに1/2となる．この性質のため，放射性同位体は時計として利用される．

放射性同位体は，その成因により，大きく3つに分けられる．第一は，天然の長寿命放射性同位体(long-lived radioisotope)およびそれを起源とする核種である．これらはもともと恒星および超新星における元素合成によってつくられ，46億年前に地球を形成した材料に含まれていた．主な核種は，^{40}K，^{238}U，^{235}U，^{232}Thである．^{238}U，^{235}U，^{232}Thは，多くの放射性の娘核種を含む崩壊系列(decay chain)をつくり，最終的にPbの安定同位体となる(付録参照)．これらの放射性同位体の崩壊熱は，地球内部の熱源として，地球の進化を駆動した主なエネルギーの一つである．現代でも，人間が受ける天然放射線の約8割はこれらの核種が原因である．GEOTRACES計画のキーパラメータである^{230}Thと^{231}Paは，それぞれ^{238}Uと^{235}Uの崩壊系列の一員である．また，^{238}Uの崩壊系列の一員である^{222}Rnも，海洋化学トレーサーとして利用されている(第6章参照)．

第二のグループは，宇宙起源同位体である．これには，宇宙線として飛来する放射性核種と，宇宙線が地球の大気中で核反応を起こすことによってつくられる放射性核種(宇宙生成核種，cosmogenic isotope)がある．後者の代表である半減期5,730年の^{14}Cは，海洋大循環を実証するうえで大きな役割を果たした(第6章参照)．

第三のグループは，人工放射性同位体(artificial radioisotope)である．これらは，大気圏核実験，原子炉事故，原子力施設からの漏洩などにより，環境に放出された．半減期12.5年の^{3}Hは，1950〜60年代の大気圏核実験により大量に放出された過渡的なトレーサーである(第6章参照)．その他には，^{90}Sr，^{99}Tc，^{131}I，^{137}Cs，^{239}Pu，^{240}Pu，^{241}Amなどがある．

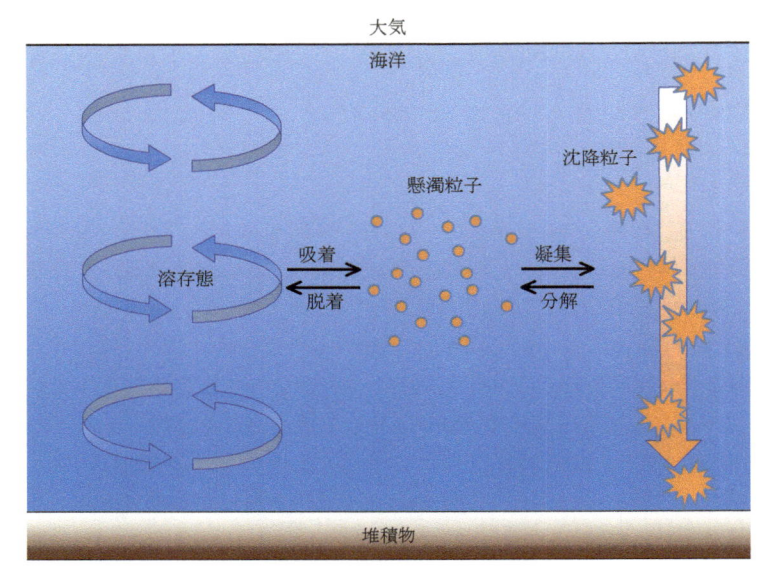

図 4.5　スキャベンジモデルの概念図.

4.4.2　放射性同位体の利用例

A. トリウム

　Th は粒子による輸送の化学トレーサーとして用いられる．半減期 75,380 年の ^{230}Th は，半減期 245,500 年の ^{234}U の崩壊によって生じる．U(VI) は炭酸ウラニル錯体として海水中に安定に溶解し，全海洋に均一に分布する．もし放射平衡 (radioactive equilibrium) が成り立てば，海水中の ^{230}Th と ^{234}U の放射能比 (したがって濃度比) は，一定となるはずである．しかし，実際には ^{230}Th の濃度は一定ではない．

　初期の研究では，^{230}Th の全濃度および粒子態濃度は，深さとともに一様に増加する鉛直分布を示した．これは Th(IV) が粒子に吸着され，スキャベンジされるためである．放射性同位体はそれ自身が時計であるので，スキャベンジに含まれる素過程 (核種の吸着と脱着，粒子の凝集と分解など) の速度を見積もるのに利用できる．鉛直一次元の移流拡散，粒子の沈降，および核種と粒子との相互作用を組み合わせたさまざまなモデルが提唱されてきた (図 4.5)．しかし，近年，底層で ^{230}Th 濃度が減少する分布が多数観測された[15]．このような分布を説明するためには，水平方向の移流や底層での強いスキャベンジを考慮しな

ければならない．

^{238}Uの崩壊によって生じる^{234}Thは，半減期が24.1日である．半減期が短いため，より速い過程の影響を強く示す．表層での^{238}Uと^{234}Thとの非平衡の積分量が，粒子態有機炭素の沈降フラックス（第5章参照）に比例するという考え方がある[16]．また中層における過剰な^{234}Thは，沈降粒子の再無機化の指標となる可能性がある．

B．プルトニウム

プルトニウム(Pu)は，人工放射性核種による環境汚染のトレーサーである．近年，ICP-MSを用いて，^{240}Pu/^{239}Pu比の精密測定が可能となった．この比は，核燃料やその燃焼条件によって変化する．大気圏核実験によるグローバルフォールアウトの^{240}Pu/^{239}Pu比は約0.18である．一方，マーシャル諸島の核実験の^{240}Pu/^{239}Pu比は約0.36である．1990年代に西部北太平洋や日本海で採取された海水中の^{240}Pu/^{239}Pu比は0.20〜0.24であり，マーシャル諸島の核実験から約30年が経過した後でも，その影響が太平洋およびその縁辺海に広く残っていることがわかった[17]．

§ 4.5 微量元素の安定同位体

4.5.1 放射性起源同位体

多くの元素は，複数の安定同位体を持つ．元素の原子量(atomic weight)は，それぞれの安定同位体の相対原子質量と天然存在比との積の総和である．ここでは，地球上の安定同位体の存在比が一定であることを仮定している．しかし，実際には存在比はごくわずかであるが変動する．その原因は主に2つある．第一は，本節で議論する放射性崩壊である．第二は，次節で議論する物理的および化学的過程における質量分別である．

放射性起源同位体(radiogenic isotope)は，放射性崩壊によって生成する安定同位体である．GEOTRACES計画で重要視され，キーパラメータとなっている放射性起源同位体は，Pb同位体とネオジム(Nd)同位体である．Pb(II)とNd(III)は海洋滞留時間が数百年未満であり，海洋の混合時間（約1,500年）にくらべて短いので，その起源の影響が分布に現れる．

A. 鉛

^{206}Pb は，^{238}U ($T_{1/2}=4.468\times10^9$ y) の崩壊系列の最終生成物である．同様に，^{207}Pb は ^{235}U ($T_{1/2}=7.038\times10^8$ y) の崩壊系列の最終生成物，^{208}Pb は ^{232}Th ($T_{1/2}=1.40\times10^{10}$ y) の崩壊系列の最終生成物である．あるマグマから鉱物が生成された後，それらの鉱物が閉鎖系におかれ，^{238}U，^{235}U，^{232}Th およびその娘核種がすべてまったく分離を受けないまま，時間 t が経過したとすれば，^{206}Pb，^{207}Pb，^{208}Pb の濃度の間には直線関係が成り立つ．マグマの初期組成，鉱物生成後の核種の出入り，経過時間などが異なれば，鉱物は異なる Pb 同位体比を持つ．Pb 同位体比は，短時間では変化しないので，地殻物質の起源を調べる指標となる．

人類はさまざまな鉱物資源を採掘し，利用して，地球表層を循環する Pb の同位体比を変化させた．北太平洋における ^{206}Pb/^{207}Pb 比は表層で低く，深層で高い[18]．深層の値は約 1.188 であり，これも産業革命以前の推定値（約 1.210）にくらべて有意に低い．このことは，人為起源の Pb がすでに太平洋深層にまで達しており，海水中 Pb の大きな割合を占めるようになっていることを示す．

B. ネオジム

^{143}Nd は，半減期 1.06×10^{11} 年の放射性サマリウム (^{147}Sm) の崩壊によって生じる．^{143}Nd/^{144}Nd 比は，中央海嶺玄武岩では約 0.5131，海洋島玄武岩では約 0.5128 である．花崗岩ではその生成年代に応じて 0.508〜0.511 の範囲で変動する．このため，海洋の Nd 同位体は，これらの起源からの相対的な寄与を推定するために用いられる．Nd 同位体比の変動はきわめて小さいので，次の εNd 値によって表される．

$$\varepsilon\mathrm{Nd}=\left[\frac{\left(\frac{^{143}\mathrm{Nd}}{^{144}\mathrm{Nd}}\right)_{\mathrm{sample}}-\left(\frac{^{143}\mathrm{Nd}}{^{144}\mathrm{Nd}}\right)_{\mathrm{standard}}}{\left(\frac{^{143}\mathrm{Nd}}{^{144}\mathrm{Nd}}\right)_{\mathrm{standard}}}\right]\times10^4 \quad\text{(4.3)}$$

Nd 同位体の場合，同位体比の標準には，コンドライト隕石の平均値 0.512638 が用いられる．北太平洋で観測された鉛直分布によれば，εNd は表面で極大，

深さ約200 m で極小，深度800〜1,000 m の北太平洋中層水で極大を示す（εNd =−3.4〜−2.7）[19]．特にハワイ諸島の近辺では表面のεNd が高く，ハワイ諸島から中央太平洋へ，海洋島起源の Nd の供給があることが実証された．

C．ヘリウム

ヘリウム(He)同位体も海洋化学に有用である．^{3}He は ^{3}H の β 崩壊で生じるが，^{3}H が存在しない地質試料においては，一定とみなされる．^{4}He は，U および Th の崩壊系列の α 崩壊によってつくられるので，次第に増加する．したがって，地質学的な時間スケールでみると，^{3}He/^{4}He 比は時間とともに低下する．一方，地球の内部には，地球が形成されたときの始原的な He が残存しており，それは火山活動によって地球表面にもたらされる（第9章参照）．この始原的なガスは，^{3}He/^{4}He 比が高い．海洋化学では，^{3}He/^{4}He 比の変動を次の δ^3He (%) で表すのが一般的である．

$$\delta^3\text{He}(\%) = \left[\frac{\left(\frac{^3\text{He}}{^4\text{He}}\right)_{\text{sample}} - \left(\frac{^3\text{He}}{^4\text{He}}\right)_{\text{standard}}}{\left(\frac{^3\text{He}}{^4\text{He}}\right)_{\text{standard}}} \right] \times 10^2 \quad \text{(4.4)}$$

He 同位体の標準には，大気の値 1.4×10^{-6} を用いる．δ^3He は熱水プルームのよいトレーサーとなる．南太平洋での観測では，東太平洋海膨を源とする熱水プルームの δ^3He の異常は，西方6,100 km くらいまで追跡することができた[20]．

4.5.2 安定同位体

放射性起源を持たない安定同位体どうしの比にも，変動は生じる．同じ分子でも，質量が異なれば，沸点などの物理的性質がわずかに異なる．化学反応は電子殻の電子によって起こる．同位体は同じ電子配置を持つので，同じ化学反応を起こすが，質量が異なるとその反応性がわずかに異なる．一般に，重い同位体の結合はより安定で，切れにくい．このような質量分別 (mass fractionation) の効果により，同位体比が変動する．質量分別はすべての同位体に働くが，放

射性同位体や放射性起源同位体では，崩壊による変動にくらべれば無視できることが多い．質量分別は，一般に相対的な質量差が大きいほど大きくなる．そのため，これまでの研究は，H，O，N，S，Cなどの軽い元素を主な対象としていた．また，同位体比を質量分析装置で測定するためには，目的元素を気体状態のイオンにしなければならない．重金属元素の場合，それには数千度の高温が必要であり，従来の方法では困難であった．

近年，マルチコレクター型ICP質量分析装置(MC-ICP-MS)が開発され，ほとんどすべての重金属元素について，同位体比を精密に測定できるようになった[21]．海水中の微量元素の同位体比を測定するためには，濃度を測定するとき以上に高倍率の濃縮が必要である．また，共存成分をより完全に除く必要がある．その前処理の難しさのため，研究はまだ緒についたばかりである．米国におけるGEOTRACES計画の国際相互較正では，海水中Cd，Fe，Pb，Zn，Cu，Moの安定同位体比が報告された[22]．

A．カドミウム

Cdは，現代の海洋においてその濃度がP濃度とよい直線関係を示すため，古海洋のPのプロクシとして注目されている(**第10章参照**)．また，MC-ICP-MSによる同位体比測定が比較的容易である．Cdの同位体比変動はきわめて小さいため，Nd同位体比と同様にεCdで表される．εCdは，表面海水で高く，水温躍層で減少し，1,000 m以深ではほぼ一定となる[23]．表層でεCdが高くなるのは，植物プランクトンが軽いCd同位体を優先的に取り込むためと考えられる．また，深層海水のεCd値は，堆積物の鉄マンガン酸化物のεCd値とほぼ一致する．この結果は，鉄マンガン酸化物のεCd値が，古海洋の生物生産のプロクシとなる可能性を示している．

B．モリブデン

Moは，酸化的な海水には6価のモリブデン酸イオン(MoO_4^{2-})としてよく溶けるが，硫化水素を含む強還元的条件ではチオモリブデン酸イオンやMo(IV)の硫化物を生じ，吸着・除去されやすい．この化学種の変化に伴って，同位体比も大きく変動する．一般に酸化還元反応を起こす元素は，より大きな同位体分別を示す．Mo同位体比は，古海洋の酸化還元状態を推定するプロクシとして注目されている[24]．現代海洋のMo同位体比は，Mo同位体比をプロクシと

して利用するための基礎となる．前処理が容易でないことから，海水のMo同位体比はこれまで数個のデータしかなかった．最近，キレート樹脂固相抽出法に基づく新しい前処理法が開発され，Mo同位体比が海水中できわめて均一であることが実証された[25]．Moは7つの安定同位体を持つ．たとえば，^{98}Mo/^{95}Mo同位体比の変動は，次式の$\delta^{98/95}$Moで表される．

$$\delta^{98/95}\mathrm{Mo}\,(‰) = \left[\frac{\left(\frac{^{98}\mathrm{Mo}}{^{95}\mathrm{Mo}}\right)_{\mathrm{sample}} - \left(\frac{^{98}\mathrm{Mo}}{^{95}\mathrm{Mo}}\right)_{\mathrm{standard}}}{\left(\frac{^{98}\mathrm{Mo}}{^{95}\mathrm{Mo}}\right)_{\mathrm{standard}}}\right] \times 10^3 \quad\quad (4.5)$$

この場合，δ^3He（%）と異なり，千分率（‰）であることに注意しよう．安定同位体化学では，こちらの定義のほうが一般的である．また，Mo同位体比では，国際的に認められた標準物質がなかったので，文献値の比較には注意を要する．

塩分35の海水の平均Mo濃度は[Mo]＝107 nmol kg^{-1}，平均$\delta^{98/95}$Mo値は2.48‰である．一方，世界の河川の平均Mo濃度は[Mo]＝6 nmol kg^{-1}，平均$\delta^{98/95}$Mo値は0.7‰と報告されている．したがって，現代の海洋においてMoが塩分Sに対して完全に保存的であれば，次式が成り立つ．

$$[\mathrm{Mo}] = 2.86 \times S + 6 \quad\quad (4.6)$$

$$\delta^{98/95}\mathrm{Mo} = -11.27 \times \left(\frac{1}{[\mathrm{Mo}]}\right) + 2.59 \quad\quad (4.7)$$

安定同位体比は，微量元素に働くさまざまな過程に関する情報を含んでいる．今後の研究では，濃度と安定同位体比を同時に測定することにより，微量元素の海洋化学の理解がいっそう深まると期待される．

Column ⑤

世界が注目する
GEOTRACES（ジオトレイシス）計画

世界の海洋における化学物質などの分布，動態を調査することを目的とした最初の国際共同計画は，1970年代のGeochemical Ocean Sections Study（GEOSECS，大洋横断地球化学研究）である．この計画では，^{14}C，^{210}Pb，^{226}Raなどの放射性核種が定量され，海洋大循環と生物地球化学的サイクルについての基本的な理解が得られた．しかし，当時の分析技術では，ほとんどの微量元素を精確に定量することはできなかった．その後の分析技術の進歩を踏まえて，海洋の重要な微量元素とその同位体の分布，および分布を支配する過程とフラックスを明らかにすることを目的として，GEOTRACES計画が企画された[2]．これまでに，外洋海水試料を用いた国際相互較正，各大洋における断面観測，さまざまな海域でのプロセス研究がおこなわれた．海洋地球化学研究の最先端がここにある．最新の情報が満載されているGEOTRACESのホームページ（http://www.geotraces.org/）をぜひ訪れてみてほしい．

GEOTRACES計画で用いられるクリーン採水システム．
左：米国，中：日本，右：オランダ．

第 5 章

海洋の有機地球化学
── 海洋における有機物の挙動

§ 5.1 海洋における有機物の生産と分解

　地球表層における有機物生産は,植物が,二酸化炭素(CO_2)と栄養塩を材料に,太陽からの輻射エネルギーを利用して光合成により有機物を生産する過程であり,陸上であろうと海洋であろうと本質的には同じと考えていい.バクテリアから動物にいたる従属栄養生物は,植物の光合成により生産された有機物のエネルギーを利用していることから,この生産は一次生産または基礎生産と呼ばれている.光合成能を有するバクテリアによる有機物生産や,還元環境下や海洋底に存在する熱水域などでは,物質の化学エネルギーを利用する化学合成バクテリアによる有機物生産もあるが,本章では触れない.

　本質的には同じ過程であっても,陸上と海洋の環境の違いにより,一次生産の実態は大きく異なっている.海洋では,沿岸部には海藻があるものの,海洋全体で見れば,植物プランクトンと呼ばれる単細胞植物が一次生産のほとんどを担っている.植物プランクトンのサイズは,多くが200 μm以下であり,肉眼では見ることができない.研究の進展により,海域や季節で変動するものの,20 μm以下の微少な植物プランクトンが一次生産の主要な担い手であることが明らかになっている.陸上環境では,植物は幹,枝,根などの光合成器官以外の組織を必要とする.一方,植物プランクトンはそのような組織を必要とせず,体全体が光合成器官といっていい.その結果,存在量あたりの一次生産量は,海洋環境のほうが大きくなる.

5.1.1 有機物のダイナミックス

有機物を中心とした物質循環を考える際，有機物全量はその定義から炭素量で表現することが多い．全球炭素循環モデル[1]に使われている数字をかりて陸上・海洋での一次生産の概要を勘定してみる（図5.1）．図中の数字は研究者により，また研究が進むにつれて，見直されることがあるので確定した値ではないが，有機物のダイナミックスを理解するうえで有効である．図中では，地球表層での大気，海洋，生物圏などに存在する炭素量（これをリザーバーという）とリザーバー間の年間炭素移動量を示してある．陸上生物圏の炭素リザーバーの大きさは 550×10^{15} gC であり，その99.9％は植物の炭素として存在している．このような存在量の陸上植物が年間 110×10^{15} gC の有機物を新たに生産している．一方，海洋では，海洋生物圏の炭素リザーバーは 3×10^{15} gC と見積もられており，そのうちの50％が植物プランクトンなので，植物プランクトン存在量は 1.5×10^{15} gC となる．この存在量で，陸上植物とほぼ同等の年間 105×10^{15} gC の有機物を光合成により生産している．

このモデルでは，陸上では，一次生産量と等量の有機物が，生物圏や土壌で

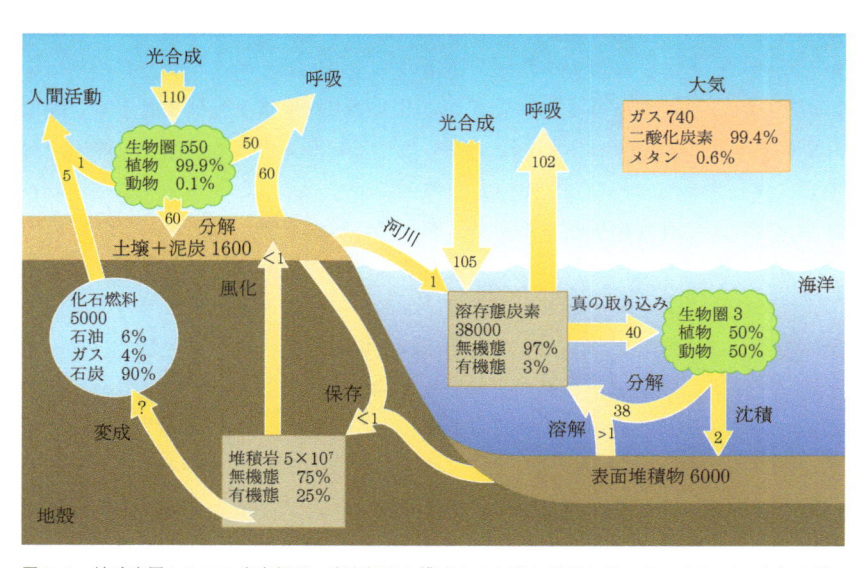

図5.1 地球表層における炭素循環．炭素循環を構成する主要な炭素リザーバー（ボックス）とリザーバー間での年間炭素移動量（矢印）が示してある．単位は 10^{15} gC．（S.D.Killops and V.J.Killops (1993)[1] を一部改変）

の分解によりCO_2として大気へ戻っている．一方，海洋は，年間$105×10^{15}$ gCの一次生産相当分のCO_2を大気から吸収し，呼吸により年間$102×10^{15}$ gCのCO_2を大気へ戻し，差し引き$3×10^{15}$ gCの炭素を海洋が吸収していることになっている．陸上での有機物の生成・分解とそれに伴うリザーバー間の炭素移動は，有機物と大気中のCO_2とが直接関連しており，わかりやすい．一方，海洋の場合，大気中のCO_2リザーバーと生物圏の有機物リザーバーとは，海水中に溶けている溶存態無機炭素リザーバーを経由しているので注意する必要がある．ちなみに人間活動による大気へ放出されるCO_2量は年間$6×10^{15}$ gCなので，このモデルでは人間が放出するCO_2の半分を海が吸収し，残り半分が大気に残り，大気中のCO_2濃度の増加をもたらしていることになる．

　概算として，海洋と陸上の両者ともに，それぞれの一次生産量と有機物分解量が同じと仮定すれば，植物の存在量は一定なので，存在量を生産量で除することにより，生産された有機物が分解されるまでの平均的な滞留時間のスケールを知ることができる．陸上では新たに生産された有機物が分解されるまでに，約5年を要するが，海洋では約5日にすぎない．有機物の生成や分解に関して，海洋はたいへんダイナミックな系にあることがわかる．

5.1.2　生産される有機物の質的特徴

　生産される有機物の質についても，陸上と海洋では異なっている．陸上植物の有機炭素の大部分がリグニン，セルローズおよびヘミセルローズで構成され，植物の生長に伴う支持組織の役割を果たしている．このような高分子重合体は，動物には消費されにくい．陸上では，一次生産された有機物の中で植物自らの呼吸で分解してCO_2として大気へ戻す分を除くと，一次生産の大部分は土壌中のカビ・細菌を中心とする腐食食物連鎖系へと移行する．そのために，陸上生物圏に占める動物の炭素量は0.1％にすぎない．海水中に浮遊する植物プランクトンは，このような支持組織を必要としない．後述するが，植物プランクトンが生産する有機物の中の最大成分はタンパク質なので，動物プランクトンをはじめとする従属栄養動物のエネルギー源としてすぐれている．海洋生物圏では，植物プランクトンは，自らの存在量と同量の動物を養うことができる．

5.1.3　一次生産の制限要因

　本章では詳述しないが，一次生産の制限要因も，陸上と海洋では異なってい

る．第1章と第3章で，海洋の一次生産と栄養塩との関係が述べられており，海洋での一次生産は，沿岸域や寒帯・亜寒帯域で高く，外洋域で低く（図1.10参照），海水の鉛直混合や河川による栄養塩の供給に依存していることがわかる．一方，陸上の一次生産は，熱帯雨林やモンスーン域で高く，高緯度域や乾燥域で低い．全球的に見れば陸上の一次生産は温度・日射量とともに降水量に依存している．

5.1.4 一次生産と食物連鎖

　海洋では，光合成により生産された有機物の一部は，動物プランクトンに補食され食物連鎖系に組み込まれ，捕食者のエネルギー源となって無機化され，一部は高次栄養段階へと移行する．このような食物連鎖を陸上の腐食食物連鎖と対比させて生食食物連鎖と呼ぶこともある．この食物連鎖では栄養段階が1つ上がる際のエネルギー利用効率はおおよそ10％とされている．したがって，栄養段階が高次になるにつれて，生物体有機物量は少なくなる．

　生物の体を構成する有機物という意味での生物体有機物としては，量的には動・植物プランクトン体有機物が最も多い．ただし，光合成により生産された有機物が，すべて高次栄養段階まで進むわけではない．一部は生産者である植物プランクトン自身の呼吸によってCO_2へと無機化される．捕食や細菌・ウイルスによる感染死や体外排出などの多様な過程によって環境へ移行する有機物もある．このような有機物を生物体有機物と区別して非生物態有機物と呼んでいる．海洋の有機物は総て生物が生産するにもかかわらず，後述するように，現実の海では，生物体有機物の存在量はわずかにすぎず，大部分は非生物態有機物として存在している．

　このような非生物態有機物も従属栄養細菌から大型海洋哺乳類にいたる多様な従属栄養生物のエネルギー源となって無機化し，最終的にはCO_2に戻る．海洋において，有機物の生成から分解にいたる過程での中間体ともいえる非生物態有機物について，どのような生物体有機物が，どのようなメカニズムで非生物態有機物へ移行し，どのように変質し，そしてどのようなメカニズムで無機化しCO_2へ戻るのか．このような疑問に答えることは海洋における炭素をはじめとして，窒素やリンなどの有機物を構成する元素（親生元素と呼ばれる）の循環を理解するうえで重要となる．

§5.2 生物体有機物から非生物態有機物への移行

　海水中の有機物は，粒子態有機物(particulate organic matter；POM)と溶存態有機物(dissolved organic matter；DOM)に区別して研究されることが多い．この区別は便宜的なもので，海水を濾過した際，濾紙上に捕集される有機物を粒子態有機物，濾紙を抜ける有機物を溶存態有機物としている．濾紙は，加熱することで濾紙中の共雑有機物を除去できるガラス繊維濾紙(見かけの孔径0.7 μm)が使われることが多い．

　粒子態および溶存態有機物のいずれにも，生物体および非生物態有機物が含まれる．ほとんどの植物プランクトンは濾紙上に捕集されるので粒子態有機物として取り扱えるが，生物の死骸や有機凝集体などの非生物態有機物(デトリタス〈detritus〉と呼ばれる)も濾紙上に捕集される．植物プランクトンによる有機物の生成は，有光層内に限定されるので，海洋の中層水や深層水中から得られる粒子態有機物はほとんどがデトリタスによって構成されている．有光層内で得られる粒子態有機物においても，生物が死ねば迅速に分解すると考えられているATPやRNAなどの成分は生物体有機物と考えられるが，糖や脂質はデトリタスとしても存在する．

　表層の粒子態有機物を炭素量で考えた場合，生物体有機物よりも非生物態有機物であるデトリタスに由来する炭素のほうが卓越している．一方，細菌などの微少な生物は濾紙を通過するが，炭素量としては無視できるので，溶存態有機物は，通常は非生物態有機物で構成されていると考えていい．しかし，対象とする有機成分によっては，生物体有機物の貢献を考慮する必要がある．

　図5.1では，大気中の炭素リザーバーの大きさは740×10^{15} gC，人間活動による大気中へ放出されるCO_2量は年間6×10^{15} gC，全海洋での生物体有機物の炭素換算量は3×10^{15} gCと見積もられている．一方，図中には示されていないが，海水中の粒子態有機物量は$10 \sim 20 \times 10^{15}$ gC，溶存態有機物量は680×10^{15} gCと見積もられている[2]．近年，地球温暖化に関連して大気中のCO_2濃度の増加が懸念されている．海洋に存在する非生物態有機物量は，大気中のCO_2量にも匹敵し，人間が1年間に放出するCO_2量の100倍以上に相当する．海洋の平均水深は，約3,800 mであるが，すでに述べたように，海洋に存在する有機物は，水深200 mより浅い有光層での基礎有機物からスタートしている．

現実の海では，生物体有機物より1桁多い粒子態有機物と2桁多い溶存態有機物が表層から深層まで分布している．非生物態有機物の鉛直分布と表層からの鉛直輸送過程を理解することは，海洋生態系の維持や物質循環のメカニズムの解明には必須条件となる．

§ 5.3　有機物の鉛直分布と輸送メカニズム

図5.2は，伊勢湾沖で夏季に採集した各深度の海水をガラス繊維濾紙で濾過し，同一海水中での濾紙上の粒子態有機炭素（particulate organic carbon；POC）と濾紙を通過した溶存態有機炭素（dissolved organic carbon；DOC）の鉛直分布（海水1Lあたり）の実測例である．両者ともに有機物生産の場である表層で高く，深度とともに減少し，深度600 mを超える中・深層水中では，深度に伴う濃度変化は小さくなっている．しかし，これまで述べたように濃度レベルは大きく異なる．粒子態有機物炭素濃度が表層で10 μMC，中・深層で2〜3 μMC程度であるのにくらべ，溶存態有機炭素濃度は表層で100 μMC，中・深層で50 μMC

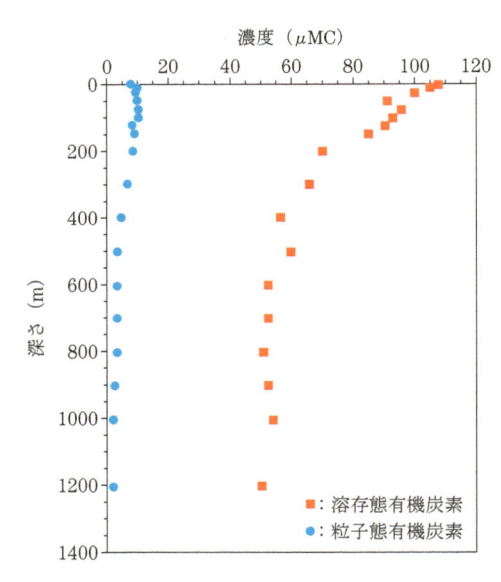

図5.2　夏季伊勢湾沖における溶存態有機炭素および粒子態有機炭素の鉛直分布[3]．

程度となっている．伊勢湾沖のような沿岸域では一次生産が高いために，溶存態にくらべて粒子態の有機物濃度が相対的に高い．しかし，図5.2の観測例においても溶存態有機物濃度は，炭素濃度で見れば，粒子態有機物にくらべて，表層水中では10倍，中・深層水中では20倍程度高濃度だった．このように粒子態・溶存態有機物の鉛直分布は，濃度および鉛直勾配ともに異なっており，一様に論ずることはできず，両者を分けて記述することにしたい．

5.3.1 粒子態有機物の鉛直分布と輸送メカニズム

　粒子態有機物は，量的には溶存態有機物より1桁小さい存在であるが，海洋の物質循環に大きな役割を果たしている．一つは，鰓や触手を濾紙のように用いて，粒子態有機物を濾しとって食べる動物（濾過摂食動物と呼ばれる）の餌として重要な役割を果たしている．動物プランクトンをはじめとする濾過摂食動物に捕食された粒子態有機物の一部は，糞粒として大型化し，自重により沈降する．また，粒子態有機物が，相互作用して有機凝集体を形成することにより大型化し，やはり自重により沈降する．大型植物プランクトンが炭水化物を主成分とする細胞外粘液物質を分泌したり，鎖状に相互に付着したりして，マットと呼ばれる大型の凝集体をつくり沈降することも知られている．

　このような，大型化することにより自重で海水中を沈降する粒子は沈降粒子と呼ばれ，有機物は沈降粒子態有機物 (settling organic matter または sinking organic matter ; SOM) と呼び，海水を濾過して得られる粒子態有機物とは区別している．このような沈降粒子の中には，1日あたり100 m以上という沈降速度を有するものもある．沈降粒子態有機物の存在量は粒子態有機物よりさらに少なくなり，海水を濾過して捕集することは困難であるので，海水中にセジメントトラップ（コラム①参照）を係留し，上層からの沈降してきた粒子を捕集することにより，試料を採集している．

　沈降粒子は，沈降することにより表層の有光層で生産された有機物を，光のない中・深層水中や堆積物表面へ鉛直輸送し，そのような場に生息する生物のエネルギー源となり，その過程で酸素が消費され栄養塩が再生する．また，この鉛直輸送によって表層から有機物が除去されることになる．海洋表層では，CO_2と栄養塩を材料にして光合成により有機物がつくられる．その結果，表層水中のCO_2分圧は減少し，その分，大気中からCO_2が溶け込む．したがって，海洋は，表層水中から中・深層水中へと除去される有機物の炭素に相当する

CO_2 を吸収できることになる．この過程は生物ポンプと呼ばれ，大気中の CO_2 を海洋深層へ隔離するルートとして重要である（3.3.2項参照）．

5.3.2 沈降粒子による有機物の鉛直輸送

有光層で生産された有機物が沈降粒子として鉛直輸送される以上，沈降量（フラックス〈flux〉と呼んでいる）は，生産量に依存すると考えられる．図5.3は，大西洋バミューダ沖の定点観測で得られた一次生産量（赤色実線）と有光層から沈降粒子により除去される有機炭素フラックス（青色破線）の6年にわたる時系列変化を示している．

図中一次生産の単位（$mgC\,m^{-2}\,d^{-1}$）は，1日あたり，1 m^2 あたりの有機炭素生産量（mg）で記述されている．光合成は有光層内でおこなわれるが，その有光層の厚みは，海域や季節などによって光が届く深さが変化するので，それに伴って変化する．たとえば，清浄な外洋域では有光層の厚みが100 mを超えることもあるが，富栄養化が進んだ沿岸域では1 m以下の場合もある．一次生産は，有光層内の断面積が1 m^2 の柱状の海水中（柱の長さが有光層の厚みとなり，海域・季節によって異なる）における1日あたりの光合成量の積算値で求められる．こ

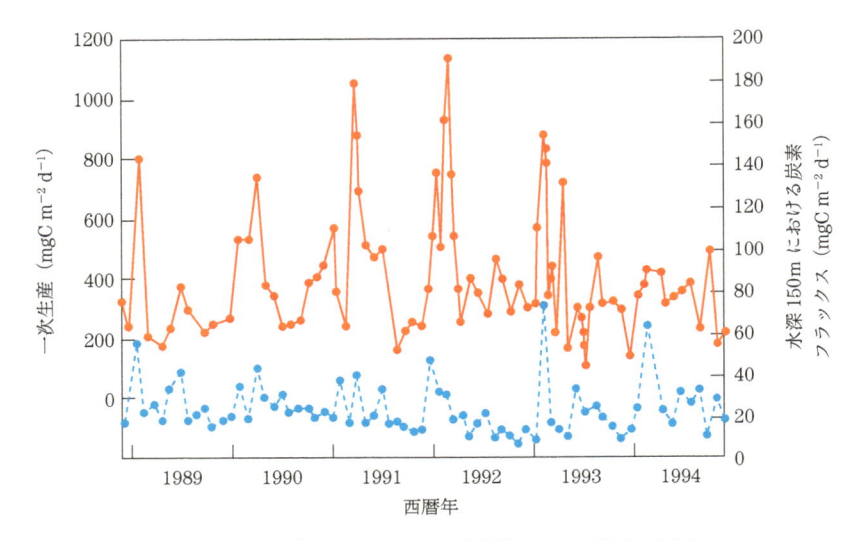

図5.3 大西洋バミューダ沖で得られた一次生産（赤色実線）および有光層から除去される有機炭素フラックス（青色破線）の時系列変化（Michaels and Knap（1996）[4] に基づく）．

のように表現することにより，海域・季節が変わっても一次生産を直接比較することができる．フラックスの値も，一次生産と同様な単位 ($mgC\,m^{-2}\,d^{-1}$) が使われるが，意味は異なっており，任意の深度における1日あたり1 m^2 の面積を通過する炭素量を表している．

A. 一次生産と鉛直フラックス

図5.3の観測点における一次生産は6年間を通して，$200\,mgC\,m^{-2}\,d^{-1}$ 程度の値をベースに毎年春にパルス状に高い値が認められる．これは冬季に海水が冷却され重くなることにより海水の鉛直混合が起こり，有光層以深から栄養塩が表層まで運ばれ，春季の水温上昇と日照時間の増加によって，春季ブルームと呼ばれる植物プランクトンの増殖が起こるためである．この観測点では，有光層直下の深度150 mにセジメントトラップが設置されたので，得られた炭素フラックスは有光層から除去される有機炭素量と考えていい．その値は，$20\,mgC\,m^{-2}\,d^{-1}$ 程度の値をベースに一次生産が高いときには高いフラックスが観測されている．春季ブルームを除けば，一次生産 $200\,mgC\,m^{-2}\,d^{-1}$ 程度に対して炭素フラックスは，$20\,mgC\,m^{-2}\,d^{-1}$ 程度なので，一次生産の10％程度が有光層以深へと鉛直輸送されていることになる．

図5.3のデータを一次生産と炭素フラックスとの関係にプロットした（図5.4）．両者は右肩上がりにプロットされ，一次生産と炭素フラックスとが相互に関係していることはわかる．しかし，除去率が10％で一定であれば，プロットは対角線上を移動することになるが，実際にはばらついており，同じ一次生産量であっても炭素フラックスは大きく異なっている．

すでに述べたように，沈降粒子の生成メカニズムは複雑であり，海域の生物群集構造や生成する有機物の質の違いや生物がつくる無機質の殻の違いなど，一次生産の量の違いとともに質の違いによってもフラックスは変化する．一次生産量が同じであっても，自然現象として炭素フラックスは変化することになるが，一方では観測の技術的問題点も指摘されている．セジメントトラップの形状や係留海域での流れなどによって沈降粒子の捕集効率に違いが生じること，トラップ内に捕集後の沈降粒子態有機物の分解，動物プランクトンの混入などが知られており，海洋表層での鉛直フラックス実測値の信頼度には問題もある．

海水中に残された記録から表層から除去される炭素量を見積もる方法（トリウム法）もある．放射性核種のウラン（^{238}U）は，海水が循環する時間スケール（後

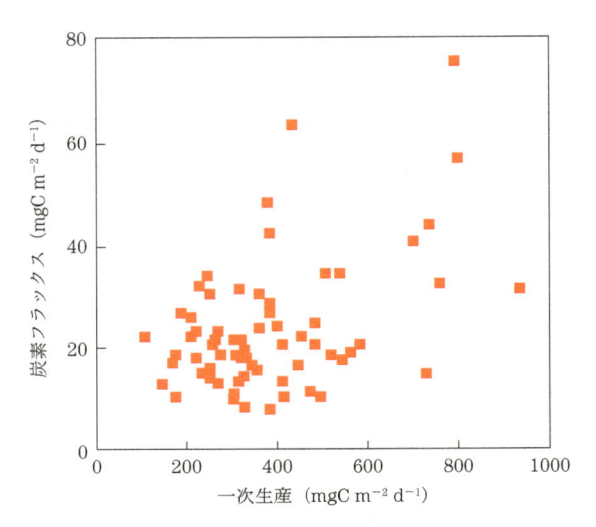

図5.4 一次生産と有光層から除去される有機炭素フラックスとの相互関係(Michaels and Knap (1996)[4]にもとに作成).

述するように,おおよそ2,000年)にくらべて十分に長寿命(半減期:約45億年)で,かつ化学的に不活性であるために,海洋では海域・深度を問わず溶存態として均一に分布している.一方,娘核種トリウム(^{234}Th)は,粒子と相互作用してすみやかに粒子態となる.粒子態となったトリウムの一部は,沈降粒子に取り込まれて,表層から除去される.そのために,表層海水中のトリウム濃度は,同じ海水中に存在するウランから期待されるトリウム濃度よりも除去された分だけ低くなる非平衡が生じる.あらかじめ沈降粒子の炭素/トリウム比を測定しておけば,非平衡分のトリウム量から,除去された有機炭素を算出することができる.

紙面の関係で,具体的な観測例は示さないが,種々の海域や季節での観測結果から,一次生産のおおよそ2〜10％の有機物が表層から有光層以深へと除去されている.しかし,トリウム法においても,高緯度海域や中緯度海域の春季ブルーム時には非常に高い除去率が観測されている.このような海域の春季ブルームは,大型の植物プランクトン,特にケイ藻が中心になっており,ケイ藻は相互作用して大型の沈降粒子を形成しやすいために,高い除去率をもたらすと考えられている.

B. 中・深層水中への鉛直輸送

有光層から除去される有機炭素量の見積もりには多くの研究事例があり，図5.3と図5.4でその一例を示した．深層水中における炭素フラックスと一次生産との関連を調べた研究は少ないが，個別に発表されたセジメントトラップ実験結果をまとめた例を図5.5で紹介する．フラックスとしては，深層の中でも水塊構造が最も安定しているので，セジメントトラップで得られたフラックスの信頼度が高いと考えられる水深2,000 mで得られた値を使って，表層の一次生産との関係を調べた．水深2,000 mでの炭素フラックスについても一次生産との関係は大きな変動を示している．しかし，おおよその傾向として，一次生産が200 mgC m^{-2} d^{-1}以下の海域では一次生産の増加とともに炭素フラックスは増加するが，それ以上の海域では炭素フラックスは一次生産に関係なくほぼ一定となっている．この関係は以下の式で近似される．

$$J_{\text{Corg2000}} = 1.632 \times \tanh(2.87 \times (PP - 132.7)/132.7) + 1.72 \quad\quad\quad (5.1)$$
$(n = 52, R^2 = 0.63)$

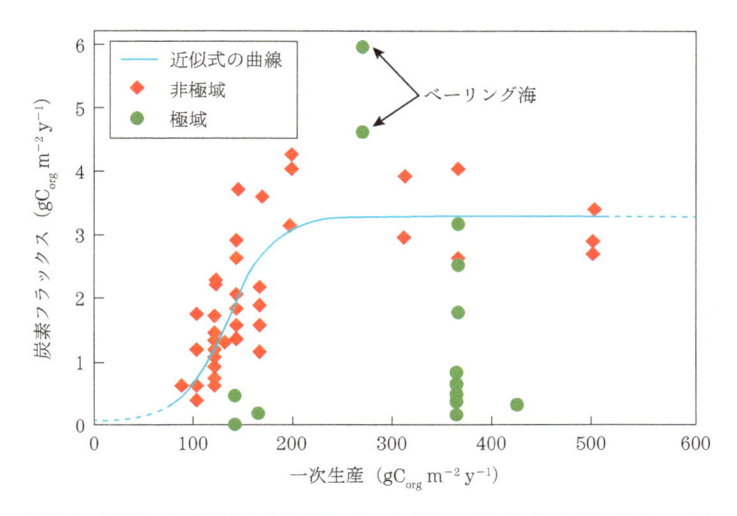

図5.5 深層水（深度2,000 m）の炭素フラックスと表層の一次生産との関係（Lampitt and Anita (1997)[5]をもとに作成）．極域（ベーリング海や南極海）で得られた炭素フラックスは近似式（実線）から除いてある．

ここで，J_{Corg2000} は水深2,000 m での炭素フラックス，PP は一次生産を表す．図中の緑の丸で表されている極域での観測値は，近似式から大きく外れている．高い除去率を示すベーリング海の観測例は，トリウム法で得られた高い除去率と同じような現象かもしれないが，極域での観測例は少なく，その値が近似式を大きく外れる理由については，よくわかっていない．沈降粒子により水深2,000 m まで鉛直輸送された有機物は，極域の例を除くと，炭素量にして一次生産の 0.42〜1.23 % の範囲内にあり，平均 0.92 % であった．バミューダ沖の時系列実験やトリウム法で示された有光層から除去される有機物量が 2〜10 % であったので，有光層直下から出発した沈降粒子の有機物は，水深2,000 m にいたるまでに，さらに減少していることになる．

5.3.3　溶存態有機物の鉛直分布と輸送メカニズム

　溶存態有機物は，粒子態有機物と異なり，自重で沈降することはない．しかし，海水の鉛直混合によって有光層からそれ以深の層へと輸送される．北大西洋バミューダ沖の観測点での2年間の溶存態有機炭素の鉛直分布の季節変化を図5.6 に示した．

　図5.6 (b) の海水温の季節変化を見ると，冬季には海から大気へと熱が輸送されるために表面水温が低下し，海水の密度が上昇し重くなるために，表層水は沈降する．このような沈降が連続的に起きる．この冬季の鉛直混合により，水深が200 m を超える深さまで水温は一定となる．冬季の鉛直混合時には，溶存態有機炭素濃度 (a) も表層から200 m を超える水深まで数 μM の濃度幅で一定となる．図では冬季の溶存態有機炭素の濃度幅をハッチで示してある．ここでは記述されていないが，この観測点の有光層深度は，季節変化するがおおよそ100 m 内外と考えていい．冬季には，有光層より深い層にある栄養塩も表層に運ばれ，鉛直方向にほぼ一定となる．

　春季には表層の海水温が上昇しはじめ，表面ほど海水の密度が小さくなり，鉛直混合は止まる．すでに述べたように，有光層内の植物プランクトンは，図5.3 で認められるような春季ブルームと呼ばれる活発な有機物生産をおこない，それに伴い有光層内では溶存態有機炭素濃度が上昇する．一方で，有光層より深い層では溶存態有機物は従属栄養細菌により分解され，濃度は減少する．

　夏から秋にかけては，水温が上昇し，鉛直方向に水塊は安定するが，冬季に供給された栄養塩を使い尽くしたために，有機物生産は春季ほど活発ではない．

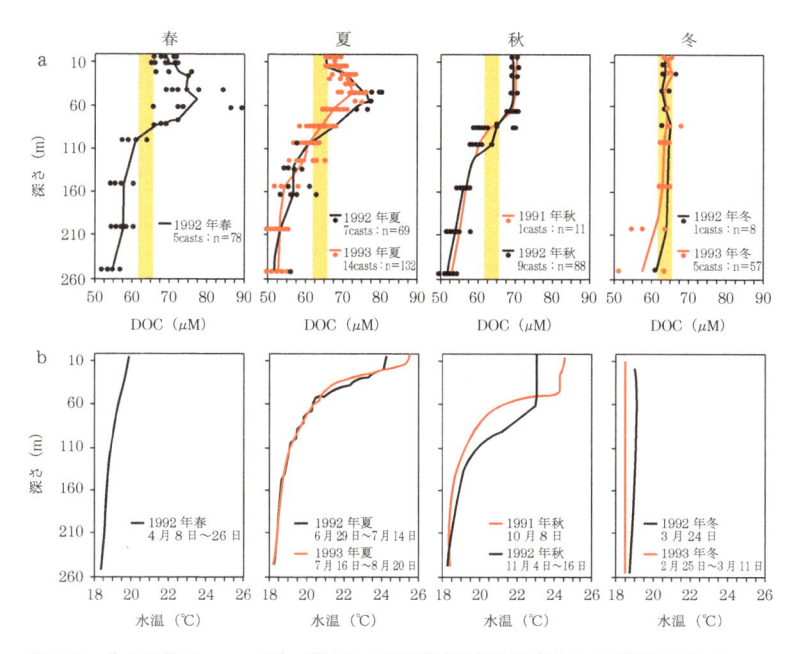

図 5.6　北大西洋バミューダ沖で得られた溶存態有機炭素鉛直分布の季節変化 (Carlson et al. (1994)[6] をもとに作成).

有光層より深い層では有機炭素濃度はさらに減少する.

冬季には,再び鉛直混合により有光層内の溶存態有機物はそれ以深に鉛直輸送され,有光層内の溶存態有機炭素濃度は減少し,それ以深の濃度は増加する.

溶存態有機炭素の濃度変化から明らかなように,一次生産を出発点として溶存態有機物は生産されると同時に,活発に分解されていることがわかる.粒子態有機物が濾過摂食動物に捕食されることにより,食物連鎖に組み込まれていく一方,溶存態有機物は,従属栄養細菌に取り込まれ,そのエネルギー源として重要な役割を果たしている.溶存態有機物を取り込んだ従属栄養細菌は,原生動物に捕食され,その過程で溶存態有機物が排出される.従属栄養細菌がウイルスにより感染死する過程でも溶存態有機物が生成する.このようにして生成した溶存態有機物を再び従属栄養細菌が利用する.

溶存態有機物を出発点として,細菌,ウイルス,原生動物などの作用を経由して再び溶存態有機物へ戻る輪のような過程をこれまでの食物連鎖と区別し

て，微生物ループ (microbial loop) と呼んでいる．従属栄養細菌を捕食した原生動物が動物プランクトンに補食されて，食物連鎖へ組み込まれる過程もある．現在，一次生産の20〜40％程度の有機物が微生物ループを経由して代謝されていると考えられており，溶存態有機物も海洋生態系を駆動するうえで重要な役割を果たしている．

5.3.4 溶存態有機物の深層水への輸送

海水の鉛直混合による溶存態有機物の鉛直輸送は，混合層と呼ばれる鉛直混合する層の厚さの範囲内に限定される．混合層の厚さは，北太平洋を例にとると，冬季の最も混合層が厚い時期では100 mを超えるところがあるが，200 mを超える海域は少ない[7]．図5.2で明らかなように，混合層以深にも溶存態有機物は存在し，その濃度は粒子態有機物よりはるかに高い．溶存態有機物の鉛直分布を理解するためには，鉛直輸送のみならず，熱塩循環ないし海洋大循環と呼ばれる海洋表層水と深層水を結ぶ海水の流動に伴う溶存態有機物の水平輸送を考慮しなければいけない．

A. 海洋大循環と溶存態有機物の鉛直・水平輸送

水深1,000 m以深の深層水は，体積として全海水の約80％を占めているが，その生成海域は，北大西洋のグリーンランド沖や南極海の一部に限定されている．北大西洋のグリーンランド沖では，海水温が低く，海氷の生成により塩濃度が上昇するために，海水の密度が高まり，海水は強く沈み込み，深層水となる（図1.8参照）．この深層水は大西洋を南下し，南極海にいたる．南極海で新たに冷たくて高塩分の重い水を表層から補給された深層水は，太平洋を北上し，北太平洋で表面へ戻る．この流れは平均1,000年（最長2,000年）程度の時間スケールで全海洋を循環していると考えられている[8]．このような循環に乗って，表層水の溶存態有機物は深層水の溶存態有機物へと姿を変える．

B. 海洋大循環と溶存態有機物の放射性炭素同位体値

海洋における放射性炭素同位体 (^{14}C) 年代測定では，大気とのガス交換が活発におこなわれている海洋表層水中のCO_2 (dissolved inorganic carbon; DIC，溶存態無機炭素) の^{14}C年齢をほぼ0歳とする．^{14}Cを含むCO_2が有機物に取り込まれてガス交換の系から離れた後は，半減期（約5,370年）に沿って^{14}C値は減少する

ので，その減少量からその有機物の年齢を計算することができる．しかし，1950年後半から1960年前半におこなわれた大気圏内核実験により，人為起源の^{14}Cがばらまかれたために，これ以降に採集された試料の実際の測定値は，本来の自然由来の^{14}C濃度よりも大きくプラスに振れている．

図5.7には，溶存態有機炭素，懸濁態有機炭素，溶存態無機炭素などの^{14}C値の鉛直分布が示してある．図中では，1985年から1991年にかけて採集された試料について，人為起源の^{14}Cも含めた実際の測定値をΔ^{14}C値で表している（Δ^{14}Cの定義は，6.4.4項参照）．溶存態無機炭素のΔ^{14}C値は，水深400 m程度までは一定であるので，海水の鉛直混合の効果が見られ，少なくとも，水深600 mまでは，大気圏核実験の影響が認められる．水深100 m以浅で得られた粒子態

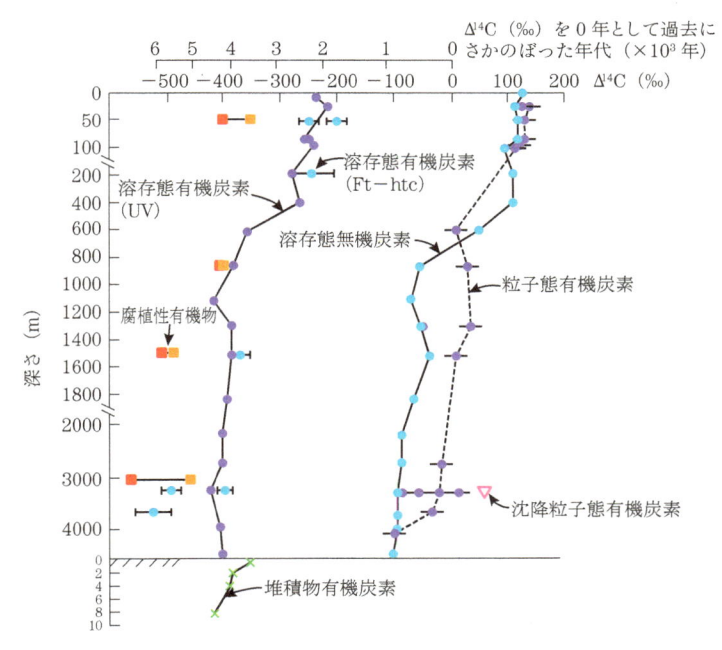

図5.7 大西洋サルガッソー海における粒子態有機炭素，沈降粒子態有機炭素，溶存態有機炭素，溶存態無機炭素および堆積物有機炭素の放射性同位体の測定値（Δ^{14}C）．図中の■と■は，それぞれ特性の異なる非極性の吸着剤XAD-2およびXAD-4を用いて溶存態有機物から分離された腐植性有機物の値を示してある．有機物の炭素同位体の測定では，有機物をCO_2に酸化して測定する．溶存態有機炭素の測定では，紫外線酸化法（UV）および高温触媒酸化法（Ft-htc）の2種類の酸化法を用いて得られた結果を示している（Druffel et al.（1992）[9]をもとに作成）．

有機物のΔ^{14}C値は，溶存態無機炭素の値と一致しており，粒子態有機物の^{14}C年齢はほぼ0年であることがわかる．1,000 m以深の溶存態無機炭素のΔ^{14}C値には深度に伴う大きな勾配は認められず，ほぼ一定となっている．このような深層水中にある粒子態有機物のΔ^{14}C値は，表層の溶存態無機炭素の値より，若干低い値を示している．中・深層水中の粒子態有機物は，大気圏内核実験以前に表層でつくられ，鉛直輸送された有機物とそれ以降に表層から輸送された有機物とがまじりあったデトリタスとして存在していると考えられる．一方，一例のみであるが，沈降粒子態有機物のΔ^{14}C値は，明らかにプラス側に振れており，現在の表層水中の有機物がすみやかに鉛直輸送されていることを示している．

　溶存態有機物のΔ^{14}C値は，海水の鉛直混合の効果が見られる水深400 m以浅で高く，中層で若干減少し，水深1,000 m以深の深層水中でほぼ一定となっている．しかし，Δ^{14}C値が最も高い表層水中であっても，その値は−200‰以下を示し，^{14}C年齢としては，2,000年を超え，深層水中の溶存態有機物はおおよそ4,000年ということになる．2,000年程度の時間スケールで駆動する海洋大循環に乗って海水中の溶存態有機物は輸送されるが，その^{14}C年齢は海水のそれよりもはるかに古いことになる．さらに特性の異なる非極性の吸着剤を用いて溶存態有機物から分離された腐植性有機物の^{14}C年齢は，5,000年を超える値を示している．このことは，深層水中の溶存態有機物も異なった年齢を有する有機物の混合物であることを示唆している．

§5.4　有機物の変質

　5.1.1項で述べたように，植物プランクトンの存在量を一次生産量で除することにより，一次生産者である植物プランクトンの平均的な寿命が5日程度と勘定された．その一次生産から生成する非生物態有機物は，^{14}C年齢から見る限り，さまざまな滞留時間を持った有機物で構成されていることは明らかである．粒子態有機物のように，比較的短い滞留時間の有機物は，従属栄養動物のエネルギー源として重要な働きをしているが，すみやかに消費されるために濃度は低い．一方，量的には非生物態有機物の大部分を占める溶存態有機物は，^{14}C年齢から見る限りたいへん古く，海洋環境下での滞留時間が非常に長いことを示している．このような難分解性有機物の存在は，地球表層の親生元素の

循環の中から，元素を溶存態有機物として海洋中に閉じ込めておく役割を果たしている．

北太平洋亜熱帯海域の観測点において，表層0～175 mに存在する溶存態有機炭素の濃度が，1993年から1999年にかけて増加しており，その増加量は一次生産の2％に相当するとの報告があった[10]．この溶存態有機物の蓄積傾向について，論文の著者らは，生態系の変化に起因する可能性を指摘している．いまのところこのような観測的事実の報告は，この一例のみである．

地球表層の炭素循環を考えるうえで，溶存態有機物は，炭素の貯蔵庫として重要な役割を果たしていると考えられる．さまざまな滞留時間をもたらす原因としては，非生物態有機物の質的変化が考えられる．本節では，生物体有機物から沈降粒子態有機物および溶存態有機物への移行に伴う質的変化について記述する．

5.4.1 沈降粒子態有機物の質的変化

沈降粒子態有機物は，沈降に伴い量的に減少すると同時に，質的にも変化する．沈降粒子のもとであるプランクトンの有機物は，タンパク質，炭水化物および脂質の3成分で全量の80％以上を占める．色素やDNAなどの少量成分の割合を加えれば，プランクトンの有機物はほとんど説明できる．しかし，いろいろな海域でおこなわれたセジメントトラップ実験の結果，沈降粒子の有機物組成は，捕集深度の増加とともに，上記3成分の割合は減少する傾向が報告された．

図5.8は，これまでに報告された沈降粒子の有機物組成および比較可能なプランクトンや表層堆積物の有機物組成をまとめたものである．図5.8では，異なった海域・季節・深度のデータをまとめているので，かなりの幅を持っているが，鉛直変化の傾向は普遍的現象として見て取れる．タンパク質はそのまま定量できないため，加水分解して遊離するアミノ酸を定量する．生物体有機物の中で，タンパク質に由来するアミノ酸が，量的に最も多い成分であるが，鉛直方向の減少も最も大きい．脂質も徐々に減少するが，炭水化物については，鉛直方向の変化は認められない．

このような質的変化は，バクテリアに対するプランクトンの有機物の分解耐性で説明されることが多かった．アミノ酸を例に考えてみる．すでに述べたように，生物体有機物のアミノ酸はほとんどがタンパク質として存在している．

全有機炭素に占める各成分の炭素の割合（％）

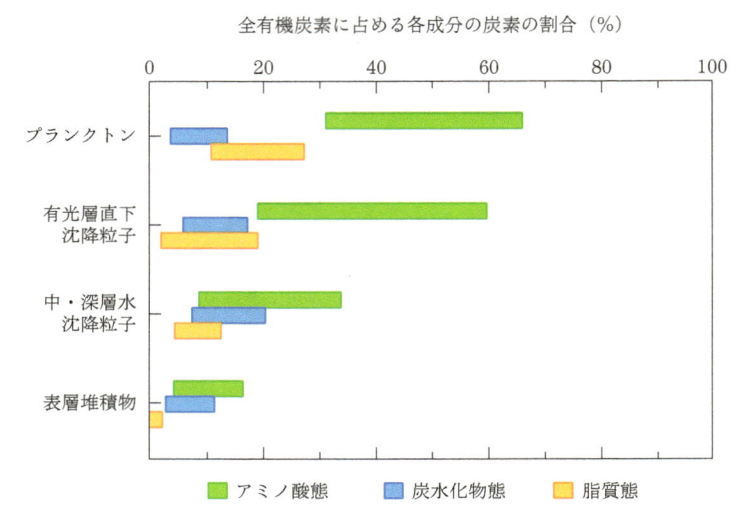

図 5.8 プランクトン，有光層直下および中・深層水で得られた沈降粒子および表層堆積物中の全有機炭素に占めるアミノ酸態炭素，炭水化物態炭素および脂質態炭素の割合 (Wakeham et al. (2000))[11]をもとに作成）.

表層水の粒子態有機物について，加水分解をおこなわず，タンパク質を分離したところ，23種のタンパク質が分離され，そのうちの一つは植物プランクトンの熱ショックタンパク質の一種と同定された[12]．海水中から採集したプランクトン試料を同様な方法で分離すると，数百のタンパク質が分離されるので，表層水の粒子態有機物においても，易分解性のタンパク質が先に消失し，難分解性タンパク質が残っていることが考えられる．しかし，分解耐性を有するタンパク質の種類や，分解耐性を獲得するメカニズムについては，未解明のままである．

一方，中・深層水中の粒子態有機物からはD体アミノ酸が検出される．D体アミノ酸は，植物プランクトンのタンパク質には存在せず，バクテリア外膜を構成するペプチドグリカン中のペプチド鎖中に存在している．このことから，中・深層水中の沈降粒子のアミノ酸は表層のプランクトンのタンパク質ではなく，それを分解するバクテリアに由来し，タンパク質ではないアミノ酸が残存もしくは二次的に付加されていることも考えられる．

海洋有機物動態の出発点である生物体有機物の多くは高分子状態で存在し，

主要成分については化学構造もわかっている．一方，非生物態有機物である沈降粒子や堆積物中の有機物については，高分子レベルでの測定が難しいために，それらを化学的に分解して構成単位を測定することが多い．分子レベルでの対応関係は不明であるが，非生物態有機物中のアミノ酸を含有する有機物は，生物体有機物中でアミノ酸を含有するタンパク質とは異なる分子である可能性が高い．本項では，沈降粒子態有機物の質的変化を例にあげたが，粒子態有機物でも同様な現象が知られている．加水分解すればアミノ酸として同定できる有機物についても，その起源や組成変化をもたらすメカニズムについての納得できる理解にはいたっていない．

　生物体有機物を加水分解し，タンパク質はアミノ酸として，炭水化物は単糖として，そして脂質は脂肪酸として測定することにより，生物体有機物の大部分を説明できた．しかし，生物体有機物と非生物態有機物との間には，分子レベルの知識には大きなギャップがあることを，前段ではアミノ酸を例に述べた．さらに，図5.8からわかるように，非生物態有機物が分解するにつれて未同定有機物の割合が増加し，その割合は，中・深層水中の沈降粒子態有機物ではおおよそ60％，表層堆積物有機物では80％を占めている．

　表層からすみやかに鉛直輸送され中・深層水にいたる沈降粒子態有機物において，生物体有機物では認められなかった未同定有機物が量的には大部分を占めることになる．核酸や色素などの成分は，易分解性であり，沈降粒子態有機物の中では，微量成分である．アミノ酸（タンパク質）・炭水化物・脂質以外のある特定の生体成分が選択的に残るとは考えにくい．図5.8から，沈降粒子に姿を変えた生物体有機物は，沈降粒子としての機能を保ったまま，比較的すみやかに未同定有機物へと変化することがうかがえる．しかし，未同定有機物の化学的性質や生成・分解メカニズムについてはまだよく理解されておらず，これからの海洋有機物研究の大きな課題といえる．

5.4.2　溶存態有機物の質的変化

　溶存態有機物は，さまざまな滞留時間を有する有機物で構成されている．最も滞留時間が短い溶存態有機物としては，遊離アミノ酸や単糖などがあげられる．これらの化合物の濃度は有光層内で日変化を示すことが知られているので，光合成により生産された直後に溶存態有機物として環境中へ移行し，すみやかに微生物ループに取り込まれ，あるものは再び生物体有機物に姿を変え，また

あるものは無機化されてCO_2へと変化する．このような有機物の滞留時間は，分〜時間のスケールと考えられ，外洋水中での濃度は10^{-9} M程度で非常に低い．一次生産に伴って移行した溶存態有機物の大部分は，それを利用するバクテリアの活性を考慮すれば，すみやかに分解している（日の時間スケール）．しかし，一部は数カ月以上の分解耐性を示すことが，溶存態有機炭素濃度の季節変化からわかる（図5.6）．さらに，深層水中の溶存態有機物全量の^{14}C年齢は数千年にも達しているので，このような溶存態有機物は，バクテリアによる分解に対して大きな抵抗力を有する難分解性溶存態有機物であることがわかる．

沈降粒子態有機物において，分解が進むにつれて量的減少とともにアミノ酸・炭水化物・脂質などの生体成分の割合が減り，逆に未同定有機物の割合が増える．溶存態有機物では，その割合はさらに増加している．個別の報告が数例あるものの研究例が少ないために，普遍的と考えられるデータはそろっていないが，溶存態有機物中のアミノ酸や炭水化物の割合は，それぞれ数％にすぎず，脂質を含めても，溶存態有機物全量の10％程度と考えられ，溶存態有機物の90％程度が未同定有機物で構成されている．

A. 溶存態有機物の蛍光特性

溶存態有機物は，約35 gの塩を含む1 Lの海水中に，重量としてはおおよそ1〜2 mgが存在しているにすぎない．したがって，生物体有機物や粒子態・沈降粒子態有機物と同様な化学分析をおこなうためには濃縮・脱塩操作が必要となる．現在最も汎用されている限外濾過法では，溶存態有機物全体の65〜80％が操作により失われ，得られる濃縮・脱塩画分は20〜35％にすぎない．技術的問題が克服されていないために，溶存態有機物全体で見れば，アミノ酸，炭水化物，脂質などの基本的成分の知見も乏しい．

このような溶存態有機物の化学的性質を調べるための方法の一つとして，3次元蛍光法が使われている．試料に励起光を当てると，蛍光スペクトルが得られる．励起光の波長を順次変更するごとに蛍光スペクトルを記録し，横軸に蛍光波長，縦軸に励起波長，高さ方向に蛍光強度をプロットすると，試料の蛍光特性が3次元の等高線図として得られる．本法は高感度なために溶存態有機物を濃縮・脱塩することなく測定が可能となる．

溶存態有機物の蛍光特性をもとに，タンパク質様蛍光物質とともに，難分解性有機物として知られる陸上の土壌有機物の腐植物質に由来する腐植様蛍光物

質,および海洋起源の腐植様蛍光物質が知られている.いずれにも「～様物質」と表現されるのは,蛍光特性の類似性,海洋での分布の特徴,室内実験の結果などの状況証拠からの命名であり,物質としての化学的な詳細がわかっていないためである.

B. 蛍光物質の動態と腐植様蛍光物質の生成

　生物体有機物の分解に伴い,一部の有機物が化学的に同定できない難分解性有機物へと変化することが,いくつかの室内実験により明らかにされている.溶存態有機物の蛍光特性を利用して,海水中から採集したプランクトン試料を海水中に懸濁して暗所に放置して分解実験をおこない,溶存態有機物中のタンパク質様および腐植様蛍光強度の時間変化を追跡した結果を図5.9に示す.人工海水中に天然のプランクトンを添加すると,プランクトンのタンパク質が海水中に迅速に溶け出して溶存態タンパク質様蛍光物質の大きなシグナルが現れる.タンパク質様蛍光強度は,時間とともに急速に減少する.このことから,生物体有機物であったタンパク質が溶存態タンパク質に移行後,急速に分解していることが示唆される.一方,腐植様蛍光強度は,比較的短時間で増加し,その後も漸増している.

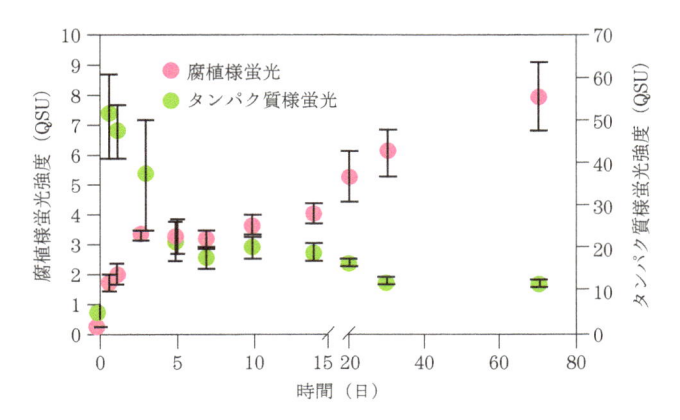

図5.9　プランクトンの分解過程におけるタンパク質様および腐植様蛍光強度の時間変化(Yamashita and Tanoue (2004)[13]をもとに作成).タンパク質様および腐植様蛍光物質の蛍光強度は,標準試料の硫酸キニーネ(0.05 M硫酸溶液)の励起波長350 nm/蛍光波長460 nmにおける蛍光強度を1 QSU (Quinine Sulfate Unit)として標準化してある.

溶存態有機物中の腐植様蛍光物質がどのような有機物に由来するのかは明らかでないが，その蛍光特性は，非生物学的縮重合過程として知られるアミノ酸のアミノ基と糖のアルデヒド基との反応から始まるメイラード反応による生成物であるメラノイジンおよび陸上土壌中の腐植有機物と類似しているため，未同定有機物の代表的物質と考えられている．この実験から，生物体有機物の分解に伴い，未同定有機物で難分解性有機物が比較的短時間（日の時間スケール）で生成することが示唆された．

C. 太平洋における有機物の分解と腐植様蛍光物質の生成

前項の室内実験の結果を受けて，有機物の分解と腐植様蛍光物質の生成に関する海盆スケールの観測がおこなわれた（図5.10）．図5.10(a)には，太平洋のほぼ中央，南緯60°以南から北緯40°以北までの観測線上の見かけの酸素消

(a) 見かけの酸素消費量

(b) 溶存態有機物中の腐植様蛍光物質の蛍光強度

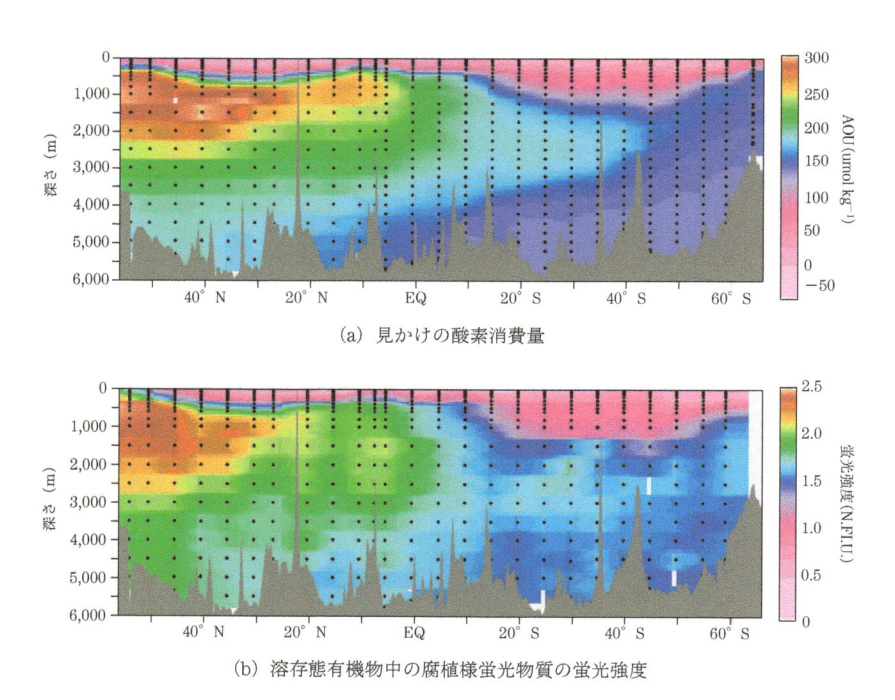

図5.10　太平洋中央の南緯60°以南から北緯40°以北にいたる観測線で得られた(a)見かけの酸素消費量と(b)溶存態有機物中の腐植様蛍光物質の蛍光強度の断面図（Yamashita and Tanoue (2004)[14]より）．

費量 (apparent oxygen utilization; AOU) の断面が示してある．

　海水中の溶存酸素飽和量は，その海水の温度と塩分で決まる (計算法は**付録参照**)．海洋表層では大気とのガス交換により，溶存酸素は飽和状態にあるとみなせる．表面海水が大気とのガス交換がおこなわれない深度に達すると，有機物の分解により酸素が消費され，実測される溶存酸素濃度は，飽和濃度より小さくなる．この差分を見かけの酸素消費量といい，有機物分解量の目安として考えることができる．

　図 5.10 (b) に同一観測線における腐植様蛍光物質の蛍光強度の断面図が示してある．(a) (b) の分布パターンはよく一致しており，見かけの酸素消費量が大きい海域・深度では腐植様蛍光物質の蛍光強度も高くなっており，有機物の分解に伴う難分解性の腐植様物質の生成が海盆スケールでも起こっていることがわかる．仮に，生成した腐植様物質が生物による分解を受ける場合，蛍光強度が減少するとともに酸素が消費されるためにAOUが大きくなり，両者の相関は悪くなる．しかし，蛍光強度とAOUの間には，広い範囲で非常によい正の相関があった．深層水がこの断面図の南端の南大洋から，北端の北部北太平洋間に到達するのに約900年を有するので，観測された腐植様蛍光物質はこの間の分解が無視できることを示している．

　一方，室内実験 (図 5.9) の結果からわかるように，表層では有機物の生成と分解が活発におこなわれているので，それに伴って腐植様蛍光物質が活発に生成していると推定されるが，観測された蛍光強度は低い．これまで有機物の分解は，バクテリアや従属栄養生物がおこなう酸素を消費する生物学的分解を前提に記述してきた．表層水中で生成した腐植様蛍光物質は，生物学的分解に対しては難分解性であるが，光分解により濃度が減少していると考えられ，室内実験でも腐植様物質が容易に光分解することが確かめられている．海洋における有機物の生成・分解過程のほとんどは生物によって駆動しているが，海洋最表層では光による有機物の分解過程も無視できない．

§ 5.5　今後の課題

　蛍光特性からみて，腐植様蛍光物質が溶存態有機物中の未同定・難分解性有機物の代表的物質と考えられていることを述べた．しかし，蛍光強度と有機物量との量的関係はわかっていないために，蛍光特性から得られた情報が溶存態

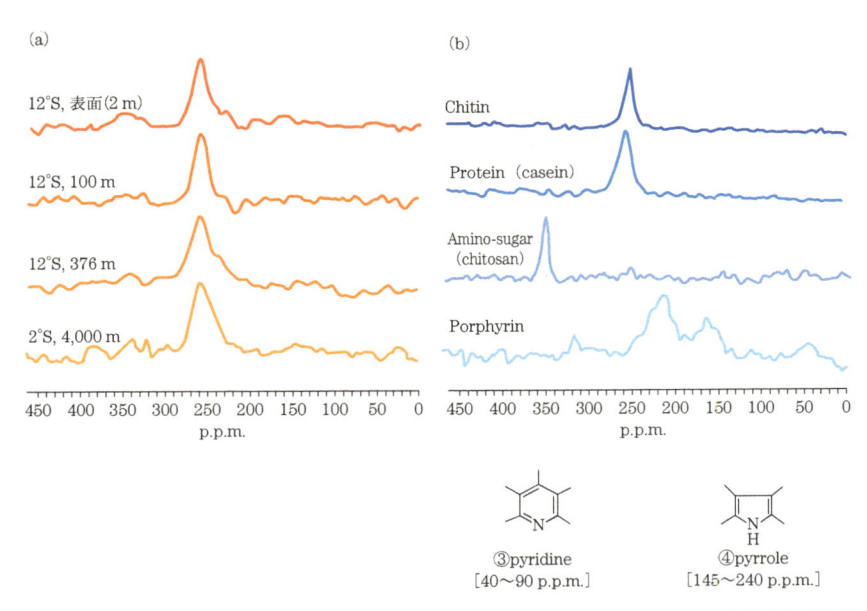

第5章 ● 海洋の有機地球化学——海洋における有機物の挙動

図5.11 太平洋赤道域において，表面(2 m)，水深100 m，375 mおよび4000 mから得られた(a)高分子溶存態有機物の^{15}N-核磁気共鳴スペクトル(McCarthy et al. (1997)[15]をもとに作成)，および(b)天然に存在する窒素含有化合物および官能基の例．アミドとしてキチン（N-アセチルグルコサミン　ポリマー）およびカゼイン（タンパク質の一種），アミノ糖としてキトサン（脱アセチル化キチン），複素環窒素としてプロトポルフィリンⅣ，窒素含有官能基としてピリジン環およびピロール環を示す．スペクトルを示していないピリジン環およびピロール環については，[ ]内におおよその化学シフト(p.p.m.)を示す．

有機物全量のどれだけを代表しているのかは不明のままである．本章では紙面の都合で，生物体・粒子態・溶存態有機物全量を対象に得られた知見を記述した．

すでに述べたように，溶存態有機物は限外濾過法により，分画分子量1,000以上の溶存態有機物画分（全溶存態有機物の20〜35％）については，濃縮・脱塩が可能となっている．このような高分子溶存態有機物画分に^{15}N-核磁気共鳴(NMR)スペクトル法を適用した例を図5.11に示す．^{15}N-NMRスペクトル法では，有機物を構成する窒素原子の化学結合様式・官能基の情報が得られる．

図5.11 (a) は，太平洋赤道域における表層 (2 m) から深層 (4,000 m) で得られた高分子溶存態有機物画分のスペクトルであるが，深度にかかわらず260 ppm付近に単一のピークが認められるのみである．このピークはペプチドやタンパク質，キチンなどに含まれるアミド結合に由来している．アミノ糖が構成成分

であってもアミノ基が脱アセチル化しているキトサンなどのピークは大きくずれる．一方，アミノ酸や糖の官能基が非生物学的に縮重合する際に生成すると考えられているピロール環やピリジン環に由来するピークは認められない．ここでは示さないが，^{1}H-，^{13}C-NMRスペクトルでもそれぞれ水素や炭素の結合様式は，生物体有機物となんら変わりないことが見いだされた．

　NMRスペクトル法で得られた結果は，溶存態有機物の蛍光特性から得られる化学像と異なり，生物体有機物の一部が，あまり化学的修飾を受けないまま，あるいは分解したものの，低分子分解産物として海水中にそのまま残っていると解釈できる．事実，溶存態有機物中から，海洋細菌の外膜を構成するタンパク質やペプチドグリカンが検出されている[16]．しかし，溶存態有機物全量を加水分解し，アミノ酸・糖・脂質を測定しても，全量の10％程度しか説明できないことはすでに述べた．高分子溶存態有機物画分についても，アミノ酸と糖の割合はそれぞれ数％にすぎず，NMRスペクトル法で得られた情報を単純には解釈できない．同様な現象が沈降粒子態有機物でも認められており，海水中の非生物態・未同定有機物の化学像を描くにあたっての大きな謎となっている．

　溶存態有機物の65～80％は，分子量1,000以下の低分子有機物画分に存在する．限外濾過法で得られた分子量は，見かけの分子量で絶対分子量ではないが，単純化して，このような低分子有機物をペプチドと仮定すると，アミノ酸が8～9個程度結合したもの，オリゴ糖だと単糖が5～6個結合した化合物となる．このような低分子化合物の化学的実態やこのような化合物がなぜ数千年にわたって分解せずに海水中の存在するのか？　この現象も，また海洋における有機物の動態を理解するうえで，大きな謎となっている．

　海洋における有機物の生成・変質・分解と生態系とは比較的短い時間スケールで相互に深く関与している．比較的長い時間スケールで見れば，海水中に存在する難分解性有機物は，地球表層における炭素リザーバーとして無視できない．このように異なった時間スケールでの有機物のダイナミックスを深く理解しようとすれば，海水中の非生物態・未同定有機物の化学的究明が必須となり，これからの海洋の有機地球化学の大きな課題といえよう．

第6章
海洋の水循環と化学トレーサー

　海水中に溶け込んでいる化学成分の中には，その濃度や同位体比が，海水の物理的な流動や混合過程を忠実に反映するものがある．また，物理的な循環に加え，生物化学的なプロセスを反映した濃度分布を示すものもある．これらの化学成分の濃度や同位体分布を詳しく調べることによって，逆に海水の動きや，海水中での生物化学的プロセスについて情報を得ることができる．

　このような目的に利用できる化学成分のことを，一般に「化学トレーサー (chemical tracer)」と呼ぶ．貴ガスのように，化学的に不活性で海水中の化学反応にいっさい関与しない保存的成分は，化学トレーサーとして特に有効である．また，放射性核種の中には，その半減期に基づいて海水の動きに時間スケールを付与できるものがあり，やはり有効な化学トレーサーとなる．

　海洋の物理学・化学・生物学プロセスを問わず，何であれ海洋の現象解明にとって有意義な化学成分はすべて「化学トレーサー」と呼べるかもしれない．しかしそれでは対象が広すぎて，「トレーサー」の本質に迫りにくくなる．そこで本章では，基礎的な「海水の循環・混合」（海水そのものの物理学的な動き）に話題を限定し，そこで活用される，いわば「狭義の」化学トレーサーについて見ていくこととしよう．

　海洋内ではあたかも大河のように深層水の循環が起こり，海洋全体がゆっくりとかき混ぜられている．このため深さ1万メートルを超える海溝底でさえ酸素が欠乏することはほとんどなく，生物の生息できる環境が維持されている．図6.1はコロンビア大学のウォーレス・ブロッカー (Wallace Broecker) 教授によって提唱された海洋大循環モデルである[1]．ブロッカーのコンベアーベルトとも

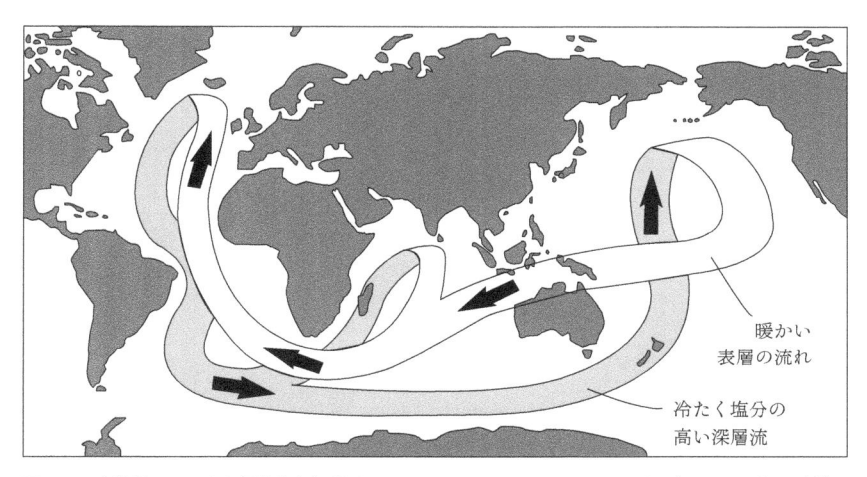

図6.1 全海洋をつなぐ大規模海水循環系をベルトコンベアーにたとえたモデル (Broecker (1991)[1]をもとに作成.

呼ばれている．炭素-14 などの化学トレーサー分布に基づいて確立されたもので，詳細については後述する．

　海洋の循環(**図6.1**)は大量の熱を輸送し，大気の循環とも連携して，地球上の気候を調節する重要な役割を演じている．海洋の循環過程を解明することは海洋のすべての科学の基盤であり，現在の海洋の姿を理解するのみならず，過去の地球環境を復元したり，今後の環境変動を予測したりするうえでも，欠くことのできない重要な研究課題である．そこで化学トレーサーの出番となる．

§ 6.1　化学トレーサーの分類

　最初に，Craig (1969)[2]の分類に従って，海洋の化学トレーサーを，それらの化学的性質から4通りに区分けしてみる(**表6.1参照**).

Stable Conservative tracer (安定・保存〈SC〉トレーサー)
Stable Non-Conservative tracer (安定・非保存〈SNC〉トレーサー)
Radioactive Conservative tracer (放射性・保存〈RC〉トレーサー)
Radioactive Non-Conservative tracer (放射性・非保存〈RNC〉トレーサー)

表 6.1 海洋の主要な化学トレーサーの分類

化学トレーサーの種類	天然化学物質 (濃度および同位体)	人工化学物質 (濃度および同位体)
安定・保存トレーサー	● 貴ガス 　(He, Ne, Ar, etc.) ● 海水の主要元素 　(Na^+, K^+, Ca^{2+}, Mg^{2+}, 　Cl^-, SO_4^{2-})	● クロロフルオロカーボン 　(CCl_3F, CCl_2F_2, 　CFC-113, etc.)
安定・非保存トレーサー	● 溶存気体 　(O_2, N_2, CH_4, N_2O, etc.) ● 栄養塩 　(NO_3^-, PO_4^{3-}, H_4SiO_4) ● 無機炭酸物質 　(ΣCO_2) ● 微量元素 　(Fe, Zn, Cu, Cd, 　REEs, etc.)	
放射性・保存トレーサー	● 貴ガス 　(^{39}Ar, ^{85}Kr, ^{222}Rn, etc.) ● ハロゲン元素 　(^{36}Cl) ● ウラン 　(^{238}U, ^{235}U, ^{234}U)	● トリチウム 　(^3H) ● クリプトン (^{85}Kr)
放射性・非保存トレーサー	^7Be, ^{10}Be, ^{14}C, ^{32}Si, ^{226}Ra, ^{228}Ra	^{14}C, ^{137}Cs, ^{134}Cs, ^{90}Sr, ^{129}I, ^{238}Pu, ^{239}Pu, ^{240}Pu, ^{241}Pu

　化学トレーサーとして注目する化学元素が，安定核種か放射性核種かによって，「安定(Stable)トレーサー」と「放射性(Radioactive)トレーサー」に大別される．また，化学トレーサーの分布が，海水の循環や混合などの物理的過程と放射壊変によってのみ決められるとき「保存(Conservative)トレーサー」，海水中での化学反応や生物過程の影響も合わせて受ける場合は「非保存(Non-Conservative)トレーサー」と呼んで区別する．保存トレーサーか非保存トレーサーかを厳格に仕分けする尺度はないが，海洋における平均滞留時間(**第1章参照**)が，海洋の深層循環の時間スケール(～2,000年)より十分長い場合に保存量とみなすこ

とができる．

　化学トレーサーには，天然に存在する物質と，人為的につくられた物質との両方がある．それぞれが上記の4通りに分類されることから，これらの違いも含めると，化学トレーサーは8通りに分類されることになる．大気圏核実験や核燃料再処理工場に由来する人工放射性核種は，海洋の放射能汚染というリスクを一方で負いながら，海洋の化学トレーサーとしての有用性という面も合わせ持っている．

　海水とともに動きまわる化学成分という観点から，本章で扱うほとんどの化学トレーサーは海水中の溶存物質である．特に海水中の溶存気体は，これまでに多くの研究で重要な役割を演じてきた．ひと口に溶存気体といっても，貴ガスのような「安定・保存（SC）トレーサー」もあれば，酸素（O_2）やメタン（CH_4）のように「安定・非保存（SNC）トレーサー」があり，さらにラドン（^{222}Rn）のように「放射性・保存（RC）トレーサー」もあるというように，非常にバラエティーに富んでいる．

　以下では，4通りの化学トレーサーごとに，特徴や有用性を少し詳しく見ていくこととしよう．その後で，いくつかの代表的な化学トレーサーを取り上げ，海洋の化学的研究への具体的な応用例について紹介しよう．なお，化学トレーサーは，単独で用いられることもあるが，複数の化学トレーサーをうまく組み合わせることによって，一つの化学トレーサーだけからは見えない現象をうまくあぶり出せる場合がある．

6.1.1　安定・保存（SC）トレーサー

　海水中の化学反応によって分解あるいは新たに生成することがなく，化学的に不活性な溶存物質は，SCトレーサーとしての条件を満たす．表6.1にあるように，貴ガスはその代表格である．

　溶媒としての水（H_2O）は，物理的に存在状態を固体・液体・気体と変えはするが，化学反応による生成・消滅はほとんどなく，SCトレーサーの資格を備えている．水分子を構成する水素と酸素は，それぞれいくつかの安定同位体を持つ（水素の場合^1Hと^2H，酸素の場合^{16}O，^{17}O，^{18}O）．これらの相対的割合（安定同位体比）は海水の起源や，蒸発・凝縮などの履歴を示すトレーサーとして活用されている．また，放射性水素（トリチウム，^3H）を含む水は，後述のRCトレーサーの代表格である．

なお，化学物質ではないが，海水のポテンシャル水温（potential temperature：現場水温から，断熱圧縮による昇温分〈水圧がかかるほど著しい〉を差し引き，水圧＝0にしたときの仮想的水温）も近似的に保存量とみなすことができる．ただし，わずかながら海底からの熱フラックスによる昇温の効果があるので注意しなければならない．また，塩分（第2章参照）は，SCトレーサーと同列に扱われる．海水中に長期間安定して溶存している主要イオン（Na^+，K^+，Mg^{2+}，Ca^{2+}，Cl^-，SO_4^{2-}など）は，一つひとつをSCトレーサーとみなすこともできるが，これらの総量としての塩分で代表させている．

ところで，「塩分」の「分」は「濃度」の意味を含んでいる．すなわち「塩分」＝「塩濃度」である．巷に散見する「塩分濃度」という表現は，「塩濃度濃度」という意味になり，学術用語としては誤りであるので注意しよう．

6.1.2　安定・非保存（SNC）トレーサー

この範疇に入るのは，安定な（放射壊変しない）化学成分であるが，海水中での化学反応（生物による反応も含む）に関与して濃度や同位体比が変化するもの（表6.1参照）である．

海洋表層では，植物プランクトンが太陽エネルギーを利用して光合成反応をおこなう．その際，3.1.3項で述べたレッドフィールド比に従い，海水中の溶存態無機炭素（全炭酸ΣCO_2：CO_2＋HCO_3^-＋CO_3^{2-}）と栄養塩（NO_3^-，PO_4^{3-}）が消費され，酸素ガス（O_2）が発生する．この際，植物プランクトンの中で，シリカ（SiO_2）の殻を持つ珪藻類（diatoms）は表層水中のケイ酸（H_4SiO_4）も消費するので，ケイ酸も栄養塩に含まれる．光合成に由来する有機物が表層から深層に沈降すると，深層水中では式(3.3)の逆反応が起こり，ΣCO_2と栄養塩が再生し，酸素は消費される．

溶存態無機炭素，栄養塩，および溶存酸素は，海水中での生物過程と密接に連携しているため保存性がなく，SNCトレーサーとして扱われる．光合成の際に生物に取り込まれ，深層での生物体の分解に伴って溶出する微量元素（Fe，Zn，Cu，Cdなど）も，栄養塩と類似した挙動を示すSNCトレーサーである．また，海水中の微生物活動によって生成・分解されるメタン（CH_4）もSNCトレーサーである．

6.1.3 放射性・保存(RC)トレーサー

6.1.1項に述べた化学的に不活性なSCトレーサーの性質を有し,かつ放射性核種を含むものがRCトレーサーに分類される.^{3}H(三重水素,トリチウム)を含む水は,代表的なRCトレーサーである.また,貴ガスの放射性核種(^{39}Ar,^{85}Kr,^{222}Rnなど)や,平均滞留時間が長い天然放射性元素ウラン(^{238}U,^{234}U)などがこの範疇に入る.

6.1.4 放射性・非保存(RNC)トレーサー

6.1.2項で述べたSNCトレーサーが放射性核種を含む場合は,RNCトレーサーに区分けされる.海洋学でこれまで最も活用されてきたRNCトレーサーは,放射性炭素(^{14}C)を含む溶存態無機炭素(ΣCO_2)であろう.天然のウラン,トリウム系列の中では,ラジウム(Ra)同位体が海水のトレーサーとして重要である.また,^{14}Cの他にも多くの天然宇宙線生成核種(^{10}Be,^{26}Al,^{32}Si,^{32}P,^{33}Pなど)や,大気圏核実験,原子力発電,核燃料再処理工場などに由来する人工放射性核種(^{137}Cs,^{90}Sr,^{129}I,Pu同位体など)が,この範疇に入る.

§ 6.2 有用な化学トレーサーとしての必要条件

前節で述べた4通りの化学トレーサーが,海水の動きを知るうえで特に有用であるかどうかを判断する条件がいくつかある.すなわち,①source function(供給源,供給速度,供給時期など,そのトレーサー特有の素性を示す情報)が明確であるかどうか,②保存性が高いかどうか(SCトレーサーおよびRCトレーサーが優先される),および③多数の高精度データが容易に得られかどうか(分析のために大量の海水を必要とせず,かつ簡便な化学分析法が確立しているかどうか),などである.RCトレーサーとRNCトレーサーについては,半減期が適切な長さを持ち,研究対象とする海洋の循環・混合の時間スケールに適合するかどうかも重要な条件となる.

たとえば,6.1.4項で述べた,^{14}Cをはじめとする宇宙線生成核種は,大気組成と宇宙線の強度によって生成量が一義的に決まるという点で,source functionが明確である.また,人工物質については,年間生産量や海洋への排出量がsource functionであるので,これらが詳しくわかっているほど,有効なトレーサーとなりうる.

§6.3 過渡的トレーサー

特に注目すべきRCトレーサーおよびRNCトレーサーとして，ある短い時期に限って海洋に添加された一過性の人工物質があげられる．これらは「過渡的トレーサー（transient tracer）」と呼ばれ，化学トレーサーとしての利用価値が非常に高い．1960年代にピークとなる大気圏核実験に由来する^{3}Hや^{14}C，あるいは現在では国際的に製造が中止されたクロロフルオロカーボン類（chlorofluorocarbons; CFCs）などがこの範疇に属する．

過渡的トレーサーは，透明な水を満たした水槽を海洋に見立て，そこに，ある一時期だけ赤インクを滴下したと考えると理解しやすい（放射性核種である場合は，半減期ごとにその赤色が半減していく特殊なインクを想像しよう）．水槽の中で赤インクの色がどのように広がり，かつ薄まっていくかを見ることで，透明のままではわからない水の動きがはっきり捉えられることになる．

§6.4 海洋研究への応用

以下では，代表的な化学トレーサーをいくつか取り上げ，海洋の循環や混合の解明にどのように用いられるか，具体的に見ていくことにする．化学トレーサー自身の化学的性質や半減期に応じて，グローバルスケールでの海水循環・混合の研究に用いられる場合と，局所的な海洋現象（たとえば海底直上での現象）の解明に用いられる場合がある．

6.4.1 溶存酸素

海洋の化学トレーサーとして，溶存酸素（O_2）は最も長い歴史を持ち，現在なお，広く活用されている．海水中に溶存するO_2は，代表的なSNCトレーサーで，そのsource functionは，海洋表層で植物プランクトンがおこなう光合成反応であり明確である．

A. 濃度分布の特徴

大気と海洋との間で起こる気体交換過程を通じ，海洋表面水中には，水温と塩分によって決まる飽和溶解度にほぼ等しいO_2が溶存している（現実には，海上

風によって海面が乱される際に気泡が海中に注入され,それが一部溶解するので,数%程度の過飽和を示す場合が多い).飽和溶解度の計算方法は,付録を参照されたい.

図6.2に,北西太平洋外洋域における典型的なポテンシャル水温と溶存O_2の濃度分布を示す.ポテンシャル水温の鉛直分布からは,第1章で述べた水温躍層を挟んで低温高密度の深層水の上に高温低密度の表層水が浮かぶ成層構造が見て取れる.この海域では表層水と深層水の上下混合がきわめて起こりにくいことがわかる.

溶存O_2濃度は,光合成の起こる深さ0〜100 mの表層で最も高く,飽和溶解度(図6.2の赤線)とほぼ等しくなっている.表層から下では,O_2は深さとともに減少していく.これは,表層との接触が断たれO_2の供給を受けることができないうえ,表層から沈降する有機物質の酸化分解のためにO_2が消費されてしまうためである.溶存O_2による有機物の酸化分解は,はるか下方の深海底まで延々と続くので,O_2はやがて使い尽くされ,濃度がゼロになってもおかしくない.

ところが不思議なことに,O_2濃度は水深1,000 m付近で極小値を示した後,深さとともに増加していく.暗黒の深層では光合成は決して起こらない.また

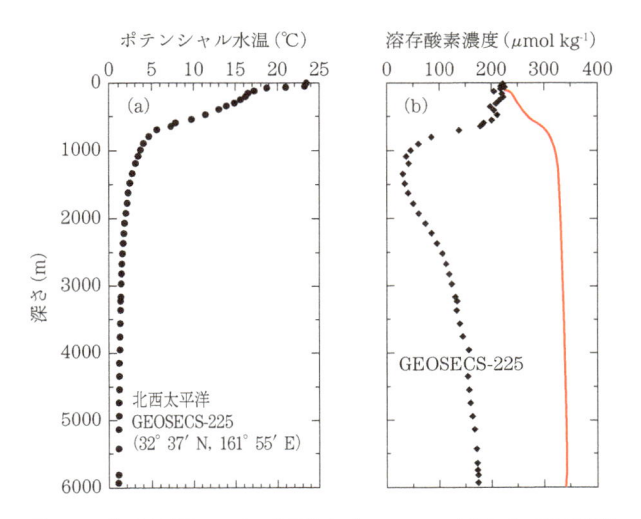

図6.2 北西太平洋における典型的なポテンシャル水温および溶存酸素の鉛直分布.赤線は,1気圧の条件下でポテンシャル水温と塩分から計算される酸素の飽和溶解度を示す.

O_2 を豊富に含む表層水との鉛直混合は，上述したように強い成層構造によって阻まれている．それにもかかわらず，深層水中の溶存 O_2 は深さとともに増加し，水深6,000 mの深海で飽和溶解度の50 %程度の濃度に達している．これはいったいなぜであろうか？

この謎を解くカギは，深海海水の動きである．すなわち，どこか別の海域の表層に起源を持つ海水（O_2 に富む）が，横方向から流入し，O_2 を補給している．図6.2の O_2 濃度分布は，海洋深層が決して静止した海水だまりではなく，ダイナミックな海水循環の場であることを，われわれに教えてくれる．そして「別の海域」とは，北極圏や南極圏のような極域である．

B. 極域における富酸素水の沈み込み

海洋の成層構造は，極域においては維持されにくい．これは寒冷な気候（特に冬季）によって表面水が冷却され，密度が増加する（重くなる）ためである（図6.3参照）．密度が増加する理由は，温度低下（第2章で述べたように，淡水は4℃で密度が最大になるが，通常の海水は氷点まで密度が増加し続ける）と，氷結（海水の氷点は塩分と水圧に依存するが，塩分35の表面水の場合−1.92℃である）による塩分増

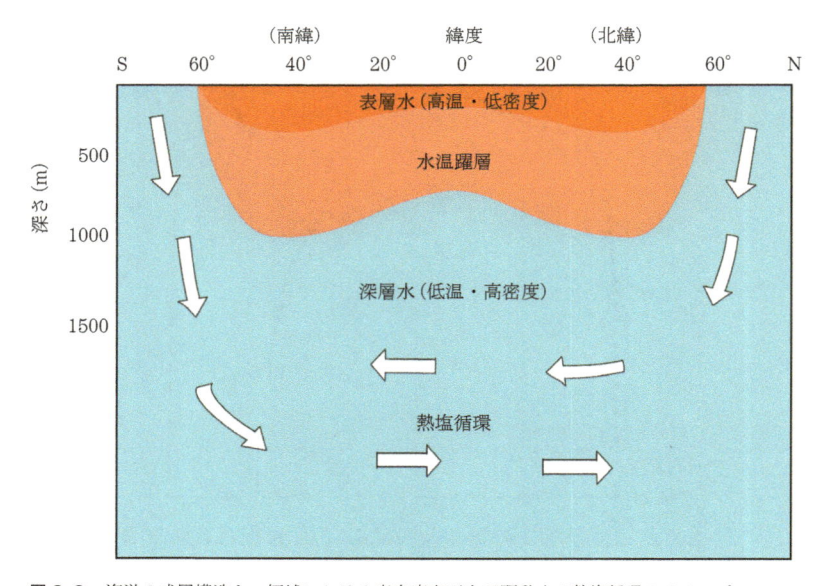

図6.3　海洋の成層構造と，極域における高密度表面水が駆動する熱塩循環のイメージ．

加（海氷はほとんど真水なので，海氷の生成に伴いその周囲に塩が吐き出される）の2つである．

こうして周囲より高密度となった極域の表面海水は，重力によって沈み込む（図6.3）．密度が十分に大きければ海底直上にまで到達して水平に流れ，海洋の深層循環を駆動する．このような海水循環のことを熱塩循環と呼ぶことは1.3.2項で述べたとおりである．

水温が低いほど気体の溶解度は増加するので，極域の表面水は高濃度のO_2を含むことも見逃せない．このように熱塩循環に伴い，表面から深層へ新鮮なO_2が供給される．閉め切った部屋の汚れた空気を新鮮な外気によって置き換える「換気」のイメージから，表層海水が深層へ送り込まれることをventilationとも呼ぶ．

われわれに身近な太平洋においては，南極底層水が西太平洋の最深部を北上し，日本近海の北太平洋までO_2を補給している．図6.4は西経170度線で太平洋を縦割りしたときのO_2の濃度断面図である．定性的ではあるが，南極域に端を発する深層循環によって，太平洋の深層を右向き（北向き）にO_2が輸送・補給されていることが明確にわかる．

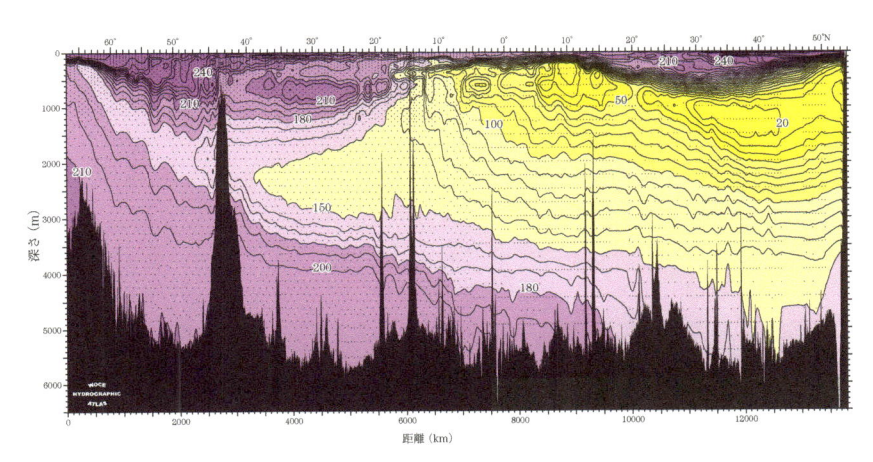

図6.4　国際WOCE観測によって得られた太平洋の東経165度線に沿った海水中の溶存酸素濃度の南北断面図（From the WOCE Pacific Ocean Atlas, http://www-pord.ucsd.edu/whp_atlas/pacific/p15/sections/printatlas/P15_OXYGEN_final.pdf）．

C. 溶存酸素と栄養塩の組み合わせ

深層水の循環とともに，有機物の分解によってO_2濃度が小さくなっていく一方で，栄養塩は増加していく．O_2の減少分と栄養塩（NO_3^-，PO_4^{3-}）の増加分との間には，レッドフィールド比という定量的な対応関係がある．3.1.3項で述べたように，O_2ガス170 mol減少と，NO_3^-の16 mol増加（およびPO_4^{3-}の1 mol増加）がほぼバランスする．そこで，両者を組み合わせることによって，非保存性を帳消しにしようというアイデアがある．

極域で表面水が沈み込むとき，O_2濃度は水温と塩分で決まる飽和溶解度に等しかったと仮定する．このO_2飽和値から深層水中のO_2濃度（実測値）を差し引いたものを見かけの酸素消費量（AOU）と呼ぶことは第5章でも述べた．AOUは表層から深層まで海水が移行する間にどれだけO_2が減少したかの目安となる．表面水が沈み込む際の栄養塩濃度の初期値（preformed nutrients）を，それぞれ$[NO_3^-]_0$および$[PO_4^{3-}]_0$とおけば，深層水中の各栄養塩の実測値$[NO_3^-]$および$[PO_4^{3-}]$は，レッドフィールド比を用いて以下のように表すことができる．

$$[NO_3^-] = [NO_3^-]_0 + 16 \times \frac{AOU}{170} \qquad (6.1)$$

$$[PO_4^{3-}] = [PO_4^{3-}]_0 + \frac{AOU}{170} \qquad (6.2)$$

式(6.1)および式(6.2)から計算される$[NO_3^-]_0$および$[PO_4^{3-}]_0$は，有機物分解の影響を除いてあるので近似的であるが，SCトレーサーとみなすことができる．ここで近似的と書いたのは，沈み込む表面水中のO_2濃度が正確に飽和値であるとは限らないことや，レッドフィールド比が海域や深度によってわずかながら変化するためである．

6.4.2　貴ガス

海水中に溶存する貴ガス（He, Ne, Ar, Kr, Xe, Rn）は，上述したO_2ガスや

栄養塩と異なり，化学反応あるいは生物過程にいっさい関与しない不活性成分であることから，理想的なSCトレーサーである．大気の活発な混合により，貴ガスの存在比は地球上どこでも一様である（表7.1参照）．大気と接する表面海水中の貴ガスの飽和溶解度は，海水の水温と塩分から計算することができる．その計算方法は付録を参照されたい．

実際の海洋では，大気-海洋間の気体交換が必ずしも平衡状態にない（急激な温度変化があると気体交換が追従できない）ことや，風速の増加に伴い気泡の混入が増加して過飽和になるなど，さまざまな物理的要因によって，溶存濃度と飽和溶解度とはぴったり一致しないことが知られている．このような大気-海洋間ガス交換を支配する物理的要因が何であるかは，複数の貴ガスの濃度や濃度比を調べることによって特定することができる．

また，表面海水が深層に沈み込んだ後は，海水中の貴ガスの濃度はいっさい変化しないので，その過飽和度や未飽和度を追跡することによって，かつて表面にあったときの温度・塩分の推定，あるいは異なる水塊との混合を復元したりすることができる．

A. ヘリウム

ヘリウム（He）は，その濃度とともに，同位体比（^{3}He/^{4}He）が化学トレーサーとして重要視される．ヘリウム同位体比（δ^3He）は，式（4.4）の繰り返しになるが，以下の式によって定義される．

$$\delta^3 \text{He} = \left(\frac{[^3\text{He}/^4\text{He}]_{\text{seawater}}}{[^3\text{He}/^4\text{He}]_{\text{air}}} - 1 \right) \times 100 \, (\%) \quad \text{―――} \quad (6.3)$$

ここで，$[^3\text{He}/^4\text{He}]_{\text{air}}$ は大気中のヘリウムの同位体比で，1.4×10^{-6} である．この同位体比を持つヘリウムが，海洋表面で大気から海洋に溶け込む．しかし海水中に溶存するHeの同位体比 $[^3\text{He}/^4\text{He}]_{\text{seawater}}$ は，この数値を少し上回ることがある．その理由は2つある．

一つは，地球の内部（マントル）から現在なお，地球創世時に取り込まれた同位体比の大きなヘリウム（^{3}He/^{4}He：$\sim 1 \times 10^{-5}$）が，海底火山や熱水活動（第9章参照）を通じて海水中に放出されていることである．これはマントルヘリウム

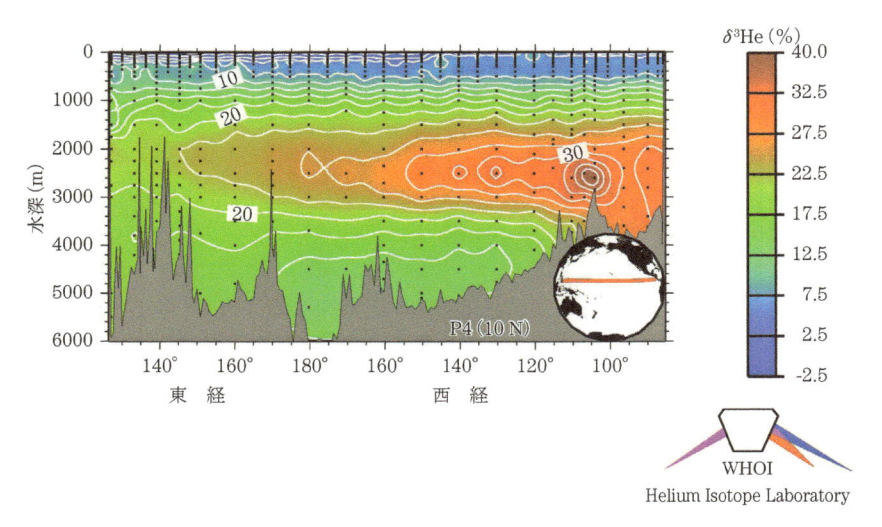

図6.5 東太平洋海膨（中央海嶺）から放出されるマントルヘリウム（δ^3He値が大きい）の描く熱水プルームの広がり（Graph courtesy of Bill Jenkins ⓒ Woods Hole Oceanographic Institution. ウッズホール海洋研究所のサイト：http://www.whoi.edu/sbl/liteSite.do?litesiteid=28952&articleId=47707 より）.

と呼ばれ，海底熱水活動に由来する熱水プルームの広がりを知るためのよいトレーサーとなる（図6.5参照）．

もう一つの要因は，後述するRCトレーサーである^{3}Hの放射壊変によって^{3}Heが海水中で生成することである．この場合^{3}Hと^{3}Heを同時に計測すれば，海水の年代測定をおこなうことができる．

B．放射性貴ガス

貴ガスの主要なRCトレーサーとして，^{39}Ar，^{85}Kr，^{222}Rnをあげることができる．^{39}Ar（半減期：268年）は宇宙線生成核種，^{85}Kr（半減期：10.6年）は宇宙線生成核種であると同時に人工放射性核種でもある．また^{222}Rnは，^{238}Uから始まるウラン系列に属する^{226}Ra（半減期：1,602年）の娘核種で，半減期はわずか3.82日しかない．

海水中の溶存^{222}Rnは，大気-海洋間の気体交換の研究と，海底直上の鉛直混合の研究に重要な役割を果たしてきた．海水中の^{222}Rnは通常，RNCトレーサーの一つである^{226}Raと永続放射平衡の関係にある（両者の放射能が等しい）．ところが，海洋表層と海底直上においては，両者の間に放射平衡が成り立っていな

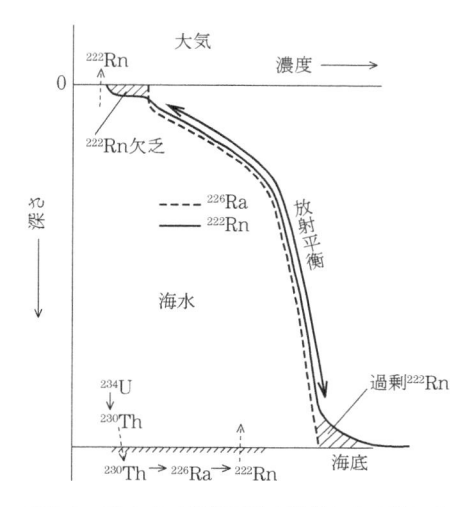

図6.6 海水中で放射平衡の関係にある^{226}Raと^{222}Rnの一般的な濃度分布．海底直上では海底堆積物中の^{226}Ra由来の^{222}Rnが過剰に存在する．一方，表層では大気中に逃散する分^{222}Rnが欠乏する．

い（図6.6参照）．

海洋表層では，大気-海洋間の気体交換により^{222}Rnが一方的に大気へ逃散するため，^{222}Rnの欠乏が観測される．気体交換が活発であるほど^{222}Rnの欠乏が著しくなる．そこで^{222}Rn欠乏量の積算値から気体交換速度を推定できる．一方，海底直上では，海底堆積物中の^{226}Ra由来の^{222}Rnが海水中に放出されるため，その分が過剰^{222}Rnとして観測される．海底直上での海水の鉛直混合が活発であるほど，過剰^{222}Rnは上方まで生き残って検出される．そこでの過剰^{222}Rnの鉛直分布に拡散方程式を当てはめることにより，海底直上水中の鉛直渦拡散係数が推定できる．

6.4.3 トリチウム

トリチウム（^{3}HまたはTと表記される）は，半減期12.3年の放射性核種で，大気中の窒素と宇宙線由来の熱中性子との核反応で定常的に生成する．これに加え，1960年代には，米国やソ連が北半球高緯度域でおこなった大気圏核実験（1963年発効の部分的核実験禁止条約により，その後は停止された）により，莫大な^{3}Hが「一

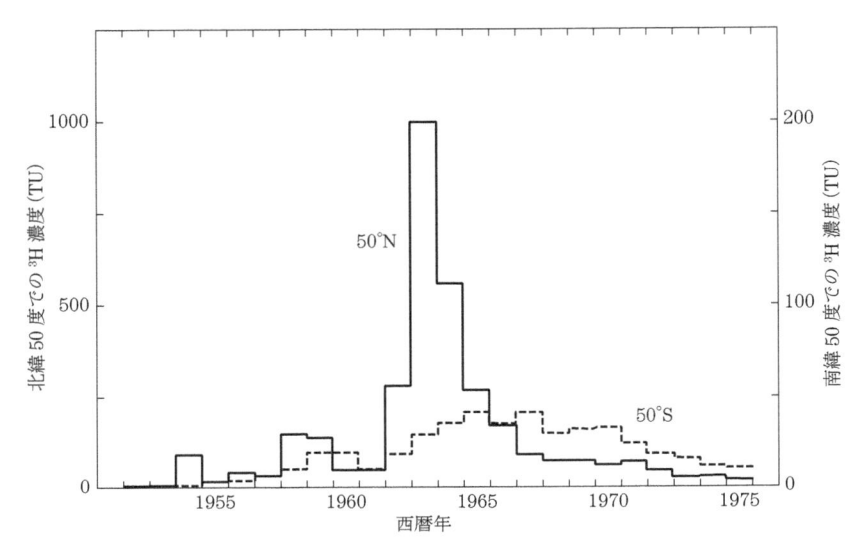

図 6.7 海洋（北緯50度および南緯50度）の降水中の^{3}H濃度の経年変化（Weiss and Roether (1980)[3]）。北半球（50°N，実線）と南半球（50°S，破線）では縦軸のスケールが異なるので注意．TUとはトリチウム単位のことで，^{3}H/^{1}H=10^{-18}が 1 TUである．

時的に」発生した．^{3}Hは水分子（HTO）となって，陸上や海上に降り注ぎ，1960年中頃のピーク時には，降水中の^{3}Hレベルは平常時の約100倍にまで達した（図6.7参照）．

海面に降下した^{3}Hは，RCトレーサーかつ過渡的トレーサーとして，絶大な威力を発揮した．以下に述べるように北大西洋深層水の沈降する現場をはっきりと捉えたことは特筆される．

図6.8 (a) は，1972年に測定された北大西洋の^{3}Hの鉛直濃度断面図である．低緯度域においては，^{3}Hの検出は表層水に限られている．これは図6.3に示した海洋の成層構造のために，海洋表面に降下した^{3}Hは，密度の小さい表面水中にそのままとどまっている．ところが，高緯度域に向かうにつれて様相が変わっていく．^{3}Hは次第に亜表層でも検出されるようになり，大西洋最北部では深海底付近にまで^{3}Hが入り込んでいる．^{3}HはHTO，すなわち水そのものとして存在しているのであるから，図6.8 (a) の^{3}H鉛直分布は，高密度化した表面海水の深層への沈み込みが極域で現実に起こっていることを，否応なしに実証したのである．

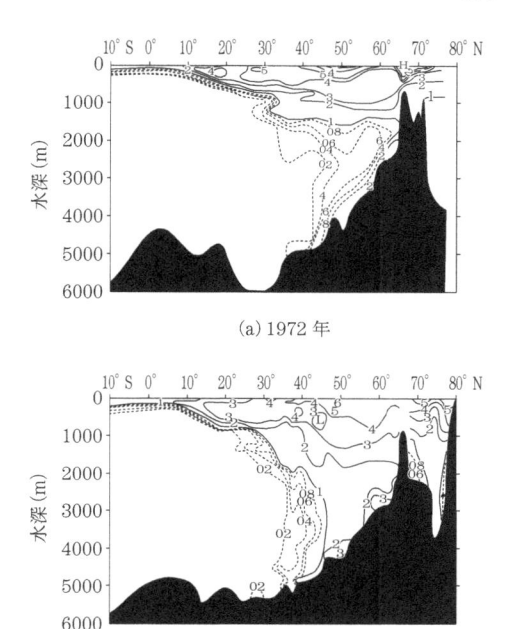

図6.8 北太西洋における^{3}Hの濃度断面図．(a) 1972年の測定，(b) 1981年の測定（Östlund and Rooth (1990)[4]）．図中の数字は^{3}H濃度（単位TU）を示す．なお，1972年のデータは，1981年における放射能値に規格化し，9年間の放射壊変による変化を補正してある．

　大気圏核実験^{3}Hが大量に海面に降下したピークが1960年代前半であることは図6.7から明白であるから，そのときグリーンランド沖で沈み込んだ海水は，わずか6〜7年で陸棚斜面を下り，深海底にまで達したことになる．沈み込みの時間スケールまで解明されたのである．さらに9年後の1981年におこなわれた再観測（図6.8 (b)）により，^{3}Hを含む深層水の先端が，9年間で大西洋を南向きに約800 km南下したことが確認された．

　大気圏核実験は北半球の高緯度域で限定して実施されたため，南半球に降下した^{3}Hは北半球にくらべて圧倒的に少なく（図6.7），同じような海水の沈み込みを南極海で観測することはできなかった．

6.4.4 放射性炭素（^{14}C）

 天然の^{14}Cは，大気中で宇宙線起源の熱中性子による^{14}N(n,p)^{14}C反応（^{14}N原子核が熱中性子を取り込み，陽子を放出して^{14}Cとなる）によって生じる．^{14}Cはすぐに二酸化炭素（^{14}CO$_2$）となって大気中を移動し，大気–海洋間のCO$_2$ガス交換に伴い海洋表層水中に移行する．このように，表面水は常に大気から^{14}CO$_2$の補給を受けられるが，表面水が深層へ沈み込むとその補給はとだえ，後は時間とともに^{14}Cは5,730年の半減期に従って減少の一途をたどる．

A. 海水のΔ^{14}C値とその分布

 海洋全体で^{14}C分布をマッピングすれば，古い海水（表面を離れてから長い時間の経過した海水）ほど^{14}Cの減り方が大きいことから，沈み込んだ表層水がどのような経路で海洋深層を移行しているのかがわかる．

 海水中の^{14}Cデータは，下記の式で定義されるΔ^{14}C値によって表す．

$$\Delta^{14}\mathrm{C} = \left(\frac{A_{\mathrm{sn}}}{A_{\mathrm{abs}}} - 1 \right) \times 1000\ (‰) \quad\quad (6.4)$$

ここで，A_{sn}は海水試料中の溶存態無機炭素（$\Sigma\mathrm{CO}_2$）について計測した^{14}C/^{12}C比で，炭素同位体分別を補正するため，δ^{13}C値を-25 ‰に規格化している．また，A_{abs}は^{14}Cの国際標準物質（シュウ酸）について計測した^{14}C/^{12}C比である．すなわち式(6.4)のΔ^{14}C値は，標準物質の^{14}C/^{12}C比にくらべて，海水の^{14}C/^{12}C比がどのくらい大きいか，または小さいかを，千分率で示している．海水が古くなるほど，Δ^{14}C値は小さくなる．

 なお，δ^{13}Cの定義は以下のとおりである．

$$\delta^{13}\mathrm{C} = \left(\frac{(^{13}\mathrm{C}/^{12}\mathrm{C})_{\mathrm{sample}}}{(^{13}\mathrm{C}/^{12}\mathrm{C})_{\mathrm{standard}}} - 1 \right) \times 1000\ (‰) \quad\quad (6.5)$$

 ^{13}C/^{12}C比の標準試料（standard）にはPDBが使用される．PDBについては，第10章の10.3.1項を参照されたい．

図6.9は，世界の三大洋（大西洋，インド洋，太平洋）の深層水（3,000 m以深）について計測された$\Delta^{14}C$値を比較したものである[5]．縦軸が$\Delta^{14}C$で，上方ほど$\Delta^{14}C$値が大きい，すなわち海水が若いことを示す．また横軸は緯度帯を示し，赤道（0°）を境に右側が北半球，左側が南半球である．深層水の$\Delta^{14}C$値は三大洋間でくっきり色分けされることがわかる．すなわち大西洋が最も若く，次がインド洋，最も古いのが太平洋となる．また，大西洋では北から南に向かって深層水が古くなる．一方，インド洋と太平洋では，南から北に向かって深層水が古くなる．図6.1に示した熱塩循環図と対応させてみてほしい．

B. 海洋深層循環の時間スケール

　1970年代に米国は大洋縦断地球化学観測（GEOSECS）計画を実施し，三大洋に約120点の観測点を設け，表層から海底直上まで$\Delta^{14}C$を詳細にマッピングした．図6.9のイメージは格段に精密なものとなり，$\Delta^{14}C$分布をもとに描かれたのが，図6.1に示したブロッカーのベルトコンベアーモデルである．

　北大西洋のグリーンランド沖で沈み込んだ深層水は大西洋を南下し，南極ウェッデル海で沈み込む底層水と合流して時計回りの周極流をつくる．その一部がインド洋と太平洋を北上する．深層流は湧昇して表層に戻って逆方向に流れ，北大西洋や南極海に戻り再び沈み込む．このような切れ目のないベルトコンベアーにも似た循環流が存在することは，理論的な海洋モデルから推測され

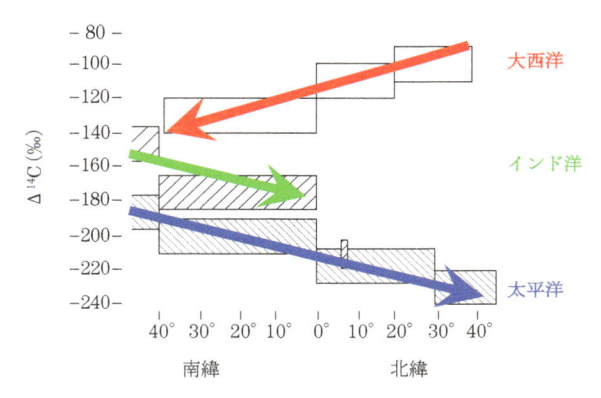

図6.9　大西洋，インド洋，および太平洋の深層水が示す$\Delta^{14}C$値の変化（Bien et al.（1965）[5]をもとに作成）．

てはいたが，それが確かに実在すること，1,000〜2,000年程度の時間スケールで世界を一巡していることが，化学トレーサー ^{14}C によって初めて明らかにされたのである．

^{14}C は海水中ではRNCトレーサー，すなわち非保存量なので，$\Delta^{14}C$ 値をそのまま絶対年齢に直すことはできない．深層水中での有機物の酸化分解や，炭酸カルシウム($CaCO_3$)の溶解によって ΣCO_2 が生成し，^{14}C が刻む時計を少し狂わせてしまうからである．しかしこの時計のずれを，深層水中の溶存 O_2 濃度，ΣCO_2 濃度，アルカリ度を用いて補正し，できるだけ正確な大西洋と太平洋の深層水の年齢分布を明らかにした例がある[6]．図6.10に太平洋の鉛直断面図を示す．これによると，西太平洋では北緯40度付近の深度約2,000 mに，年齢が2,000年と最も古い深層水のあることなどがわかる．

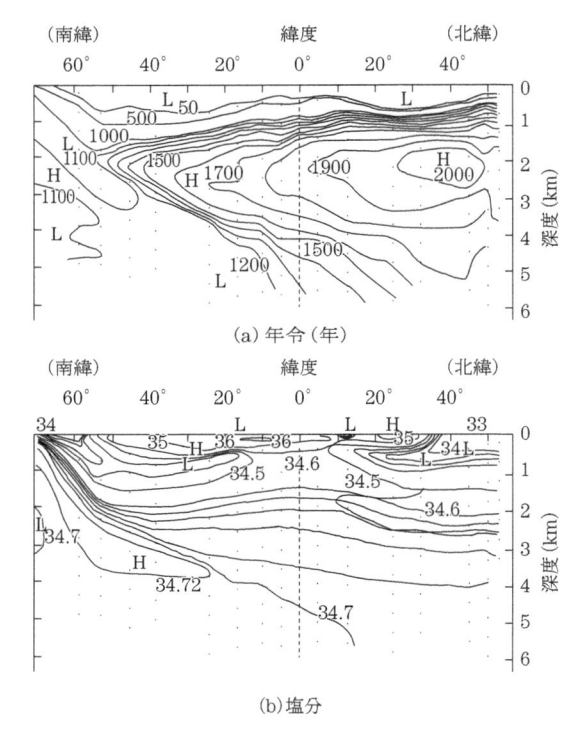

図6.10 西太平洋の西経170度線に沿った，海水の年令と塩分の鉛直断面図（角皆(1981)[6]をもとに作成）．Hは値が大きいことを，またLは値が小さいことを示す．

C. 大気圏核実験による ^{14}C

^{14}C は，^3H と同じく，1960年代の大気圏核実験によって大量に生成した（この ^{14}C は，「天然 ^{14}C」と区別するため「核実験 ^{14}C」と呼ばれる）．核実験 ^{14}C は，過渡的トレーサーとして活用されている．たとえば，表層水中の核実験 ^{14}C の増加量から，大気-海洋間の CO_2 ガス交換速度を推定する研究などがおこなわれている．

6.4.5 クロロフルオロカーボン（CFC）類

人工フッ素系有機物質の中には，海洋の化学トレーサーとして有効なものがある．先に述べたCFCガス（米国での商品名からフレオン〈Freon〉とも呼ばれる．フロンガスは日本での俗称）に属するCFC-11（CCl_3F）やCFC-12（CCl_2F_2）は，冷媒や溶剤としてすぐれた性質を持つことから，1930年代以後徐々に生産量が増え，1950年代以後は加速度的に大気中の濃度が増加した（図6.11参照）．フロンガスは強いC-F結合により，対流圏大気や海洋中ではほとんど分解されないが，成層圏まで上昇すると強い紫外線によって光化学分解される．その際にオゾン層を破壊することが明らかになったため，1989年発効のモントリオール議定書によって国際的に生産中止の方向にある．しかし，大量のCFCガスが，まだ大気・海洋に残存し，海洋の深層へと浸透しつつある．

CFCガスの濃度分布は，最近数十年という短い時間スケールでの海洋循環

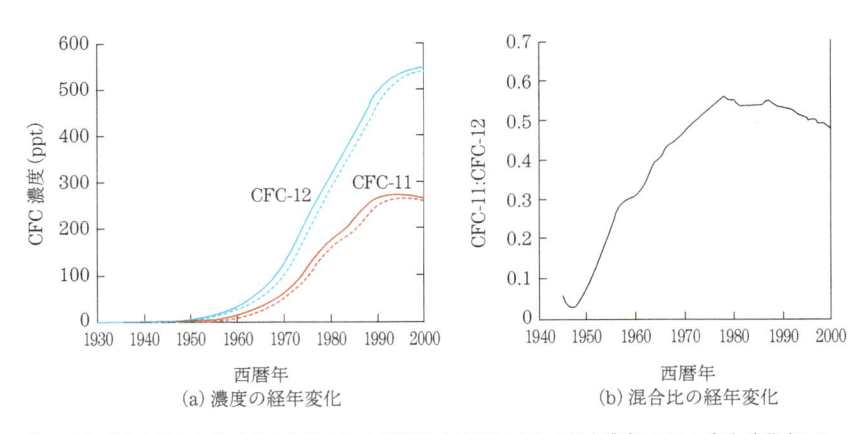

図6.11 (a) 大気中のCFC-11（CCl_3F）およびCFC-12（CCl_2F_2）の大気中濃度レベルの経年変化（Walker et al. (2000)[7] をもとに作成）．実線は北半球，点線は南半球を示す．(b) 大気中のCFC-11（CCl_3F）とCFC-12（CCl_2F_2）との混合比の経年変化．

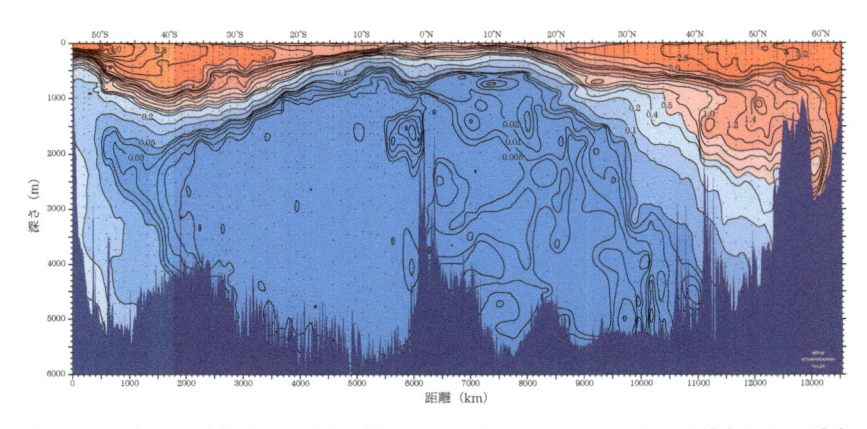

図6.12 国際WOCE観測（1995-6年）で得られた大西洋におけるCFC-11（CCl$_3$F）濃度断面図．濃度単位はpmol kg^{-1}（From the WOCE Atlantic Ocean Atlas, http://www-pord.ucsd.edu/whp_atlas/atlantic/a16/sections/printatlas/A16_CFC-11.pdf）.

を忠実に反映する．図6.12は，大西洋で測定されたCFC-11の濃度断面図の一例である．北大西洋北部では北大西洋深層水の，一方南極海では南極底層水の沈み込みが起こり，それぞれ大西洋を北から南へ，および南から北へ移行しつつある様子がみごとに捉えられている（図1.7と比較されたい）．核実験^{3}Hと異なり，CFCガスは全球的に広がっていることから，南極底層水の挙動についても情報を得ることのできる強みがある．

さらに注目すべきこととして，複数のCFCガス間でsource functionの異なる点があげられる．たとえば，図6.11に見られるように，CFC-11とCFC-12の大気中濃度の経年変化パターンは同一ではない．すなわちCFC-11/CFC-12比をとると，1970年頃までは増加，次いで横ばいになったあと，1990年以後は減少に転じている．これはCFC-11/CFC-12比が年代を特定するトレーサーとして利用できること，すなわち深層水中のCFC-11/CFC-12比から，その水が海洋表面にあった時期を復元する可能性のあることを示している．

§6.5　化学トレーサーと海洋のモデル化

海洋研究の大きな目的の一つは，未来の海洋環境を正確に予測することである．そのために海洋のモデル研究が進められている．化学トレーサーの実測デー

タは，海洋モデルが的確なものかどうかを評価するために不可欠で，海洋モデルの構築とその改良を進めるうえできわめて重要な役割を果たしている．観測データを説明できないモデルは破棄または改良し，新たに現実性の高いモデルへと進化する，という繰り返しが，海洋の科学を進展させてきた．完成度の高い海洋モデル構築は，直接計測するのが難しい海洋現象の探求に役立つのみならず，地球の熱循環の解明やグローバル気候予測にとっても大きく貢献している．

　モデルの信頼性を高めるうえで，化学トレーサー側でも，精緻なsource functionやデータの高精度化が求められるのはいうまでもない．1,000年，あるいはそれ以上の長い時間スケールにわたる海洋循環のモデル構築には，長い半減期を持つRNCトレーサー放射性炭素(天然^{14}C)が，また10年〜数十年スケールの短期現象のモデル構築には，人工トレーサー，特にSCトレーサーCFCガスとRNCトレーサー放射性炭素(核実験^{14}C)が重要視されている．

　6.2節で述べた条件③についても，最近の加速器質量分析法(accelerator mass spectrometry；AMS)の進歩によって，Δ^{14}C計測はわずか100 cm^{3}の海水試料でおこなえるようになった．またCFCガスはガスクロマトグラフィーによって船上で容易に分析がおこなえる．他の化学トレーサーについても，観測と分析技術の高度化によって，今後の新しい展開が期待される．

Column ⑥

ミニ海洋・日本海

　われわれにとってなじみの深い日本海は，北西太平洋の代表的な縁海（marginal sea：大陸と接し，島や半島によって大洋から区画されている海）の一つである．最大水深は約3,800 mもありながら，周囲の海とつながる4つの海峡が非常に浅い（対馬海峡と津軽海峡が比較的深いが，それでも130 m程度しかない）ため，地形的に強く閉鎖されている．

　しかし，冬季に大陸から吹きつける寒冷な北西季節風のため，日本海の北部〜北西部では，グリーンランド沖やウェッデル海と同じように高密度化した表面水の沈み込みが起こり，日本海の中だけで完結する熱塩循環系が形成されている．日本海の深層水は，同じ緯度帯の北太平洋深層水と比較すると，はるかに高濃度の酸素を溶かし込んでいる．これは表面水の沈み込みに駆動される深層循環が活発で，それだけ酸素の補給も多いためと考えられるが，それでは実際にどのくらいの時間スケールで循環しているのかという問題は，長く謎として残されていた．

　1970年代後半から1980年代にかけて，東京大学海洋研究所を中心とする研究グループによって^{14}Cや^{3}Hなどの化学トレーサーが，日本海において初めて測定された．その結果，日本海では100〜300年程度という，世界の深層循環の1/10程度の短い時間スケールで，表面水と深層水が入れ替わっていることが明らかになった．日本海の深層循環は，世界の大洋のミニチュア版として，世界の海洋科学者からも強い関心を集めるようになった．

　循環の時間スケールが短いことは，地球環境変化の影響がすぐに現れるということでもある．実際に，日本海の水深2,500 m以深の底層水中の溶存酸素濃度は，過去わずか30年の間に10％も減少したことが観測の結果わかっている．地球温暖化など近年の気候変化が，冬季の表面水の冷却を妨げ，底層への新鮮な酸素の補給を弱めているらしい．

　日本海は，わが国に温暖で湿潤な風土をもたらしてくれる恵みの海だ．その日本海の海水循環が今後どうなっていくのか，おおいに気になるところである．

第7章
大気−海洋間の物質循環

　大気圏，水圏，そして陸圏（あるいは岩石圏）において，物質が気体，液体，固体と形を変えながら循環している．また，各圏どうしの間にも物質のやり取りが存在する．地球表面の約70％を占める海洋と地球全体を覆っている大気との間で，物質がどのような過程でどれくらいの速度で循環し，それぞれの圏にどのような影響をおよぼし合っているかを把握することは，人類活動による地球環境変化への過程を明らかにし，将来予測するために不可欠である．

　海洋内での物質循環に加え，物質は陸から河川と大気を通して海洋に運び込まれ，また，大気や海底へと運び出される．大気から洋上へ沈着する物質は，海水の酸性化を進めて生物活動を抑制，あるいは栄養源として促進するように影響し，生物起源のエアロゾル前駆体である気体の組成や量を左右する．硫酸塩や有機エアロゾルは，それらの起源が自然界にも人為的にも存在し，雲核形成などに影響を与え，気候変化にかかわっている．海洋において，エアロゾルの主要成分である海塩粒子は，ハロゲンラジカルの生成を通して海洋大気中の酸化過程に強く影響を与える．また陸起源の鉱物粒子が海洋への輸送過程で窒素化合物，硫黄化合物，オキシダントの生成消滅に大きくかかわっていることも指摘されはじめた．

　アジア大陸では，人間活動による土地利用の変化や化石燃料消費の増大により，人為起源エアロゾルとその前駆体の排出量が年々顕著に増加し，自然現象である黄砂とともに北太平洋へ長距離輸送されている．北太平洋上は，鉱物粒子と人為起源物質との反応や変質過程を通した雲形成過程など，他の大洋には見られない特有の過程が存在する興味深い海域である．東南アジアで頻発する

森林火災は，アジア・太平洋域のエアロゾルの化学組成や濃度を変化させる一因となっている．船舶からの排気ガス放出は，外洋域において大気組成のバックグラウンド濃度を上昇させており，特に硫黄化合物については海洋生物起源の放出量を上回っている可能性がある．

本章では，このような大気と海洋間の物質循環とその影響について述べる．

§7.1　海洋大気の化学

7.1.1　海洋大気

海洋の影響を受ける大気は，極域では高度約8 km，赤道域では約18 kmまでの洋上に存在する対流圏大気である．地球大気圏の全質量の75%を対流圏が占める．一般的には，海洋大気というのは海面から約2 kmの高さまでの境界層を指している．

大気主成分気体は窒素(N_2, 78%)，酸素(O_2, 21%)，アルゴン(Ar, 0.93%)であり，H_2O(水蒸気)は，変動が大きいが0.5%程度である．全体の0.1%に満たない大気微量成分気体には，二酸化炭素(CO_2)，ネオン(Ne)，ヘリウム(He)，メタン(CH_4)，クリプトン(Kr)，水素(H_2)，一酸化二窒素(N_2O)，一酸化炭素(CO)，キセノン(Xe)，オゾン(O_3)などがある．これらは，生物地球化学的な物質循環にかかわるN_2，O_2，CO_2，N_2O，H_2Oなどと，地球内部から一方的に放出された貴ガスに分けられる．一般に陸上大気と海洋大気での気体濃度は，発生源周辺で高くなるが，平均滞留時間の長いものについては大きな違いがない．

CO_2，CH_4，N_2Oなどは，温室効果気体として重要なものであり，人類活動によって放出量が増加している．温室効果気体の大気中濃度は，海洋表層での生物活動や大気と海洋の境界面での物理・化学的な吸収・放出過程が変化の要因でもある．CO_2については，海洋は吸収源(シンク)である．CH_4とN_2Oに関しては，海洋は放出源(ソース)としてふるまい，それぞれ地球表面からの放出量の約2%と約20%を占める．

1気圧における空気中の各気体の海水に対する溶解度を表7.1に示す．気体の溶解度は，水温が低いほど，また分子量が大きいほど増加する．沿岸海域では海洋生物生産が高く，堆積物中有機物の分解などが活発であり，海水中での生物起源気体の濃度が高くなるので，放出量も大きくなる．水深200 mよりも浅い沿岸海域の海洋全体に占める面積は7%程度だが，微量気体の放出量はそ

表7.1 気圧の空気の海水に対する溶解度(河村・野崎編(2005)[1]より).

気体	分子式	大気中濃度	海水中の平衡濃度 (mL L^{-1})	
			0℃	24℃
ヘリウム	He	5.2 ppm	$4.1×10^{-5}$	$3.8×10^{-5}$
ネオン	Ne	18 ppm	$1.8×10^{-4}$	$0.5×10^{-4}$
窒素	N_2	78.1%	14.3	9.2
酸素	O_2	20.9%	8.1	5.0
アルゴン	Ar	0.93%	0.39	0.24
クリプトン	Kr	1.1 ppm	$9.4×10^{-5}$	$5.1×10^{-5}$
キセノン	Xe	0.086 ppm	$1.7×10^{-5}$	$8.5×10^{-6}$
二酸化炭素	CO_2	320 ppm*	0.46	0.21
一酸化二窒素	N_2O	0.3 ppm*	$3.2×10^{-4}$	$1.4×10^{-4}$

＊CO_2とN_2Oの大気中濃度は年とともに増加しているので注意.

れ以上に大きく，大気への影響が大きい海域とされている．

7.1.2 海洋エアロゾル

A. エアロゾルとは

　エアロゾルは，大気中に浮遊している液体，あるいは固体の粒子である．

　一般にエアロゾルは，直径が1 nm (10^{-9} m)から約20 μm ($20×10^{-6}$ m)の範囲で大気中に存在する．大気エアロゾルの粒径分布と生成，変質，除去過程を図7.1に示す．0.1 μmよりも小さな粒子をエイトケン粒子と呼び，これらの粒子どうしが衝突によって凝集し，0.1～1 μm程度の微小粒子に数時間で成長し，大気中から降水や物体への衝突によって除かれていく．1 μm以上の粗大粒子は，すみやかに地表に沈着し，大気中から除かれていく．

　エアロゾルの主要構成成分は鉱物，海塩，有機物，硫酸塩，硝酸塩，アンモニウム塩，水素イオン，そして水である．硫酸塩，アンモニウム塩，有機物，元素状炭素といくつかの微量金属は，粒径が1 μm以下の微小粒子の部分に主に存在する．このようなエアロゾルの生成，輸送，除去などの挙動が大気圏を通した陸圏と水圏の物質循環に重要な役割を果たしている．

　海塩粒子は，洋上に風が吹くと海洋表面で生じる白波が砕けるときに，白く

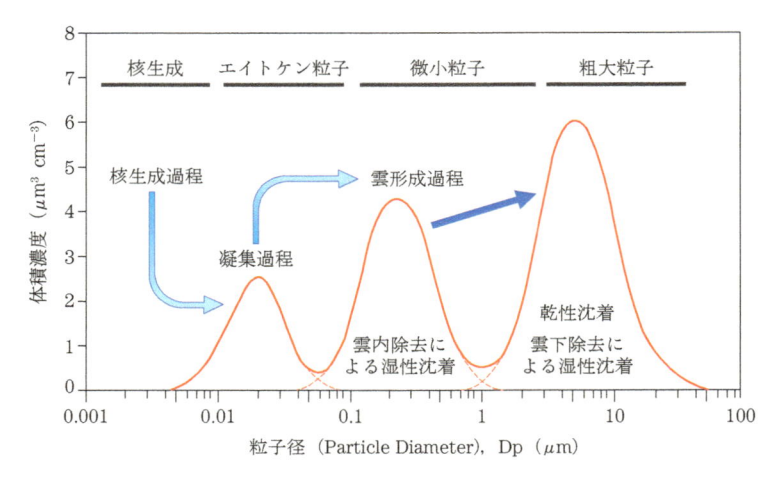

図7.1 粒径による大気エアロゾルの体積濃度分布と生成・変質・除去過程の概念図（Quéré and Saltzman (2009)[2]をもとに作成）.

見える小さな気泡が壊れることによって生成される．間接的には，気温が上昇して海水中に気泡ができたり，海氷に閉じ込められていた気泡が融氷時に海水中へはじけたり，雨や雪が海面に衝突するときに生じる．塩化ナトリウム（NaCl），塩化カリウム（KCl），硫酸カルシウム（$CaSO_4$）などを含んだ水溶性塩類が海水重量の約3.5％を占め，海塩粒子の主成分となる．相対湿度が70〜74％に低下すると，液滴は塩類に対して過飽和になって，海塩粒子になる．

B. 海洋エアロゾルの化学成分

日本周辺海域に存在する島嶼の観測点（父島，八丈島，利尻島）での海洋エアロゾルの主要成分濃度と，佐渡島については炭素質エアロゾル濃度のみ表7.2に示す．海塩粒子が主成分で，その濃度は風速に依存する．海水由来の海塩性硫酸塩（ss-SO_4^{2-}; sea-salt sulfate）を除いた非海塩性硫酸塩（nss-SO_4^{2-}; non-sea-salt sulfate），有機炭素（OC; organic carbon），元素状炭素（EC; elemental carbon）を含む炭素質成分（TC; total carbon）も高濃度である．これらの成分濃度の違いと主な起源を図7.2に示す．硝酸イオン（NO_3^-）や非海塩性カルシウム（nss-Ca^{2+}）のような陸起源，あるいは他の人為起源の成分は，アジア大陸の風下に位置する八丈島，そして高緯度にある利尻島，東京から東へ約1,000 km離れた父島へと，

表7.2 日本周辺の島嶼観測点における海洋エアロゾル主要化学成分の平均濃度（μg m^{-3}，2001年3月〜5月）．炭素質エアロゾルは直径2.5 μm以下の粒子濃度で，ECはTC-OCの差とした．ただし，OCについては有機気体の影響は未補正．

	利尻島	佐渡島	八丈島	父島
Total				
Cl^-	1.55		3.06	2.45
NO_3^-	0.64		1.35	0.52
$nss-SO_4^{2-}$	2.48		3.61	2.18
Na^+	1.17		2.13	1.60
NH_4^+	0.72		0.83	0.50
K^+	0.12		0.17	0.08
Mg^{2+}	0.14		0.31	0.18
$nss-Ca^{2+}$	0.17		0.36	0.08
PM2.5				
TC	1.05	1.81	0.88	1.04
OC	0.80	1.21	0.63	0.86
EC	0.25	0.60	0.27	0.18

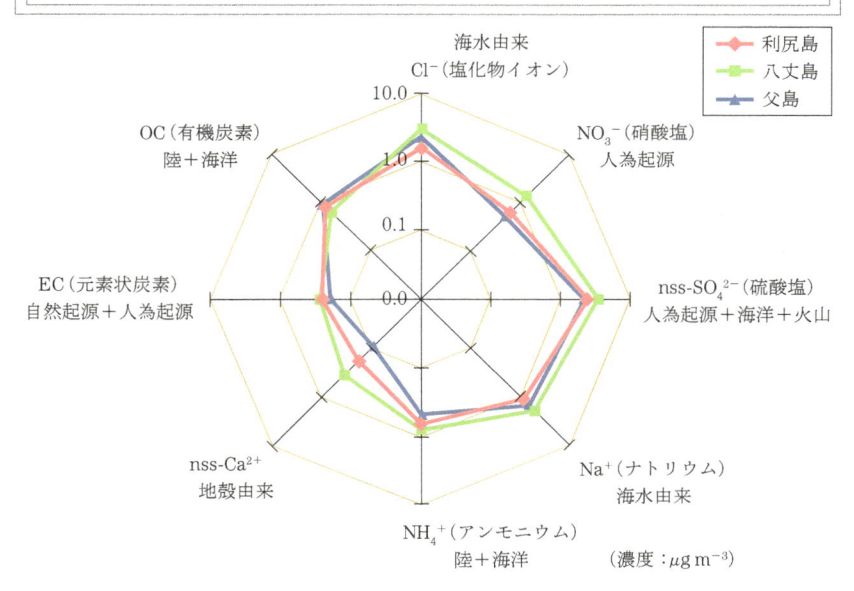

図7.2 春季の日本周辺海域における海洋大気エアロゾル中の主要成分の平均濃度（μg m^{-3}）．（早野ら（2004）[3]をもとに作成）

C. 粒径による化学成分の違い

エアロゾル中のnss-SO_4^{2-}やOCについては，人為起源を含む陸起源成分以外に，海洋から放出された気体が粒子化したものもある．これらの粒子は微小粒子として存在し，粗大粒子として存在するNO_3^-やnss-Ca^{2+}が示す陸からの距離による明確な濃度変化は見られない．ECは微小粒子として存在し，除去されにくいので大気中での滞留時間も長いが，佐渡島，八丈島，利尻島，父島とアジア大陸の発生源から離れるほど濃度が低くなっている(**表7.2参照**)．

海洋エアロゾルを，直径2.5μmを境に粗大粒子と微小粒子に分けて，主要無機成分組成の存在の割合を**図7.3**に示す．粗大粒子中では海水起源の海塩粒子が約70％を占めており，NO_3^-は20％，nss-SO_4^{2-}は10％程度である．アン

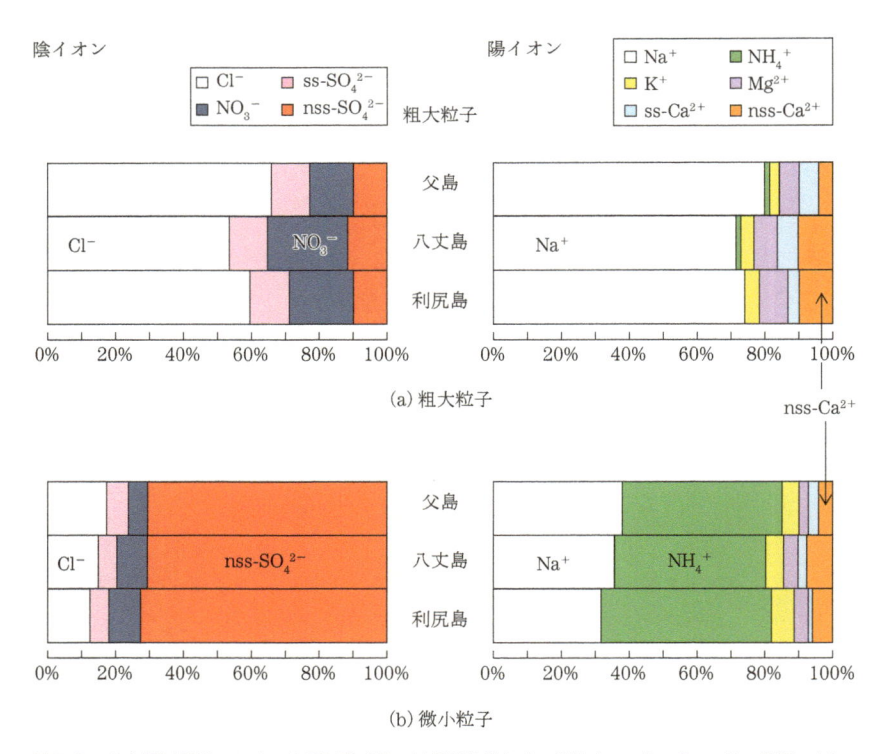

図7.3 日本周辺海域における主要無機成分の粒径別化学組成の割合(2001年4月〜5月の観測から)．

7.1 ● 海洋大気の化学

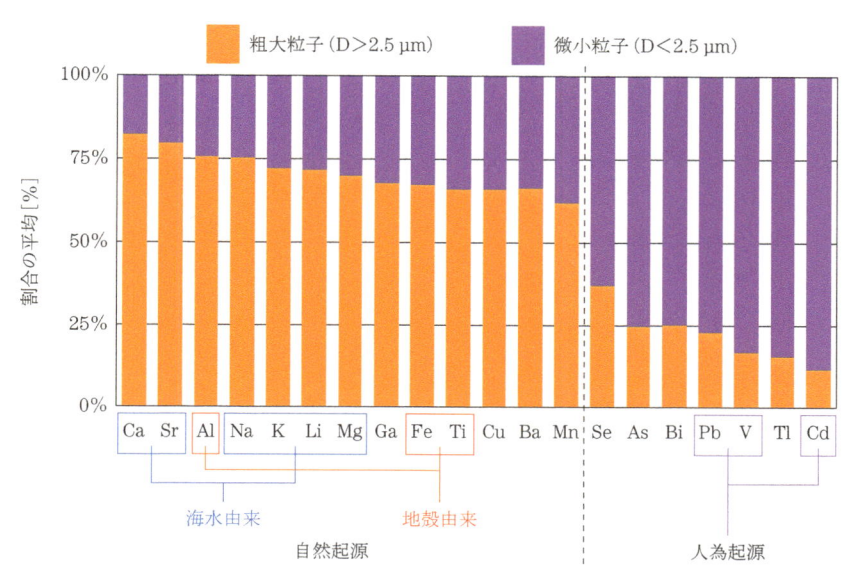

凡例: 粗大粒子（D＞2.5 μm）／微小粒子（D＜2.5 μm）

横軸元素（左から）: Ca, Sr, Al, Na, K, Li, Mg, Ga, Fe, Ti, Cu, Ba, Mn | Se, As, Bi, Pb, V, Tl, Cd

海水由来: Ca, Sr, Na, K, Li, Mg
地殻由来: Al, Fe, Ti
自然起源 / 人為起源

図7.4 海洋エアロゾルの粗大粒子と微小粒子における元素の平均存在割合と各元素の起源．

モニウムイオン（NH_4^+）は，粗大粒子にはほとんど存在していない．一方，微小粒子では，海塩粒子は約20〜30％の割合で存在し，主に$nss\text{-}SO_4^{2-}$とNH_4^+から構成されている．NO_3^-が10％以下であるのに対し，$nss\text{-}SO_4^{2-}$は約70％を占めている．また，3観測点で化学組成に大きな違いは見られなかった．

太平洋を航行中に船上で得られた海洋エアロゾルの粗大粒子と微小粒子に占める主要・微量元素の割合を図7.4に示す．海水由来や地殻由来の粗大粒子は発生源から放出された時点で粒子として存在する一次粒子として，また微小粒子は人為起源や海洋生物起源などから気体で放出され，粒子化する二次粒子として分けることができる．海水由来元素は海水の主成分であるナトリウムとの組成比を，地殻由来元素は鉱物の主要構成元素であるアルミニウムあるいは微量ではあるがチタンなどの地殻平均組成比と比較してみれば，その比の違いから海水由来，地殻由来か，それ以外に由来するものがあるかどうかがわかる[5]．

7.1.3 海洋上の降水

大気から海洋への物質供給過程には，乱流による海面への衝突や重力による乾性沈着と降水現象による湿性沈着がある．水蒸気は降水という形をとり，そ

の他の物質を取り込んで地球表面に湿性沈着として除かれる．大気中の水蒸気の平均滞留時間は約10日である．湿性沈着においては，大気中の気体成分やエアロゾル粒子の雲粒に取り込まれる雲内除去 (in-cloud scavenging) と，雲底下で落下中の雨粒との衝突によって取り込まれる雲下除去 (below-cloud scavenging) という2つの過程がある．

粗大粒子は重力沈降で早く落ちるため，雨粒と衝突する可能性が高く，主に雲下除去を受ける．一方，微小粒子の主要な除去過程は，雲内で雲粒の核として働き，除かれていく雲内除去である．一つの降水現象での化学成分濃度の変化を見ると，雲下除去による成分は，降水初期に濃度が高く，時間とともに濃度が低くなる．一方，雲内で除去される成分の濃度は降雨現象の間，一定に保たれる傾向を示す．

海洋上で採取される降水試料の量や成分は，島嶼では海岸線からの距離や海岸の地形，船上では海面から採取装置の高さや風向，相対風速によって変化するが，海塩粒子の寄与が大きく影響する．

大気から海洋への降水を通して運び込まれ，海洋生態系へ影響を与える主要イオン成分として，窒素化合物があげられる．海洋上で雨や雪などの降水試料を採取し，その化学成分の測定をした例はまだ限られているが，太平洋上での降水中の無機態窒素化合物の濃度をまとめたものを表7.3に示す．NO_3^- は，陸起源がほとんどで，陸域に近いほど濃度が高く，北太平洋の濃度は，南太平洋にくらべ高い傾向がある．これは，北半球で発生源の陸面積が広いことと，人為起源窒素の発生量が大きいことを反映している．一方，NH_4^+ は，NO_3^- と同様に陸域に近いほど濃度が高いが，南太平洋での降水濃度は北太平洋よりも高い．これは，南大洋での高生物生産海域から放出された海洋生物起源 NH_4^+ が，海洋大気を経由して南太平洋中央部の貧栄養海域へ運ばれ，降水による除去により窒素を供給している可能性を示唆している．降水中のpHは，一般に陸近くで低く，外洋で高くなる傾向を示すが，陸起源の炭酸塩粒子や海塩粒子が多く取込まれるとpHは高くなるので，酸性物質の寄与の大きさをpHだけからは推定できない．

海洋生物生産の高い北西太平洋亜寒帯海域は，夏季に海霧の出現頻度が30〜50％と高い．この海域で測定されたエアロゾル，降水，および海霧の主要イオン成分濃度(表7.4)とそれらの割合を示す(図7.5)．非海塩性イオン成分は，雲内(エアロゾル)と，雲下の空気柱中の気体と粒子を除去してくる降水，

表 7.3 太平洋で採取された降水中の無機態窒素化合物濃度と pH (Jung et al. (2011)[6] より).

海域	時期	NH_4^+ ($\mu mol\,L^{-1}$)			NO_3^- ($\mu mol\,L^{-1}$)			pH	
		平均値(標準偏差)	変動幅	加重平均	平均値(標準偏差)	変動幅	加重平均	平均値(標準偏差)	変動幅
西部北太平洋亜寒帯域	2008年7月〜8月	25 (20)	4.1〜55	16	7.8 (6.9)	1.2〜18	4.7	4.0 (0.37)	3.5〜4.5
西部北太平洋亜熱帯域	2008年8月〜9月	3.7 (1.8)	1.7〜6.7	2.2	2.3 (1.8)	0.24〜4.7	0.70	5.0 (0.42)	4.5〜5.9
中部北太平洋	2009年1月	6.5 (1.1)	5.7〜7.3	6.5	2.3 (1.2)	1.4〜3.2	2.4	5.0 (0.035)	4.9〜5.0
南太平洋	2009年1月〜3月	9.7 (1.9)	8.4〜13	9.3	0.98 (0.85)	0.16〜2.3	0.71	6.2 (0.26)	5.7〜6.3
南太平洋チリ沖	2009年3月	25 (6.0)	16〜30	22	0.68 (0.24)	0.46〜1.0	0.57	6.5 (0.17)	6.3〜6.7
オアフ島 (21°N, 157°W)	1998年7月〜8月	3.8 (7.5)	0.5〜4.2	—	12 (12)	3.3〜15	—	—	—
中部北太平洋 (0°N–47°N, 122°W–157°W)	1984年2月〜3月	—	—	—	1.7 (1.1)	0.2〜3.2	2.0	6.0 (0.82)	5.4〜7.3
南太平洋 (55°S–0°S, 150°W–170°W)	1984年3月〜4月	—	—	—	1.4 (1.1)	0.2〜2.9	1.4	6.2 (0.50)	5.7〜7.2
グリム岬 (40°S, 144°E)	2000年11月	16 (14)	—	—	13 (8.2)	—	—	—	—

表7.4 北西太平洋亜寒帯海域でのエアロゾル，降水，海霧の主要イオン成分濃度（Jung et al.（2013）[7] より）．

	エアロゾル ($nEq\,m^{-3}$)	降水 ($\mu Eq\,L^{-1}$)	海霧 ($\mu Eq\,L^{-1}$)
	平均値	平均値	平均値
pH	—	4.1	4.2
Na^+	33	580	390
NH_4^+	5.6	25	22
K^+	0.59	19	9.3
Mg^{2+}	5.9	220	83
Ca^{2+}	1.8	400	20
Cl^-	28	1100	400
NO_3^-	2.5	7.9	50
SO_4^{2-}	22	66	120
MSA	0.62	0.42	6.2
nss-SO_4^{2-}	18	5.5	72
nss-K^+	0.068	7.0	1.7
nss-Ca^{2+}	0.66	380	4.6
nss-Mg^{2+}	0.12	95	1.1
Nss-Cl^-	—	420	—

および海面上で生成する海霧（下層雲）の3者間で化学成分濃度は大きく異なることがわかる．もし，降水や海霧がエアロゾル粒子だけを取り込んで濃度が決まるのなら，これらの3形態での化学組成比は同じであってもよいはずである．

特に注目すべきことは，降水中には地殻由来であるnss-Ca^{2+}の占める割合が高いにもかかわらず，エアロゾルや海霧水中にはほとんど含まれていないことである．これは海洋大気より上層で存在している陸起源物質を降水が取込んでいることを意味している．またNO_3^-やnss-SO_4^{2-}は，降水よりも海霧水中に高濃度で存在している．これは粒子の捕捉だけではなく，霧粒は雨滴よりも比表面積が大きく，滞留時間も長いので，気体成分をより多く吸収していることを示している．

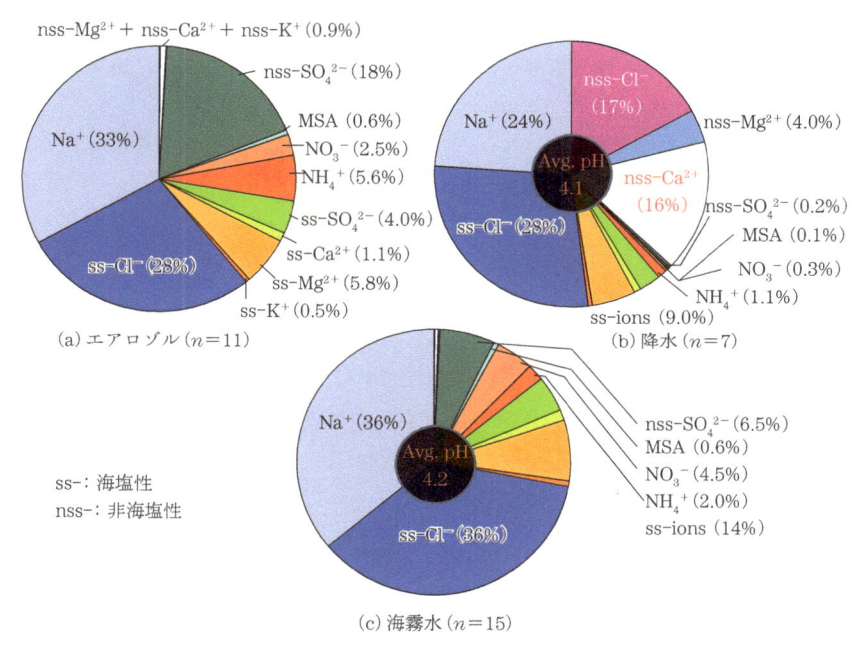

図7.5 北西太平洋亜寒帯海域でのエアロゾル，降水，海霧水中の主要イオン成分の占める割合（白鳳丸KH-08-2次航海：2008年7月29日～8月19日）．(Jung et al. (2013)[7] もとに作成)

§7.2 海洋表層と境界面の化学

7.2.1 海洋表面水

海洋表面水の化学成分は，河川や地下水からの流入，海氷の移動と融解，大気からの物質の沈着（火山噴火，砂嵐，台風，降水，地球圏外）などの供給過程と，海水の水平移流と鉛直混合によってその分布が特徴づけられる．大気から運び込まれた水溶性物質は，海水中では溶存態となり，一部は生物体に取り込まれたり，粒子表面に吸着したりする．海水に難溶な物質は粒子として存在する．

海水中の溶存O_2の鉛直分布（図6.2 (b) 参照）を見ると，海洋表面においては飽和状態になっており最も濃度が高く，深くなるにつれて減少していく．O_2が深さとともに減少していくのは，植物プランクトンの同化作用による生成量が減り，動植物の呼吸作用や有機物分解により消費されるためである．また，

大気を経由する人為起源物質である鉛や水銀なども海洋表面付近で高い濃度を示す(図4.2参照).熱帯,亜熱帯,夏季の中緯度帯の成層化された海域では,海洋の下層からの物質供給が乏しいため,大気からの影響が顕著である.しかし,もともと海水中濃度のほうが高い成分にはその変化が明瞭に見えないし,生物体に栄養塩として直ちに取り込まれる化学成分は海水面に沈着しても海水中濃度はすみやかに元に戻る.

洋上での降水現象によって海洋表面水の化学成分濃度が希釈されたり,降水中の栄養塩が引き金となって植物プランクトンの増殖が生じ,その結果,表面水の化学成分の濃度分布が特徴づけられる場合がある.また,洋上へ飛来した黄砂の沈着による表面水中の懸濁粒子組成における鉱物粒子の割合や濃度の増加や,それに伴う微量元素の供給に起因する植物プランクトンの増加による組成変化が観測されている.大気成分の沈着を反映するものとして,陸上から放出される自然起源の^{222}Rn(半減期:3.8日)が壊変して海洋上に沈着する^{210}Pb(半減期:22.3年)の表面水の分布がある.しかし,海洋生物による元素の取り込みによって,沿岸海域では表面水中濃度が低くなり,供給量の大きさが必ずしも濃度に反映されないので,長期間の大気からの供給量を見積もるのは難しい.

7.2.2 海面薄膜層

大気と海洋の境界に存在する海面薄膜層は,海洋表面水に含めて扱われることもあるが,直下の海洋表面水と比較して,生物学的および物理化学的性質に大きな違いを持つ膜層である(1.5.3項参照).この層は,砕波や風力が風速6.6 m^{-1}を超えるとその存在が消滅するといわれるが,観測可能あるいは採取可能な1〜1000 μmの厚みを持つ存在である.海面薄膜層は,大気と海洋間の熱,気体,そして粒子の交換の場として,また薄膜内での物質濃縮や反応過程が重要視されている(図7.6).

直下の表面水にくらべ,海面薄膜層では,PCBやPAHsなどの人為起源有機化合物を始め,溶存態では1〜3倍,微量元素を含む粒子態成分では2〜100倍の化学成分を濃縮している.また,バクテリアやプランクトンなどの微生物粒子も高密度に存在していることが明らかになってきた.薄膜内での化学環境がその直下の海水環境と大きく異なることから,大気海洋間の物質循環に与える影響があるといわれるが,その寄与の定量的な評価はまだ定まってはいない.

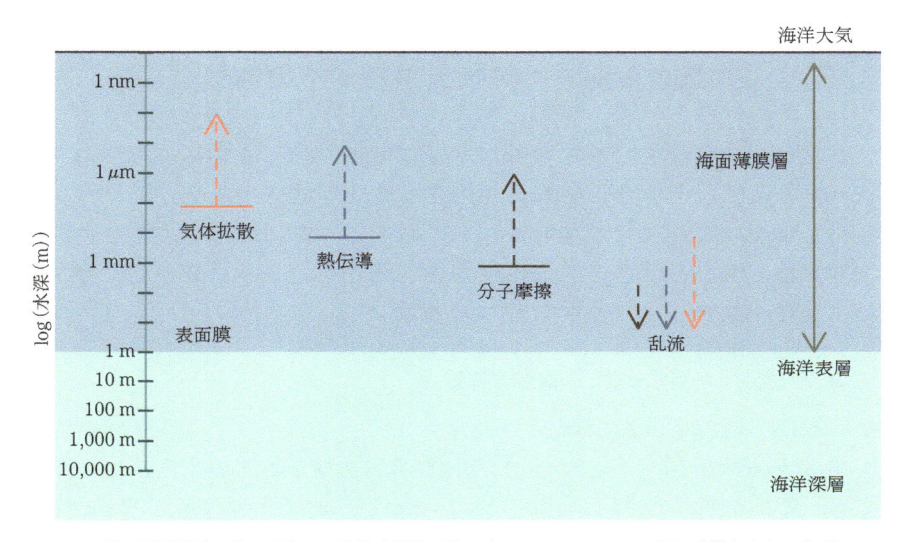

図7.6 海面薄膜層内の物理過程——海洋表層との違い(Soloviev and Lukas (2006)[8]をもとに作成).

7.2.3 海洋表層での元素の挙動

　海洋での各元素の鉛直分布[9]を見ると，表層と下層との濃度差がない，あるいはその変化が小さいもの(保存性成分型)，表層では低濃度であり下層へ向けて増加するもの(サイクル型または生物取込型)，および表層では高濃度であり下層に向けて減少する(スキャベンジ型または粒子除去型)ものの3通りに分けることができる(付録の周期表参照).

　保存性成分型は，海水中の平均滞留時間が10^5年以上の海水主要成分であるナトリウム，塩素を始め，ウランやタングステンなどがあげられる．スキャベンジ型は，窒素，リン，ケイ素などに代表される親生元素であり，ニッケルやカドミウム，亜鉛，ゲルマニウム，バリウムなどの数多くの元素が該当する．リサイクル型には，平均滞留時間が10^3年以下の微量元素が含まれ，これらは粒子との反応性が高く，表層から粒子態として除かれていく．スキャベンジ型とは逆の鉛直分布を示し，アルミニウムやコバルト，スズ，セリウム，ビスマスなどが該当する．それらの多くは，大気から供給されるため海水面で最高濃度を示す．大気中に放出された鉛や水銀などの人為起源元素が海面に沈着して，この鉛直分布を示す場合もある．

§7.3 大気から海洋への物質供給とその影響

大気からの物質(気体,液体,固体)の供給過程は,発生源や物質の状態によって大きく異なる.大気中の気体は,海水中において未飽和で平衡状態に達していない場合,海水面から直接吸収される.また,白波や海水の泡立ちなどで,気泡に含まれた気体が水面下に運ばれると,水圧により海水に溶け込む.大気から海洋へ液体として加わるのは,降水現象による.

7.3.1 陸からの自然起源・人為起源物質

A. 陸上から放出される気体成分

陸上から放出される気体,特に海洋環境へ影響を与える成分としては,CO_2,窒素化合物(アンモニア〈NH_3〉とNO_x:窒素と酸素の化合物の総称),揮発性有機化合物(VOCs;Volatile Organic Compounds)などが存在する.これらの気体は,気液間の物質交換を経て海洋へ直接取込まれたり,大気中を輸送中に酸化されエアロゾル粒子となったり,エアロゾル粒子に吸着し,海面に沈着したりする.

陸上の人間活動起源のCO_2の発生源は,主に北半球の陸上での化石燃料燃焼に由来する.この放出源から最も離れている南極大陸上空のCO_2濃度にも,弱い季節変動を伴いながら,毎年約1.5 ppmの増加傾向が現れている.大気中のCO_2の寿命は50〜200年と見積もられており,よく撹拌されている地球表層大気中に毎年0.5%の増加率で濃度が増加していくことが,地球上のどの大気観測点でも観測されている.海洋はCO_2のシンクとして,大気中に放出された化石燃料起源のCO_2の244 $GtC\ yr^{-1}$の約半分である118 $GtC\ yr^{-1}$を吸収している.

B. 対流圏内におけるエアロゾルの輸送

対流圏内においては,アジア大陸の砂漠乾燥地帯から舞い上げられた鉱物粒子が黄砂として日本列島上空を通過し,偏西風によって北太平洋へと運ばれている.大規模な黄砂の場合,黄砂粒子が北米大陸に到達したり,さらに北大西洋まで運ばれたという事例がある.たとえば,2007年5月に発生したタクラマカン砂漠から上空8〜10 kmまで運び上げられた黄砂が,13日間で地球を一周し,さらに東進し,北太平洋高気圧の縁辺で降下し,北太平洋上へ沈着した

事例が，衛星画像解析や大気化学輸送モデルによって再現されている[10]．

また，1986年4月にソ連（現ウクライナ）で発生したチェルノブイリ原子炉爆発事故の場合，大気中に放出された人工放射性物質はわずか10日足らずで7,000 kmを超える距離を移動し，北太平洋中央部でその一部がエアロゾルとして検出され，事故後，約2週間で北半球全域に拡散したことが観測されている．このことから，高度5,000 m以上まで輸送されれば，発生源から数千 kmも離れた太平洋中央部の深海堆積物鉱物粒子の起源となり得ることがわかる．さらに，低気圧は中緯度帯にあるアジア大陸や北米大陸などの人口密集地帯を高い頻度で通過し，大洋を横断して別の大陸や極域へ物質が輸送されている．

これらのことから，気体にくらべて大気中での平均滞留時間が数日間といわれているエアロゾルが，従来予想されていた以上に地球規模で広範囲に運ばれ，海洋上に沈着していることが明らかになってきた．

C. 成層圏への輸送

一方で，対流圏ではなく，成層圏も含めた輸送を考えた場合，長期間にわたり地球表層に影響がおよぶことになる．自然現象の一つとして火山噴火がある。1991年6月のフィリピンのピナツボ火山噴火により，成層圏に運ばれた二酸化硫黄（SO_2）ガスから微小の硫酸エアロゾルが形成され，地球全体を覆い，全球的な気候に影響を与えた．この火山起源エアロゾルによる放射収支への影響は数年間続き，大気中CO_2濃度の増加率の鈍化，気温の低下によるCH_4やN_2Oの陸上からの放出量減少などを引き起こしたといわれている．近年，赤道海域から放出された海洋生物起源気体が上昇気流によって成層圏まで輸送され，成層圏O_3を消滅させている可能性も示唆されている．

D. 突発的な自然現象

地球上での突発的自然現象は，海洋の生物地球化学的物質循環にも大きな影響を与える．1986年にハワイ諸島沖で採取された50 μmを超す黄砂巨大粒子，2001年の三宅島噴火に伴う窒素化合物の供給による植物プランクトンの増加，2007年の北太平洋亜寒帯海域での霧の出現による黄砂の沈着，2008年のアリューシャン列島の火山噴出物質による鉄供給，キラウエア火山噴煙による硫酸塩微小粒子生成による海水温の低下，そして台風による海洋環境の擾乱によるプランクトンの増加など，多くの事例が知られている．近年の観測手法の発

7.3.2　大気起源物質の海洋内での広がり

　大気から海洋へ供給された物質は海洋内でどのように移動，拡散しているのだろうか．これを知るには，大気からのみ供給される物質を実際に測定して，その動きを追跡する必要がある．海水中での物質の挙動は，溶存態か粒子態か，化学的反応性が高いか低いか，海洋生物活動に関係するか否かで大きく変わる．

　ここでは，1950年代後半から1960年代前半まで太平洋中央部上で頻繁におこなわれた大気圏核実験によって大気中に放出された人工放射性核種，特に^{137}Cs（半減期：30.0年）に注目してみよう．^{137}Csが全地球表層大気に拡散し，海面に沈着した後，海洋内をどのように輸送されたかを紹介する．

　1970年の時点における^{137}Csの大気からの積算沈着量の見積もりによると，日本列島の東の沖，西部北太平洋上の北緯30度から50度帯に，高い値を示す海域が見られる（図7.7）．大気から海面に沈着した^{137}Csは，海洋生物への濃縮や粒子への吸着も認められているが，ほとんどが溶存態として海水と動きをともにする．

　日本列島の東岸の表面海水に供給された^{137}Csは，黒潮によって東へ流れ，冬季の鉛直混合により，水深200 m程度まで運ばれる（図7.8）．その後，流れは南，さらに南西へと変化して赤道海域に到達し，一部は北上し日本列島東岸へ戻る循環を示す．また赤道付近を東進する赤道潜流によって東部赤道域から南太平洋へ輸送される経路や，インドネシア諸島を通過してインド洋へ，さらに南大西洋への経路も，^{137}Cs濃度分布と海流の流れや海洋物理モデルから確認されている．1960年前後には日本列島東岸海域での表面海水中の^{137}Cs濃度は100 Bq m^{-3}で，2011年の福島第一原発事故直前には1～2 Bq m^{-3}程度まで下がっていた．2003年の南太平洋における南緯20度線上の観測では，^{137}Cs濃度は水深100～200 mの亜表層で2.2 mBq m^{-3}の濃度ピークを示していた．

　海水に溶存態として供給される人為起源物質は，^{137}Csと同様な挙動をとって，海水とともに全海洋へ広がっていくが，成分によって化学反応や海洋生物への取り込みなどで異なる分布を示すことが考えられる．

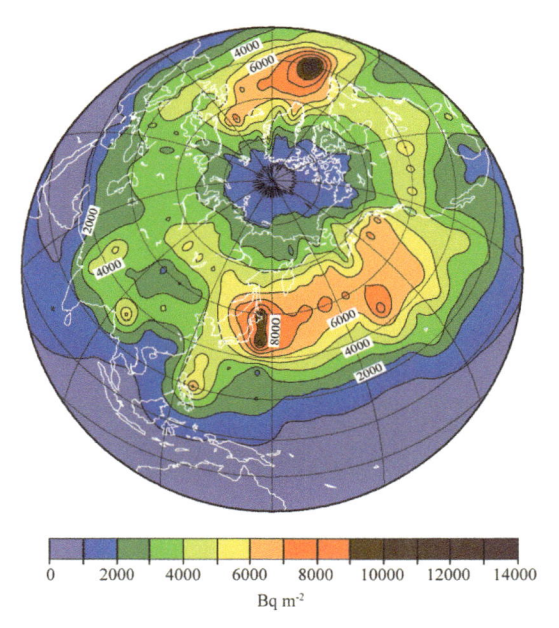

図 7.7 1970年時点の北半球での^{137}Csの積算沈着量分布 (Aoyama et al. (2006)[11] より).

§7.4 海洋から大気への物質供給とその影響

海洋から大気への物質(気体, 液体, 固体)の供給過程は, 発生源や, 気象条件によって, 大きく異なる.

7.4.1 海水起源物質

海洋大気中のエアロゾルの大部分を占める海塩粒子は, 海洋表層において海面の擾乱や気泡の注入などの物理過程を伴って生成される. 海塩粒子の化学成分は, 海水成分とは異なる場合があり, 特に粒径が小さくなるほど, 微量元素や有機物質が濃縮される傾向がある. これは海面薄膜層に, 微量金属元素や溶存態有機物, そして生物体の破砕物やバクテリアなどを含む微小粒子が濃縮され, 気泡の破裂とともに大気中に粒子として放出されることも一因である.

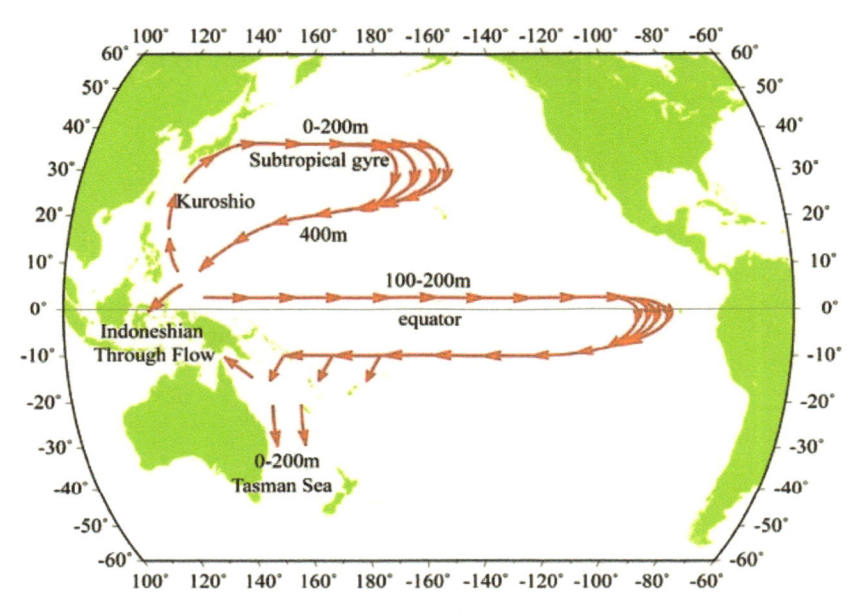

図7.8 太平洋での^{137}Csの推定流路(青山道夫(2012)[12]より).

7.4.2 海洋生物起源物質

　海水中の有機物分解を含む生物活動過程において，生物起源気体が生成される．温室効果気体であるCO_2，CH_4，N_2O，COや，揮発性有機化合物(VOC)が大気中へ放出される．自然界のVOCとして，塩化メチル(CH_3Cl)や臭化メチル(CH_3Br)などのハロカーボン類があり，海洋から大気へ放出されると，オゾン層破壊やエアロゾル生成に関与する．またVOCは大気中で酸化され，微小エアロゾルを形成する．これらの海洋生物起源気体の放出量は，風速に大きく左右される．

　海洋生物から生成するVOCである硫化ジメチル(CH_3SCH_3：dimethyl sulfide, DMS)は，大気中に放出され，主としてSO_2となる．SO_2は，紫外線によって励起されO_2やO_3と反応して酸化される光化学反応と，大気中の水滴に溶け込んで溶液内酸化反応により硫酸になる過程を経て，雲内での不均一反応によって硫酸エアロゾルを形成したりする．海洋大気中の硫酸エアロゾルはNH_3と反応し，硫酸アンモニウム(($NH_4)_2SO_4$)と硫酸水素アンモニウム(($NH_4)HSO_4$)として存在している．このNH_3の一部は，海洋から放出されていることが観測され

ている.

7.4.3 大気を経由する海洋から海洋への輸送

洋上では，海面から放出された粒子は再び海面へ沈着し，大気-海洋間を循環している．外洋域では，沿岸域にくらべて陸起源物質の影響は少なくなるが，海面から蒸発した水は大気中を移動し，別の海域で降水となり，降水域の表面塩分や水温を下げる．同じように，生物生産の高い海域の海面から放出される生物起源気体が大気中に放出され，気体状のまま，あるいは粒子化され，貧栄養海域で沈着し，栄養塩として表層の生物生産を低いながらも維持している経路が考えられる．

このような場合は，植物プランクトンの指標であるクロロフィルa濃度と直上の海洋大気中の海洋生物起源エアロゾル濃度に相関が見られず，風下でエアロゾルが高濃度に存在することが予想される．たとえば南太平洋上では，生物生産の高い亜寒帯海域から中緯度帯の貧栄養海域へ生物起源窒素が大気を通して輸送され，貧栄養海域での降水に高濃度のNH_4^+が存在していた．この貧栄養海域へのNH_4^+の湿性沈着による窒素供給の影響は無視できない．海面からの物質の放出量の時空間的な分布の把握と，これらの物質の大気中での輸送拡散と海表面への沈着を含めたモデル化は，今後の大気海洋物質循環を考えるうえで重要なものとなる．

§7.5 大気-海洋間の物質循環と気候変化の関係

地球温暖化抑制のために，人為的なCO_2の放出の削減，あるいは海洋への吸収の増加を促進する対応策の研究が進められている．海洋での生物生産を中心とした炭素循環の解明は，その根幹をなすものである．海洋生物活動により生成される気体は温暖化を促進したり，逆にエアロゾル粒子は温暖化を抑制したりする．海洋大気境界層に流入した気体やエアロゾルは，海塩エアロゾルとともに海洋表面へ沈着し，鉱物エアロゾルから溶け出した鉄や，海洋大気エアロゾルに吸着した硝酸やNH_3が海洋生物の栄養塩として利用される．これらの過程を通して，海洋生物の消長が気候の変化と深くかかわってきたという仮説が提唱されている．

7.5.1　海洋植物プランクトンからの硫黄放出による気候調節（CLAW仮説）

　海洋植物プランクトンからのDMSの放出が，海洋大気境界層内で雲凝結核として働くエアロゾル粒子の形成につながることから，海洋生物による気候調節仮説が1987年に提案された（図7.9）[13]．

　これはCLAW仮説（CLAWは論文の著者のCharlson，Lovelock，AndreaeそしてWarrenの4人の頭文字をつなげたもの）と呼ばれ，植物プランクトンによるDMSの放出に基づく気候フィードバックの存在を示唆している．すなわち，DMSの放出による雲凝結核の増加が雲アルベドの増加を引き起こし，海面への太陽放射を減少させて，温暖化を抑制するというものである．海洋生物が増えることによる海へのCO_2吸収の増加との一石二鳥という考えである．

　しかし，仮説の一環である海水中でのDMS生成の過程や，大気中へ放出されたDMSが硫酸エアロゾルになり雲核となって雲の性質を変えるのかどうか

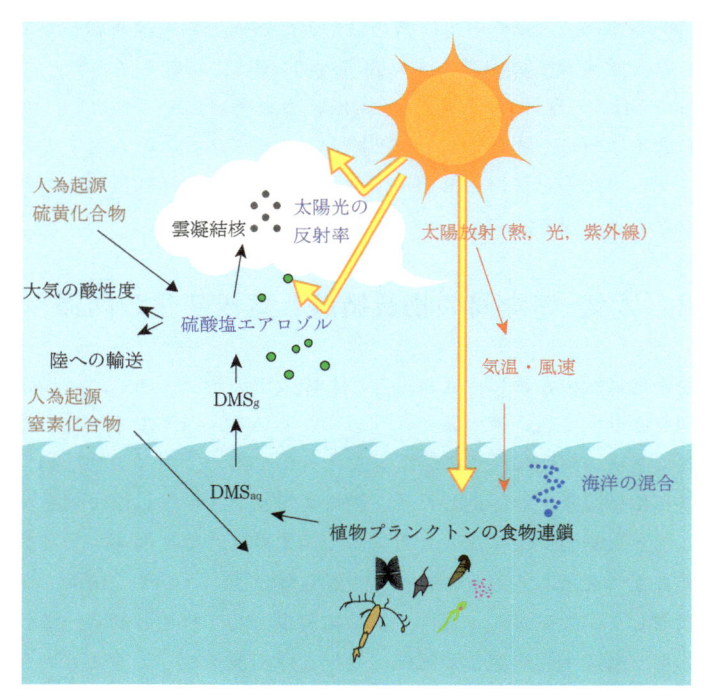

図7.9　CLAW仮説による海洋生物起源エアロゾルによる温暖化抑制の仕組みと人為起源物質の寄与．（Charlson et al. (1987)[13]をもとに作成）

については，まだ十分に解明されていない．これらの物質の生成フラックスや存在量を把握しなければ，温暖化抑制効果への寄与の重要性を定量的に評価できない．さらに人為起源の硫酸塩や硝酸塩エアロゾルの寄与も考慮する必要がある．海水中で生成される気体から大気中で微小粒子が雲となるまでの道のりを把握するのは，まだまだ前途多難なのである．

7.5.2 海洋植物プランクトンを増やす

南大洋や北太平洋には，植物プランクトンによって栄養塩が使い切られていない海域が存在する．近年，その海域に鉄を加えるとプランクトンがさらに増えることが，船上の培養実験などにより確認された(4.3.3項参照)[14]．植物プランクトンは栄養成分の一つとして微量の鉄を必要とする．北太平洋中高緯度海域においては，黄砂現象の出現時に，海洋の植物プランクトンが増加していたことが観測された[15]．黄砂に含まれている鉄分が海水中へ溶け出し，この鉄の供給増加によって植物プランクトンが増殖した可能性がある．

温暖化や人為的な活動により，アジア大陸でさらに砂漠化が進み，黄砂の発生規模や頻度が増えると，鉄が不足している海域の生物生産が高まる．すると大気中のCO_2が生物に取り込まれ，生産された生物の大部分は海洋表層で分解される．しかし，分解を免れた有機物粒子は，深海へ沈降していくので，深層水循環に必要な1,000年のオーダーで炭素を海中に隔離できるというシナリオである．大気中のCO_2が海水に吸収され，大気中のCO_2が下がる．その効果は，温暖化を抑制することになる．だが，窒素やリンという植物プランクトンに必須である他の栄養塩が消費された時点で増殖は止まり，再び温暖化が進むとも予想される．

7.5.3 温暖化を抑制する海洋生物起源気体

港や浜辺で匂う磯の香りは，主として，植物プランクトンから生成された硫黄を含む気体のDMSによるものである．海水中のDMSは，植物プランクトンが多いと高濃度であるといわれる．海上の風が強くなるほど，大気-海洋間の気体交換が促進され，海洋表面水中のDMSは大量に大気へ放出される．大気中に出たDMSは酸化されてSO_2ガスとなり，さらに硫酸エアロゾルとなる．大気中のエアロゾルが増えると，地上で発生する霞のように光の透過を妨げるようになり，海面まで到達する太陽光が弱まる．また，エアロゾルが増えて雲

ができるときには，エアロゾルを核とした雲粒のサイズが小さくなる傾向がある．より太陽光を反射しやすい白い雲ができて，しかも雨雲とならないので雲の寿命が長くなる．これらの総合的な効果が太陽光を遮り，温暖化を抑制するというシナリオである．

7.5.4　海水中の硫化ジメチルと大気への放出

　植物プランクトン内の細胞浸透圧の調整のために生合成されるジメチルスルフォニオプロピオネート（dimethylsulfoniopropionate；DMSP）が，藻類や細菌の持つ酵素によって分解されてDMSが生成される．DMSとプランクトン量の関係，DMS生成にかかわる植物プランクトンの種組成と量，動物プランクトンによる捕食関係，細菌代謝の寄与などが，海水中のDMS濃度を決定する．特に，栄養塩が豊富で生物生産性の高い沿岸域や亜寒帯海域では，従来からDMS生成効率が高いとされてきた小型植物プランクトンではなく，大量に発生する大型ケイ藻によるDMSの生成の効果が大きいことが船舶観測によって明らかになってきた．また一方では，日射量の増加により，DMSを分解するバクテリアの減少によるDMS増加や，光化学的酸化によるDMS減少も考えられる．

　海洋表面から大気へ放出されるDMS量は，植物プランクトンによって生成される量の約10％と見積もられている．しかし，海洋から大気へのDMS放出量としては，海水と大気のDMS濃度の差と，風速などから求めた大気-海洋間の気体交換係数をもとに算出するバルク法による，誤差の大きな見積もり値しかない状況である．しかし近年になり，CO_2フラックス測定にも用いられている渦相関法によって，DMS濃度と風の鉛直輸送成分を10 Hz（1秒間に10回）程度の高い時間分解能で直接放出量を測定する手法が試みられている．

7.5.5　人為起源窒素が海洋生物種を変える

　近年，東アジアでは窒素化合物の大気への放出量が増加傾向にあり，特に東シナ海や日本海など縁辺海を中心とした西部北太平洋域での沈着量の増加が認められている．いままで，窒素が不足気味の海域では，大気中の窒素を固定して生息する植物プランクトンが中心の海洋生態系が維持されていた．しかし，大気からの窒素供給と，地球温暖化による表面水温の上昇に伴う海洋成層化の強まりと相まって，変化が生じ始めている可能性が示唆される．

　一方，南太平洋での外洋大気においては，北半球の海洋大気とくらべ，人為

起源物質の影響はきわめて小さく，エアロゾル粒子数濃度も低い．もし，そのような海洋大気環境下で海洋生物生産が低下すれば，海洋生物起源エアロゾルの減少を導き，雲粒数濃度が低くなって，雲粒粒径が大きくなり，雲の寿命が短くなることなどから，温暖化がいっそう促進されることになる．

近年，地球規模の物質循環モデルを用い，全海洋への窒素化合物の沈着量と，その将来を予測した結果[16]によると，2030年にはインド洋や西部太平洋域において，窒素供給量が数倍程度まで増加し，植物プランクトンも増加するとのことである．それによって大気中のCO_2が海洋に吸収されるが，その約10％が，大気からの窒素化合物の沈着による施肥効果の寄与であるとみなされる．しかし同時に，CO_2の約300倍の地球温暖化指数を持つN_2Oが海水中で生成され，大気中に放出され，CO_2減少による温暖化抑制効果の3分の2が相殺されると見積もられている．大気での変化が海洋の生態系に影響を与え，そのフィードバックが大気に変化をもたらすという，地球化学的物質循環と気候の関係の一例であるが，人類に都合のよいシナリオはなかなかないものである．

最後に本章の内容をさらに深く理解したい読者へ，参考図書を紹介しておく．

・岩坂泰信，西川雅高，山田丸，洪天祥編(2007)，『黄砂』，古今書院．
・大河内直彦(2008)，『チェンジング・ブルー――気候変動の謎に迫る』，岩波書店．
・笠原三紀夫，東野達監修(2008)，『大気と微粒子の話』，京都大学学術出版会．
・三崎方郎(1992)，『微粒子が気候を変える』，中公新書．

第8章
陸から海への物質輸送

第1章において,海洋を中心とする物質収支図(図1.11)で示したように,陸は海洋にとって重要な物質供給源に位置づけられる.第7章で学んだ大気を経由する物質輸送とともに,河川や氷河・海氷,あるいは地下水を通じて,大量の化学物質が陸から海洋に運び込まれる.本章では,このような地表あるいは地下経由で海に流入する陸起源物質に焦点を当ててみよう.

§ 8.1 河川水

8.1.1 河川水の流量

海洋への化学物質供給源として,河川の果たす役割のきわめて大きいことは論をまたない.溶存態,粒子態,あるいはコロイド状成分として,莫大な化学物質(天然物質および人工物)が河口から海洋に注ぎ込まれ,海洋の化学組成や生物生産に大きな影響を与えている.そのことをわれわれに強く印象づける人工衛星写真を図8.1に示す.アマゾン川から流入する河川水中の栄養塩によって支えられた高レベルのクロロフィル(植物プランクトン)が,南米大陸北東部の沿岸から沖合数百kmもの広範囲にわたって,くっきり捉えられている.

世界中の河川の総流量は,$37,400 \text{ km}^3 \text{ y}^{-1}$ と見積もられている[1].表2.1によれば,河川の容積は $1.7 \times 10^3 \text{ km}^3$ であるので,これを流量で除すと,河川水の平均滞留時間は約17日となる.海洋循環の時間スケール($1,000 \sim 2,000$年)にくらべて,ごく短いことがわかる.

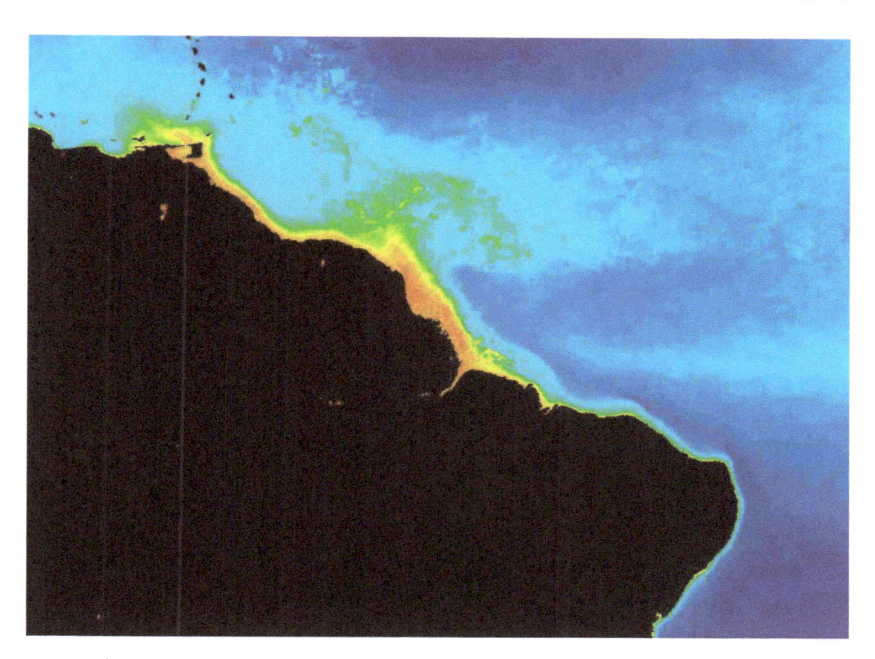

図8.1　南米大陸北東部沿岸域において2002年から2005年にかけて，人工衛星MODISが撮影した海色データの合成図．赤〜黄の部分はクロロフィル濃度が顕著に高いことを示す（http://oceancolor.gsfc.nasa.gov/ より）．

8.1.2　河川水と海水の化学組成の違い

　海水は世界中どこでも比較的均一な化学組成を示す．一方，河川水の化学組成は，上述した短い平均滞留時間からも予想されるように，海水と異なり大きな地域性を持つ．表8.1は，世界中の河川から流量の多い順に8河川を選び，その化学組成を比較したものである．河川間での濃度の違いは，主要元素でも1桁以上のばらつきを持つことがわかる．

　これら8河川も含め，世界中の680の河川について平均した化学組成を，表8.1の下から2行目に示す．この化学組成に8.1.1項で述べた河川の総流量を乗じれば，河川から海洋への平均的なフラックスが計算できる．また，河川水の化学組成との比較のため，表8.1のいちばん下の行に海水の平均化学組成を示す．多くの化学成分について，当然のことながら，海水の方が河川水にくらべて圧倒的に濃度が高い．

表8.1 世界の代表的な8河川についての主要イオン濃度と流量 (Berner and Berner (1987)[1]). 河川水の平均濃度は，世界中の680におよぶ河川について平均して得られた値 (Meybeck (2004)[2]). また，海水の平均組成はBroecker and Peng (1982)[3]による.

	Ca^{2+}	Mg^{2+}	Na^+	K^+	Cl^-	SO_4^{2-}	HCO_3^-	SiO_2	流量
	($mmol\,kg^{-1}$)								($km^3\,y^{-1}$)
アマゾン川	0.13	0.04	0.07	0.020	0.03	0.02	0.33	0.12	7,245
コンゴ川	0.06	0.05	0.07	0.028	0.08	0.03	0.18	0.16	1,230
長江	1.12	0.26	0.18	0.031	0.12	0.19	2.43	0.10	1,063
オリノコ川	0.08	0.04	0.07	0.017	0.08	0.04	0.18	0.19	946
ミシシッピー川	0.84	0.37	0.48	0.072	0.29	0.27	1.90	0.13	580
メコン川	0.35	0.13	0.16	0.051	0.14	0.04	0.95	0.15	577
パラナ川	0.13	0.10	0.24	0.046	0.17	0.03	0.51	0.24	567
ガンジス川	0.61	0.21	0.21	0.079	0.10	0.09	1.72	0.21	420
河川平均濃度	0.59	0.24	0.24	0.044	0.17	0.18	0.80	0.14	
海水平均濃度	10.3	53	470	10.2	550	28	2.3	0.1	

表8.1に示した海水と河川水の化学組成を比較すると，濃度の大きな違いだけでなく，両者の間には注目すべき違いがある．濃度が最大となる陽イオンと陰イオンの組み合わせが，海水ではナトリウムイオン(Na^+)と塩素イオン(Cl^-)であるのに対し，河川水ではカルシウムイオン(Ca^{2+})と炭酸水素イオン(HCO_3^-)であることだ．これは，河川水が陸上での浸食・風化作用に関与するため，岩石中から炭酸カルシウム($CaCO_3$)が溶出することに起因している．

8.1.3 河川水の化学組成はどのように決まるか

Gibbs (1970)[4]は，さまざまな河川水の陽イオン組成と陰イオン組成を解析し，河川水の化学組成が，3つの基本的プロセスの組み合わせによってほぼ説明されることを示した．3プロセスとは，A) 雨水の供給，B) 岩石の浸食・風化，およびC) 蒸発と析出の3つである．

図8.2 (a) (b)は，世界の代表的な河川水・湖水について，陽イオンNa^+とCa^{2+}の組成比 ($[Na^+]/([Na^+]+[Ca^{2+}])$，図8.2 (a)の横軸)と，陰イオン$Cl^-$と

8.1 ● 河川水

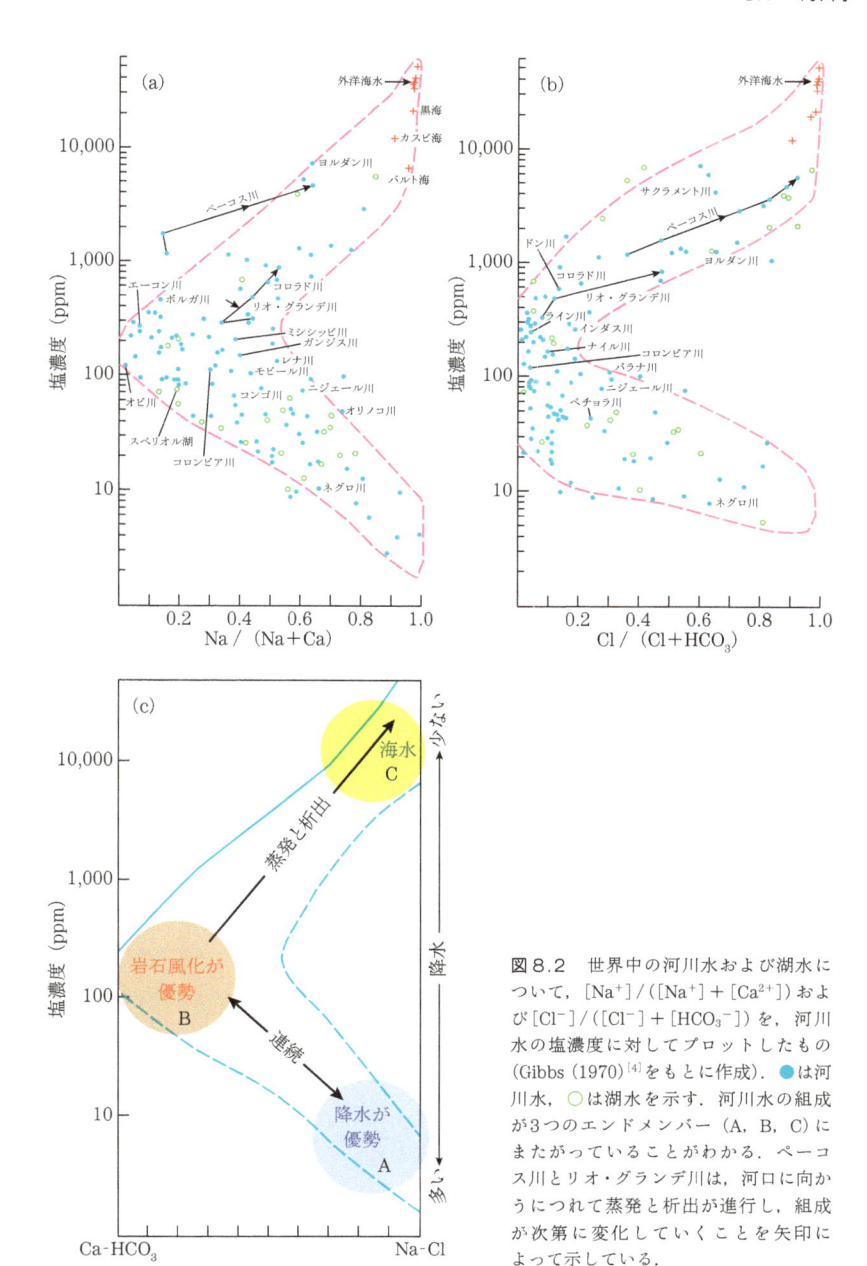

図8.2 世界中の河川水および湖水について，[Na$^+$]/([Na$^+$]+[Ca^{2+}])および[Cl$^-$]/([Cl$^-$]+[HCO$_3^-$])を，河川水の塩濃度に対してプロットしたもの(Gibbs (1970)[4]をもとに作成)．●は河川水，○は湖水を示す．河川水の組成が3つのエンドメンバー(A，B，C)にまたがっていることがわかる．ペーコス川とリオ・グランデ川は，河口に向かうにつれて蒸発と析出が進行し，組成が次第に変化していくことを矢印によって示している．

HCO_3^- の組成比（$[Cl^-]/([Cl^-]+[HCO_3^-])$，図8.2 (b) の横軸）を，塩濃度（縦軸）に対してプロットしたものである．また図8.2 (c) は，図8.2 (a) (b) の特徴を簡略化したものである．陽イオンについても陰イオンについても，おおよそ「くの字型」のダイアグラムにデータがプロットされ，河川の化学組成が上記の3プロセスをエンドメンバーとして説明できることがわかる．A，B，Cのうち，どのプロセスの影響を最も強く受けているかによって河川の基本的な化学組成が決まる，と言い換えてもよい．

河川水の基本的性質は，塩濃度がごく低い降水（図8.2 (c) のA領域）からスタートする．この組成のまま海洋に流れ込む河川もある．二酸化炭素を含む弱酸性の河川水が土壌や岩石に触れ続けると，$CaCO_3$ やカルシウムを含むケイ酸塩鉱物など風化作用を受けやすい固体物質が溶解し，河川水の Ca^{2+} や HCO_3^- の濃度が増加する（図8.2 (c) のB領域）．この組成で海洋に流入する河川もある．さらに，B領域の河川水が高温で乾燥した環境に置かれた場合，水の蒸発によって塩濃度はさらに増加し，また $CaCO_3$ は沈殿して河川水から除かれ，図8.2 (c) のC領域に移行する．

8.1.4　河口域での河川-海洋相互作用

河川水が海洋に到達する河口域は，河川水と海水が接触し混合する境界領域である．ここには潮汐による物理的な撹拌作用もある．表8.1から明らかなように，多くの化学成分について，この領域を挟んで大きな濃度勾配が存在し，塩分がほぼゼロから35程度まで急激に増加する．pH，酸化還元状態，有機物濃度，栄養塩濃度などのパラメータも大きく変化する．

図8.3は，河口域の混合エリアを模式的に示したものである．通過する河川水にとってこの境界ゾーンは，さまざまな物理的，化学的，生物学的過程が関与する一種のフィルターとみなすことができる．保存性のある化学成分は，単純な混合による濃度変化を受けるだけであるが，溶存態から粒子態に変化しやすい化学成分もあり，それらは沈積して堆積物中に除去される．これとは逆に粒子態物質が溶存態に変化することもある．また，堆積物から再懸濁あるいは溶出してくる場合もある．

河口域における混合過程を単純にモデル化すると図8.4 (a) および (b) となる．前者は河川水のほうが濃度が低い化学成分について，後者は逆に河川水のほうが濃度が高い成分について，それぞれ塩分の増加とともに濃度がどう変化

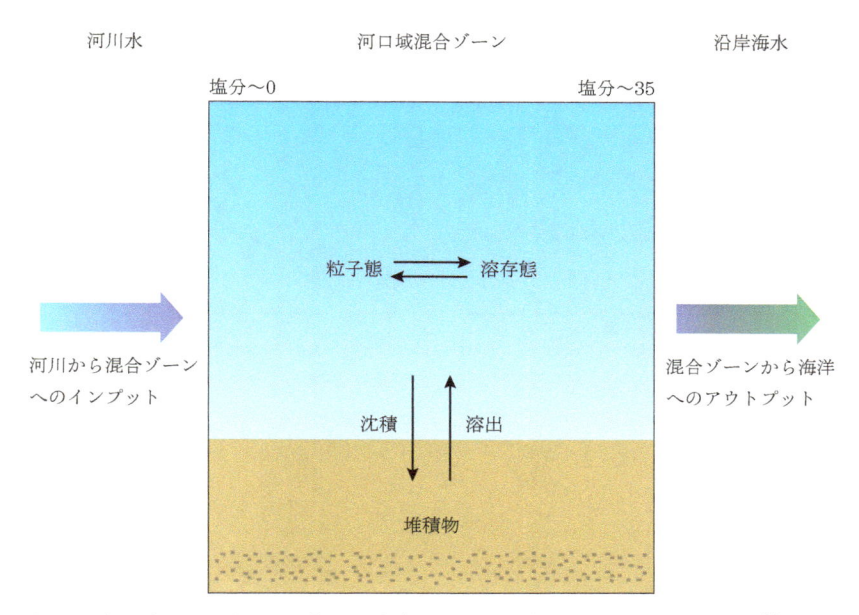

図8.3 河口域における河川水と海水との混合のイメージ図(Chester and Jickells (2012)[5]の図を改変).

するかを示したものである．もし保存量としての混合が起これば，赤色の実線で示した直線上に濃度がプロットされる．非保存量としての混合が起こる（なんらかの生物化学反応が生じる）場合は，混合によって濃度が増えるか，または濃度が減少するかに応じて，実線の上側または下側に，点線のようにプロットされる．

実例として，図8.4 (c) に英国テーマー川の河口域における溶存ホウ素の実測例を示す．ホウ素濃度は塩分との間にきれいな直線を示しており，ホウ素が保存量としてふるまっていることを示している．一方，図8.4 (d) は英国ビューリ川の河口域における溶存鉄の測定例である．こちらは下向きに湾曲していることから，河口域での混合によって，鉄が不溶の粒子態となって除去されていることがわかる．

現実は上の2例のように単純なケースばかりでなく，塩分の増加とともに濃度が減ったり増えたりする観測例もある．低塩分のうちは除去反応が優先するが，塩分が高まると逆に溶解反応が優先するためと考えられる．いずれにせよ，

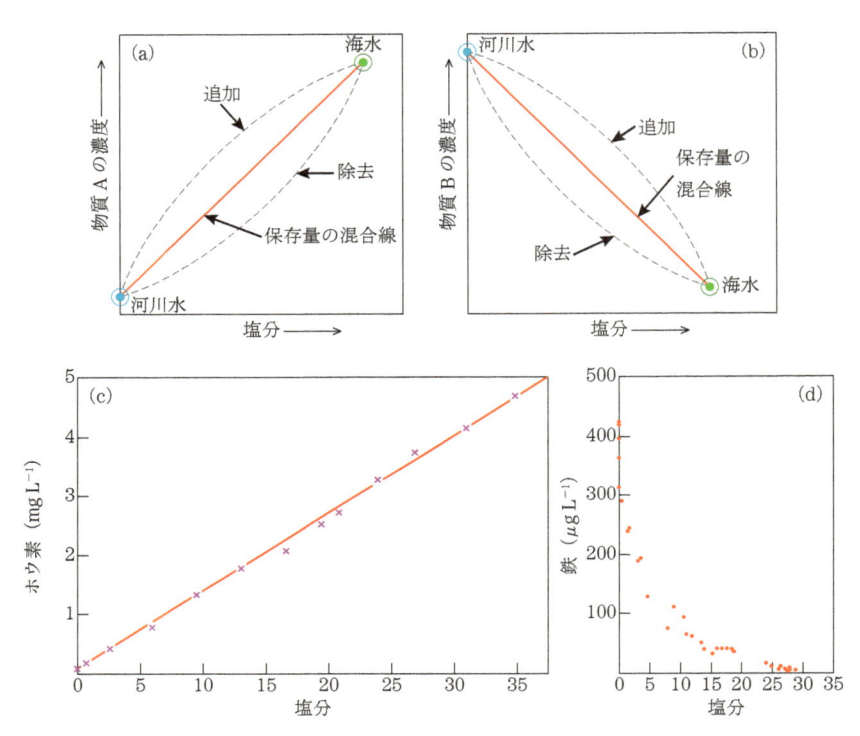

図8.4 河口域における溶存物質の濃度変化モデル(a)(b)と実測例(c)(d)（Chester and Jickells (2012)[5]をもとに作成）．(a)(b)では，保存量としての混合ラインを実線で，非保存量として予想される混合ラインを破線で示す．(c)は保存量の実例，(d)は非保存量の実例（混合過程によって除去されるケース）．

各化学成分の化学的・生物学的性質に応じて，河川水中の濃度と河川水の流量との積が，そっくり海洋に流入するとは限らないことに注意しなければならない．

§8.2　海底地下水

8.2.1　沿岸における地下水の湧出現象

　沿岸域の海底からの地下水湧出(Submarine Groundwater Discharge; SGD)現象は，河川水と並んで，陸から海洋へ化学物質を輸送するグローバルなプロセスとして近年注目されている．陸上の降雨はいったん地面にしみ込んで地下水と

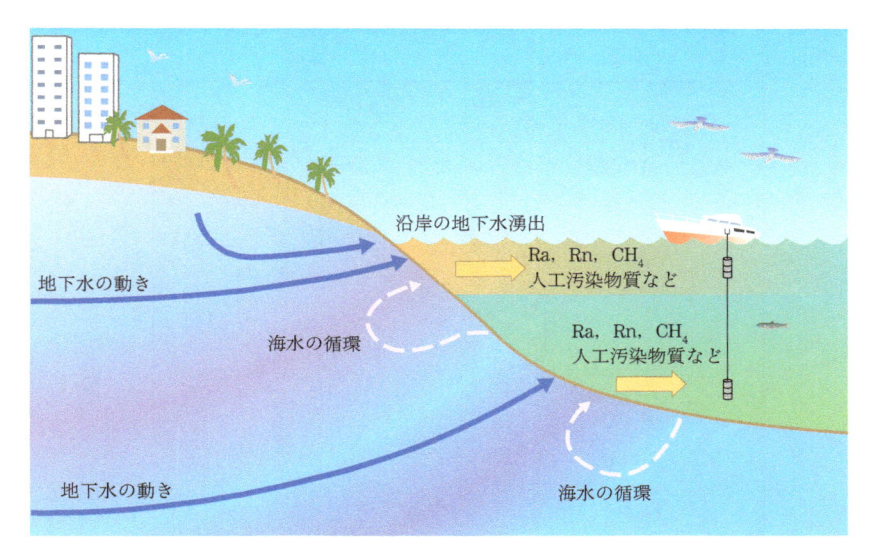

図 8.5　沿岸地下水の流出するイメージ（国際原子力機関IAEAのウェブサイト＜http://www.iaea.org/nael/page.php?page=2213＞の図を改変）．

なる．その多くは地表に戻って河川を形成し，河口を経て海洋へと流出するが，地層の透水性が高い場合，地下水の一部は伏流水のまま時間をかけて低地へと下り，沿岸域の海底からじわじわと湧き出す．

図8.5は，沿岸における地下水湧出のイメージ図である．ここでは，陸からの地下水の動きが浅い流れと深い流れの2通りに分けて示されているが，地下水の流路となる透水性の高い地層がどこにあるかによって，地下水の湧出深度はさまざまである．また，陸域起源の地下水に加え，沿岸海水がいったん海底下に潜り，再び海洋へと再流出するような循環地下水のあることも知られている（図8.5の白い点線）．

SGDの存在を明確に示す実例として，図8.6に米国南東部サウスカロライナ州沿岸で得られた表層海水中のラジウム-226（^{226}Ra）およびラジウム-228（^{228}Ra）の濃度分布を示す．外洋域の^{226}Raおよび^{228}Ra濃度（7.5 dpm/100Lおよび2-4 dpm/100L）と比較して，海岸線近くにははるかに高濃度の^{226}Raおよび^{228}Raが検出され，いずれも外洋から沿岸に向けて濃度が増加している．このような^{226}Raおよび^{228}Raの分布は，河川や大気からの供給では説明できないもので，明らかに沿岸堆積物由来の^{226}Raと^{228}Raが地下水とともに湧出していることを

第 8 章 ● 陸から海への物質輸送

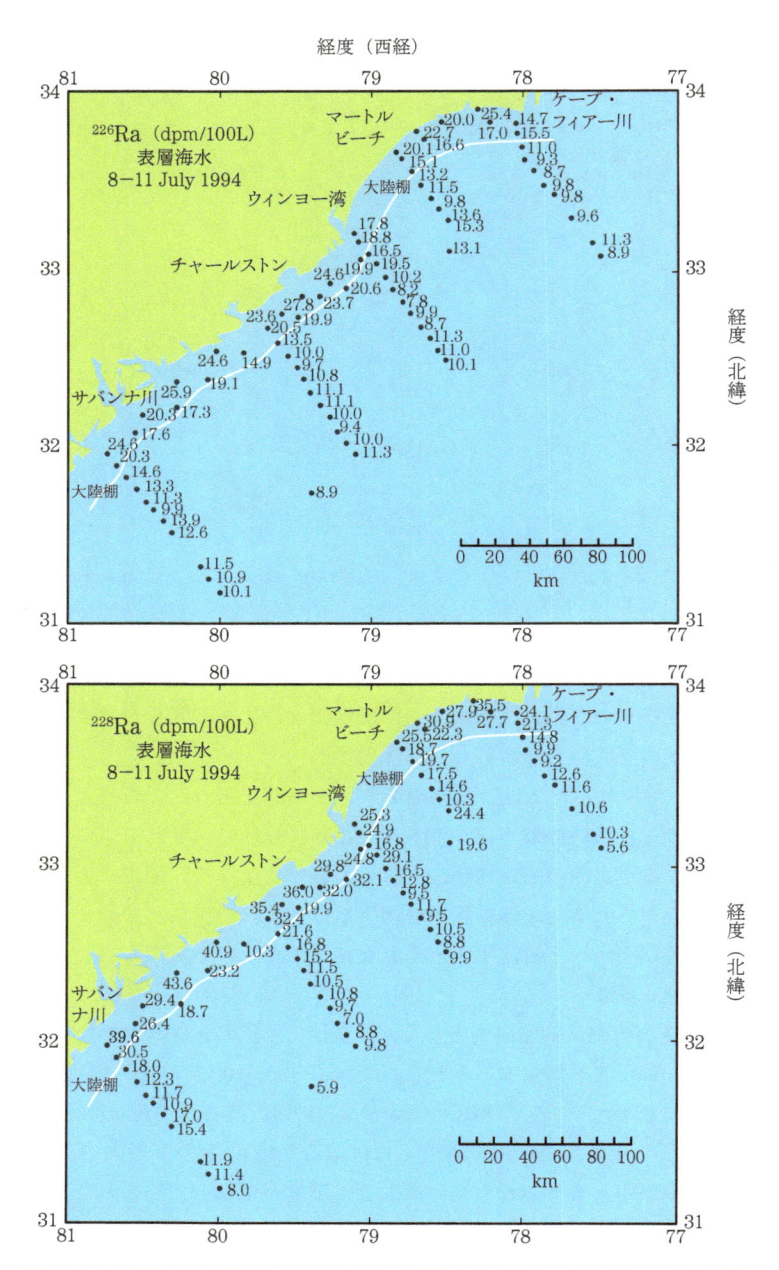

図 8.6　米国南東部沿岸海域における海水中の ^{226}Ra および ^{228}Ra の分布（Moore（1996）[6]；(2000)[7] をもとに作成）．

示している[6,7].

SGDは湧出量が大きければ，海底からもやもやと立ち上る揺らぎとして目視できる場合がある．一方，海底面の広い範囲にわたって穏やかにしみ出しているようなSGDは，その存在を確認することは容易でない．ただ，海底直上水の化学的性質を詳しく調べることによって検出できる場合もある．上で示した^{226}Raや^{228}Raのほか，海底直上水の溶存気体ラドン(^{222}Rn)やメタン(CH_4)濃度分布を用いる化学的手法によってSGD湧出量を推定した例がある[8,9].

地下水湧出は，その定量的評価例がきわめて限られており，まだ不明な点が多い．グローバルなSGD湧出量を見積もった研究はこれまでにいくつかなされてはいるが，陸から海への全流出量に占めるSGDの割合として，0.01%から31%と大きな幅にわたり数値が報告されている．谷口(2005)[10]はそれらをとりまとめて検討し，一般的に見て，SGDの占める割合は数%から10%程度と見るのが妥当であろうと推定している．

8.2.2　地下水の化学的特徴と化学フラックス

地下水の化学組成は，主要成分についてはその近傍の河川水に類似した淡水の性質を示すが，微量成分については地中で土壌や堆積物の内部を長時間通過する際に涵養されることの影響を受け，大きく変化する．たとえば，地中での有機物分解や人為的な汚染の影響を受け，河川水にくらべて地下水のほうが栄養塩濃度の高いことが知られている．この場合，SGDは沿岸域から外洋にかけての一次生産を高める効果を持つであろう．

SGDによる化学フラックスについては，観測の難しさから，研究はまだ萌芽的段階にあり，研究結果もきわめて限られている．河川水の場合と同じような，グローバルな観点からのフラックスの見積もりをおこなうにはいたっていない．8.2.1項で述べたように，陸から海への流出水量としては数%から10%程度を担うにすぎないとしても，地下水中の濃度が高い化学成分については，その化学フラックスを無視することはできない．いくつかの例を見てみよう．

バングラデシュからベンガル湾に注ぐ世界有数の大河ガンジス-ブラマプトラ水系は，海洋への化学的輸送に大きな役割を果たしている．Dowling et al. (2003)[11]は，この水系に伴うSGDによる海洋へのバリウム，ラジウムおよびストロンチウムのフラックスを見積もり，河川からの流入フラックスに匹敵することを示した．特にSGD経由のストロンチウムフラックスは，世界の海水

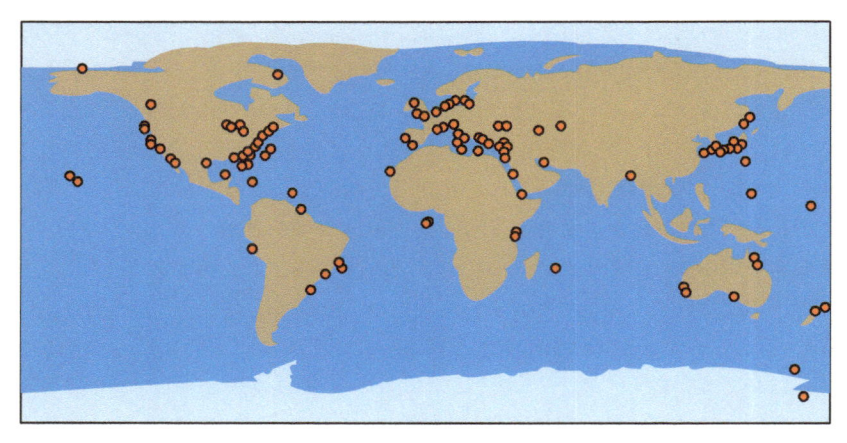

図8.7 世界中で最近(2007年)までに報告されているSGD観測域(IAEAのウェブサイト＜http://www.iaea.org/nael/page.php?page=2213＞をもとに作成).

中のストロンチウム同位体比($^{87}Sr/^{86}Sr$)にまで影響を与えている可能性が指摘されている.

わが国では富山湾の沿岸湧水について多くの研究がなされている．たとえば中口ほか(2005)[12]は，富山湾東部の片貝川扇状地および黒部川扇状地の延長線上の沿岸域(水深8〜33 m)において，ダイバーが直接採取した海底湧水中の栄養塩および溶存態有機炭素(DOC)を分析した．その結果，海底湧水中の亜硝酸＋硝酸とケイ酸はその直上海水にくらべて2〜3桁もの高濃度を示し，一方DOCは2桁低濃度であった．富山湾SGDは栄養塩の供給源として大きな役割を果たしており，特に窒素のフラックスは，富山湾に流入する主要河川によるフラックスに匹敵すると見積もられている．

これまでにSGDの観測された沿岸域は，図8.7に示すように，世界中に分布している．沿岸湧水が世界的な現象であり，海洋の地球化学に大きな影響を与えていることは疑いないであろう．しかしまだ研究データの蓄積が十分でない．今後の研究の進展により，沿岸地下水の化学組成や化学フラックスが全球的なスケールで解明されていくことを期待したい．

また，SGDが海水中へ湧出する際には，水温や化学組成が急変する「地下水／海水混合ゾーン」が，表層堆積物から海底面の直上にかけて形成されるものと思われる．その詳細な生物地球化学的特徴については，まだ十分な研究はな

されていない.

§ 8.3　氷河や海氷による物質輸送

　南極大陸やグリーンランドにおける氷河の物理的な風化作用によって,陸上の岩石・鉱物が剥離され,砕屑化して海洋にもたらされる.この際,多くの元素,特に海水中の濃度がきわめて低い鉄などの微量元素が,海洋表層に供給されている可能性がある.

　北極海においては,海氷の生成に伴い,表層水中の懸濁粒子物質や浅層堆積物が氷の内部に取り込まれる.これらの物質は海氷の移動とともに外洋へと輸送される.大気から降下するエアロゾルも海氷にトラップされることが知られている.これらの粒子物質は,海氷の溶解とともに海水中に放出され沈降する.現在,地球温暖化に伴い,北極海の海氷は減少する傾向にある.海氷による粒子物質の輸送過程にも変化の生じる可能性がある.

　これらの氷河や海氷による陸から海への物質フラックスは,海洋の多くの化学元素にとって重要な役割を果たしていると考えられるが,定量的な議論をおこなうにはいたっていない.さらに観測データを蓄積する必要がある.

Column ❼

富山湾の海底湧水

　本文中でも述べたが，わが国でも海底湧水の研究が盛んにおこなわれている．なかでも日本海に面する富山湾は，大規模な海底湧水の場として，富山大学などの研究グループによって詳しい研究がなされてきた．

　富山湾沿岸域に湧出する地下水は，富山湾の目前に迫る立山連峰など日本アルプスに由来している．冬季の北西季節風が日本海を吹き渡る際に海面から大量の水蒸気が供給され，日本の脊梁山脈の手前で大量の雨や雪を降らせる．富山県の年間降水量は約3,000 mmにも達する．その2割程度が地中にしみこみ，富山湾の沿岸地下水として湧き出していると考えられる．

　スキューバダイビングで富山湾の海底に潜ると，湧水が水深10～20 m程度の海底から盛んにわき出している様子を直接見ることができる．湧水だけをうまく採取し，富山大学で化学分析した結果，いろいろなことがわかってきた．水の酸素と水素の同位体比から，湧水の起源は高度800～1,200 m程度の高地に降った雨であることがわかった．また湧水試料に含まれる人工放射性核種トリチウム（第6章参照）の分析値から，地中にしみ込んだ雨水が富山湾に湧出するまで10～20年程度かかっていることがわかった．

　地表の急峻な河川を流れる水は，すみやかに海へ流出してしまう．しかし地下水は時間をかけて地中をゆっくり移動する．その間に栄養塩を豊富に含むようになり，その栄養塩は富山湾の生物活動を維持するうえで大きく貢献している．このような地下水の恩恵は，富山湾のみならず，世界中の沿岸湧水域に当てはまると考えられる．

第9章
海底下地殻内流体の地球化学

§9.1 海底下の水圏

　海洋は地球表面のほぼ2/3を占めている．海洋の下にある海底の内部に，陸上の地下水と同じように地殻内流体が存在することが，最近の研究により明らかにされてきた．中央海嶺においてできたばかりの海底(海洋地殻)には冷却に伴う割れ目ができて間隙率は10%にも達し，その間隙を流体が満たしていると考えられる．表9.1は，こうした最近の推定に基づいて，地球のどこに水がどれだけあるかについて試算をしたものである[1]．海底下の地殻内流体は水圏全体の1〜2%に匹敵する量の水を有しており，陸水全体よりも大きなリザーバーであることになる．このリザーバーは海底面という境界で海洋に接しており，海洋地球化学を考えるうえで無視することはできないだろう．

　さらに海底は，プレートの生産(拡大)や，せめぎ合い(沈み込み)が進行する場所であり，そうしたダイナミクスに起因する海底下の地殻内流体の動きが見られると期待できる(図9.1)．陸域の地下水に見られる重力ポテンシャルを駆動力とした流体の移動に加えて，マグマによる熱源が存在することによる対流的な流体の循環や，プレート運動に伴う地殻の変形・圧縮に伴う流体の移動などが考えられ，いずれの場合にも大きなスケールを持つ移流系が推定される．もし地殻内流体がそのように移動性に富むものであれば，グローバルな立場から見た物質移動プロセスとしての役割は間違いなく重要と考えられる．

　しかしこれまでは，深海底へのアクセスの難しさのために，海底下地殻内流

表9.1 地球の水の分布（Mottl et al. (2007)[1]を簡略化）

	水の質量 (10^{18} kg)	地球に対する 水素原子の重量濃度 (ppm)
水圏	1,621	44
海洋	1,371	38
間隙水（堆積層内）	180	5
海底下地殻内流体	26	0.7
氷床	28	0.8
陸上地下水	15	0.4
湖・河川	0.2	0.01
岩石圏（地殻）	310	
頁岩	221	6
陸上炭酸塩岩	2.5	0.1
海洋性粘土	7.5	0.2
海成炭酸塩	0.5	0.01
海洋地殻（火成岩）	41	1.1
陸上変成岩	36	1.0
有機物	1.3	0.04
マントル	200〜2,500	5〜70

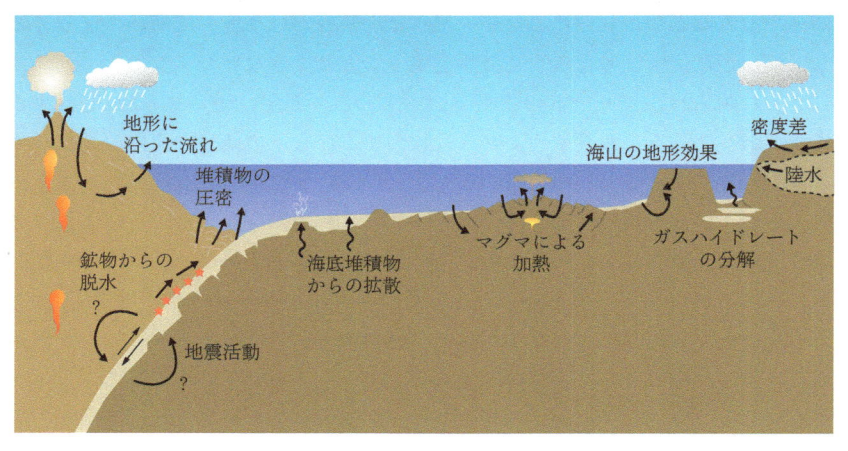

図9.1　地球の活動を反映した海底下の地殻内流体の動き（Ge et al. (2002)[2]に基づく）

体の実態解明が進まず,その存在がほとんど無視されてきた.最近の海洋底の地球科学の進展に伴い,地殻内流体の機能を実証する研究が増えてきて,ようやく海洋地球化学の中に占めるその重要性が認識され始めている.

§ 9.2 高温熱水循環系の地球化学

9.2.1 熱水形成に伴う物質収支

300℃を超える高温の熱水が海底から噴き出す熱水活動(hydrothermal activity)は,海底下地殻内流体の動きを最もダイナミックに観察できる現象である.この流体移動の駆動力となるのは地殻中へのマグマの貫入である.マグマによる加熱によって,地殻内の間隙にある流体は海水の沸点あるいは臨界点(405℃)に近い温度になり,急激な密度低下により上方へ移動する.それにつれて間隙圧が低下するので周囲から流体が流れ込むことになり,一連の流体循環システムが成立する.

地殻内に断層系が発達していれば流体の移動がそこに集中し,熱水循環システムにおける移流が促進される.活発な高温熱水の噴出が見られる場合は,熱水上昇経路が断層系に規制されていることが多い.

わが国は,プレート沈み込み帯に位置しており,陸上に火山や温泉が多く存在するのと同じように,伊豆・小笠原弧および沖縄トラフといった周辺海域において,熱水循環系の存在が多く確認されている[3].

A. 熱水の化学組成の特徴

高温熱水の化学組成の代表的なものを表9.2にまとめた.熱水の化学組成を深層海水の化学組成と比較すると,以下の点が特徴的である.

①主成分のうちナトリウムイオン(Na^+)と塩化物イオン(Cl^-)については,多くの熱水で海水と同程度の濃度である.しかしマグネシウムイオン(Mg^{2+})と硫酸イオン(SO_4^{2-})については,熱水中にほとんど含まれない.②深層海水は酸素を含んでいて酸化的であるのに対し,熱水は還元的で硫化水素(H_2S)やメタン(CH_4)を含んでいる.③ガス成分では,H_2SとCH_4に加えて二酸化炭素(CO_2)についても,熱水のほうが圧倒的に高い濃度で含まれている(図9.2には示していないが,熱水によっては水素ガス(H_2)も高濃度で含まれている).④深層海水にはほとんど含まれていない金属元素を始めとして,多くの微量元素について

表9.2 代表的な高温熱水の化学組成(Gamo et al. (2006)[4] を改変)

海域	沖縄トラフ*	伊豆小笠原弧	マリアナトラフ	北フィジー海盆	ラウ海盆**	東太平洋海膨	中央インド洋海嶺	深層海水
サイト	Iheya Kita	Suiyo	Alice Spring	White Lady	Mariner	21°N	Kairei	
水深 (m)	1,000	1,380	3,600	2,000	1,920	2,600	2,450	
温度 (℃)	309	311	287	285	179〜365	355	360	1〜3
pH	5.0	3.7	3.9〜4.4	4.7	2.3〜2.6	3.3〜4.0	3.5	7.8
アルカリ度 (mM)	1.8	−0.2	0.1〜0.4	0.1	−2.7〜−2.0	−0.5〜−0.2	−0.5	2.3
Na (mM)	407	446	438	210	387-454	432-510	560	463
K (mM)	72	30	31	10	26-31	23-28	14	9.8
Mg (mM)	0	0	0	0	0	0	0	52.7
Ca (mM)	21.9	89	22	6.5	40〜45	12〜21	30	10.2
Mn (mM)	0.65	0.58	0.29	0.01	4.9〜6.0	0.7〜1.0	0.84	<0.001
Fe (mM)	n.d.	0.43	0.006	0.01	11〜12	0.6〜2.4	5.4	<0.001
Si (mM)	12.3	13.2	14	14.0	15	16-20	16	0.18
Cl (mM)	557	658	557	255	531〜597	489〜592	642	540
SO₄ (mM)	0	0	0	0	0	0	0	28.0
CO₂ (mM)	228	42	43	14.4	41〜71	6-8	n.d.	2.3
CH₄ (mM)	3.7	0.1	n.d.	0.04	0.07〜0.08	0.05〜0.09	0.08	<0.000001
H₂S (mM)	n.d.	1.6	2.5	2.0	6.9〜9.0	6.6〜8.4	4.0	0

n.d.=no data. *Kawagucci et al. (2011)[5], **Takai et al. (2008)[6]

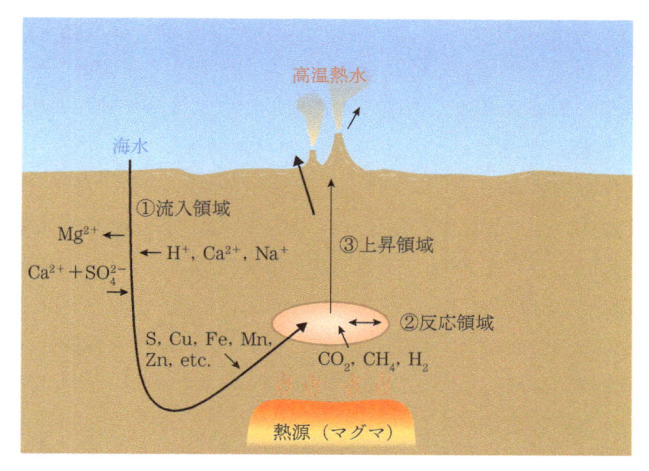

図 9.2 熱水循環系で起こる熱水−岩石反応の模式図(Tivey (2000)[9] に基づく)

熱水中の濃度のほうが高い．

　これらの化学組成の特徴は，海水を起源とする流体が海底下を移動する間に，周囲の岩石や堆積物に含まれる鉱物とさまざまに反応した結果であると理解されている[7,8]．海底下の地殻を構成するケイ酸塩鉱物は水との反応性が比較的高く，岩石を構成する鉱物(一次鉱物)が流体と反応して別の鉱物(二次鉱物)に変質する反応が進む．

　熱水循環系では，こうした変質反応(hydrothermal alteration)が高温で速く進行するので，通常の海底堆積物中で起こる流体と鉱物の反応である続成過程にくらべると，元素・化学種のやりとりがずっと活発に進む．熱水循環系で起こる化学反応は，図9.2に示すような3つの過程に分けて考えると理解しやすい．①比較的低温(100〜200℃)の流入領域(recharge zone)で変質反応が一方的に進行する過程，②マグマ直上の高温(300〜400℃)の反応領域(reaction zone)で流体と鉱物との反応が平衡に達する過程，③熱水が海底面まで上昇する領域(discharge zone)で起こる二相分離などの諸過程．以下に，各過程で起こる代表的な反応について述べる．

B. 海水流入領域での変質反応

　低温の海水流入領域で起こる化学反応の代表は，海水に2番目に多く溶存す

る陽イオンであるMg^{2+}が，地殻を構成する珪酸塩鉱物に取り込まれる反応である．海水が岩石と反応する際には，イオン半径が小さいMg^{2+}を含む二次鉱物が最も容易に形成される．この二次鉱物の形成に伴って流体が酸性に偏り，一次鉱物の溶解が促進されて，カリウム(K^+)やカルシウム(Ca^{2+})などの陽イオンが熱水に溶解する．

海水に2番目に多く溶存する陰イオンであるSO_4^{2-}も，流入領域での反応により海水から除去される．SO_4^{2-}が還元されて硫化物イオン(S^{2-})になる反応と，SO_4^{2-}の一部が硬石膏($CaSO_4$)として沈殿する反応が進むためである．

こうした低温(100〜200℃)の流入領域での反応は，海水を起源とする流体が次々と岩石と反応することで進むと考えられており，Mg^{2+}とSO_4^{2-}の地殻への取り込みが一方的に進行していく．

C. 反応領域での高温熱水反応

マグマ近傍の反応領域では，熱水は海水の臨界点付近(300〜400℃)まで加熱され，熱水と鉱物の反応はさらに活発に進む．ここでは，Na^+，Ca^{2+}，K^+といった陽イオンも二次鉱物に取り込まれて，最終的に熱水の化学組成がさまざまな珪酸塩鉱物に対して溶解平衡に達した状態になる．このため，熱水の主成分化学組成は流入領域での反応履歴とは無関係に，温度・圧力，さらに共存する鉱物によって支配される一定の化学組成になる．

実際に高温海底熱水系の化学組成をコンパイルした2成分ダイアグラム(図9.3)を見ると，さまざまな海域から得られた熱水の化学組成が1つあるいは2つの直線に沿ってプロットされる傾向が見られる[7]．これは，熱水循環系の周囲にある岩石の化学的特徴(珪長質岩〈felsic rock〉か，苦鉄質岩〈mafic rock〉か，超苦鉄質岩〈ultramafic rock〉か)によって反応領域で形成される二次鉱物の組み合わせが異なることから，熱水の主要成分組成がその違いをある程度反映したものになるためである[8]．

これに加えて，マグマ由来の揮発性成分の流体への溶解は，図9.3(c)に示されるように，熱水流体の化学組成をさらに大きく異なったものとする[8]．マグマから脱ガスする揮発性成分は，陸上の火山であれば火山ガスに含まれる化学成分に相当するもので，二酸化炭素(CO_2)と二酸化硫黄(SO_2)あるいは硫化水素(H_2S)が代表的な化学種である(この他に塩化水素や水素なども含む)．

わが国周辺海域の沈み込み帯に発達した熱水循環系では，マグマそのものが

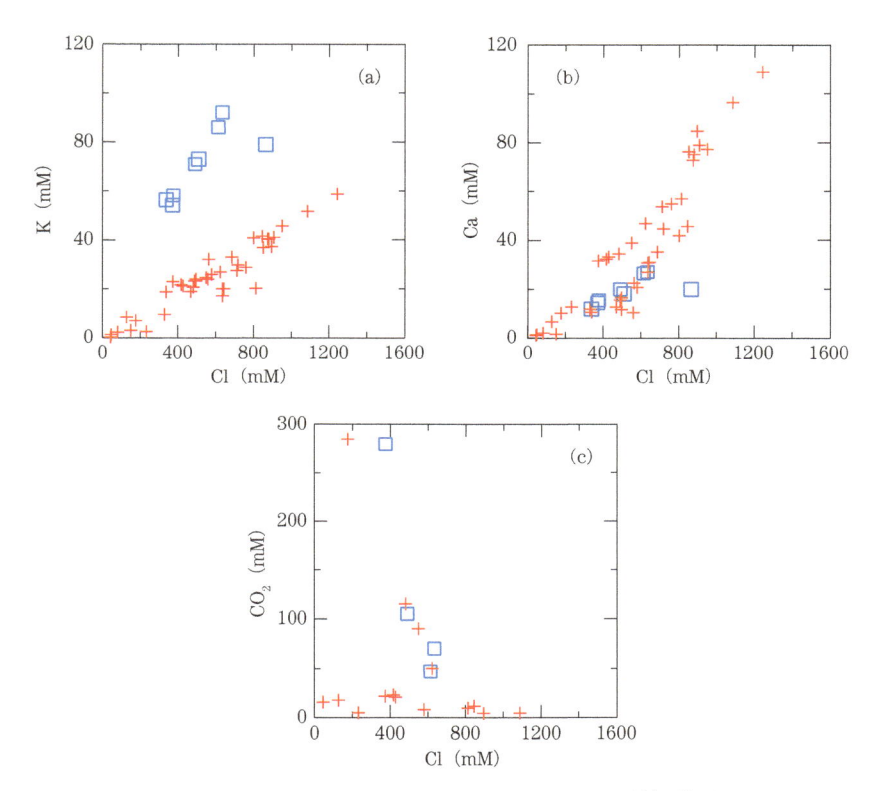

図9.3 高温熱水の主成分化学組成の2成分ダイアグラム(浦辺ほか(2009)[3]を修正).
＋は中央海嶺の熱水循環系,□は沖縄トラフの熱水循環系のデータ.

揮発性成分に富んでいるので,その熱水組成への影響も顕著に見られる[4].たとえば,CO_2が流体に溶解すればpHや緩衝能力がそれに伴って変わる.硫黄がSO_2の形で流体に取り込まれ,さらに酸化されれば,流体は強い硫酸酸性を示す.一方,H_2Sの形で流体に取り込まれれば,流体は還元的な性質を示す.

D. 熱水上昇領域における物理化学過程

熱水が上昇する領域でもさまざまな過程が起こる可能性がある.熱水が上昇している間にその温度・圧力条件が二相境界を越えると,気相と液相への二相分離(phase separation)が起こる(図9.4).多くの場合,二相分離は臨界点より低温側で沸騰(boiling)として起こり,塩分の低い気相(vapor phase)が液相から

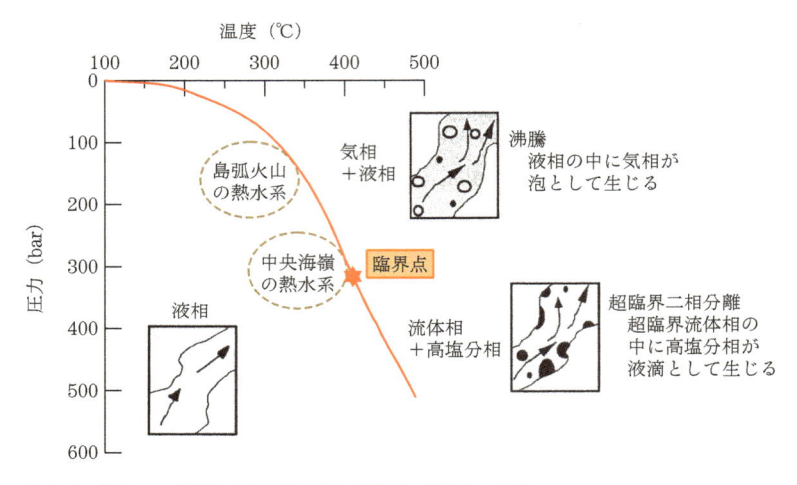

図 9.4　海水の二相境界曲線と海底熱水循環系の深度との比較．

分離する．

　海底熱水系では，熱水が上昇している間に二相分離が起こるので，生じた2つの相が物理的に分離する過程（phase segregation）が完全に進行しないまま海底に達する場合が多い．その場合，海水より塩分が低い熱水が噴出することになる（表9.2の北フィジー海盆の熱水がその典型例である）．この沸騰に伴って，熱水に溶存していた元素・化学種は気相と液相に分配される．CO_2などの揮発性成分は気相により多く分配され，溶存イオン成分は液相に残る．このように，海底で沸騰を経験した熱水は，主要成分の比を保ったまま化学組成が大きく変化する．

　また，熱水が上昇する領域が堆積物に覆われている場合，堆積層内に熱水が広がっていくことがある[10]．その際には，もともと堆積層内にあった間隙水との混合が進み，有機物の分解反応や無機物の沈殿もしくは溶解といったさまざまな反応が進む可能性がある．こうした過程を経て噴出する熱水は特異的な化学組成を示す．表9.2の沖縄トラフの熱水がその典型例で，高いアルカリ度やCH_4濃度が特徴的である．

9.2.2　熱水噴出に伴う物質収支

　海底面に達した熱水は，熱水噴出孔から海水中に噴出する．黒い懸濁物を巻

き上げているように見えるブラックスモーカー (black smoker) は，熱水と海水の混合によって，沈殿が急激に形成されていることを示している．海水は温度がきわめて低く (2〜3℃)，酸素を含んでいるので，高温で還元的な熱水が大量の海水中に放出される際に，劇的な物理・化学環境の変化を経験することになる．

A. 熱水性鉱床

熱水性鉱物の形成は，こうした物理・化学環境の劇的な変化に伴って，熱水に溶存していた化学種が沈殿反応を起こすことで説明される[9]．たとえば熱水中に溶存するCa^{2+}やバリウム(Ba^{2+})などのアルカリ土類元素のイオンは，海水に多量に含まれるSO_4^{2-}と硫酸塩鉱物を形成して沈殿する．また亜鉛，鉛，銅などの重金属元素は，温度が低下すると硫化物の溶解度が著しく (何桁も) 小さくなり，硫化鉱物を沈殿生成する．硫化鉱物の沈殿生成については，重金属元素の相手となる硫化物イオン(S^{2-})も熱水中にH_2Sとして溶存しているので，海水との混合がなくても，熱水の温度・化学条件のわずかな変化によって海底下で硫化鉱物が沈殿することもある．

こうした熱水性鉱物は，海底面から煙突状に立ち上がるチムニーや，そのふもとに地形的高まりを形成するマウンドの形で，熱水噴出孔の周辺に蓄積している[9]．最近の海底掘削によって，熱水噴出域の海底下に熱水流体の広がりが確認され，海底下での熱水性鉱物の沈殿生成反応の可能性も提唱されている[10]．このような硫化鉱物／硫酸塩鉱物の蓄積が長期間にわたって継続的に進むことで，熱水性鉱床 (hydrothermal ore deposit) が形成されると考えられている[3]．つまり熱水循環系は，流体(海水)の広い流入領域を背景に，化学成分を熱水噴出孔やその周辺の局所的な海底に濃集させる機能を有しており，それが海底熱水性鉱床という人間社会にとって経済的に価値あるものを生み出しているといえる．

熱水性鉱床に含まれている鉱石の化学組成は，その熱水循環系が位置する地質学的環境で顕著に異なることが知られている(図9.5)．プレート拡大域にある海底熱水性鉱床では，ほとんどの場合，鉄の硫化物で占められている．これに対して，プレート沈み込み域にある海底熱水性鉱床は，亜鉛，鉛，銅に富んでいることが多い．さらに微量元素である金，銀，砒素，アンチモンといった元素の存在量も後者でかなり高くなることがわかっている．しかし，そうした

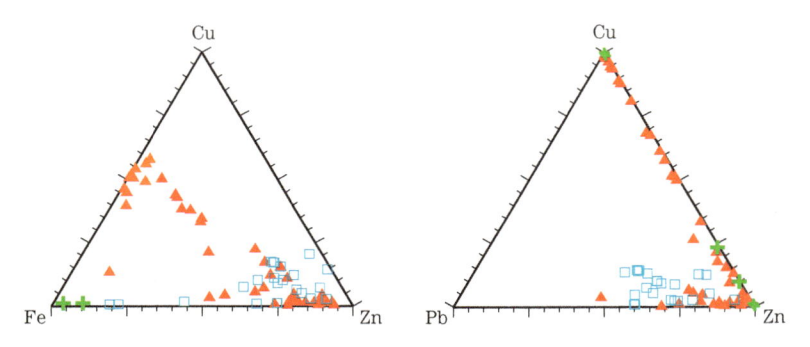

図9.5 代表的な海底熱水鉱床から採取された鉱石の化学組成の比較(浦辺ほか(2009)[3]を修正).
✚は中央海嶺の熱水鉱床, ▲は伊豆小笠原弧の熱水鉱床, ☐は沖縄トラフの熱水鉱床のデータ.

地質学的背景と熱水性鉱床の鉱石の化学組成の違いとの関連性を規制する要因については，まだはっきりわかっていない．

B. 熱水プルーム

一方，上記のような沈殿生成をしない化学種は，熱水噴出とともに海洋中に広がっていく[11]．熱水の密度は周囲の海水より低いので，噴出した熱水は周囲の海水を巻き込み希釈されながら浮力により上昇を続ける．一般的には，数百mほど上昇するまでには周囲の海水の密度成層と釣り合うことになり，その深度で横方向への拡散を始める．このように熱水由来の水塊が水平方向に広がっている状態を，熱水プルーム(hydrothermal plume)と称する．

熱水プルームは，熱水が千倍〜百万倍程度に希釈されているが，それでもいくつかの化学成分，たとえば，鉄，マンガンなど海洋中の濃度がきわめて低い金属元素については，通常の海水にくらべると熱水プルーム中の濃度がかなり高い．マンガンは溶存態のまま比較的長期間，熱水プルームに存在している．また鉄は，有機錯体として溶存していたり，酸水酸化物の懸濁態として熱水プルーム中を漂っていたりする．

懸濁態の鉄はさまざまな化学種を吸着することが知られており，熱水プルーム内でも同様の現象が確認されている．たとえば，近年話題となっているレアアース泥は，そもそも熱水プルーム中の鉄水酸化物が海水中の希土類元素を吸着した後に堆積したものが起源の一つになっていると考えられている．この他にもリン，バナジウム，クロム，砒素などの酸素酸が懸濁態に共沈して海水か

ら除去されている例も知られている．

揮発性成分も沈殿することがないので，熱水プルームに比較的高い濃度で含まれる．CH_4，H_2などの還元性物質は，熱水プルーム中の微生物活性を高くすることに寄与していることが知られている[11]．

§ 9.3 低温熱水循環系の地球化学

ここまで述べてきたように，熱水循環システムではさまざまな化学反応が起こっている．多くの元素(化学種)は，海洋地殻やマグマから熱水に溶け込み，海底まで輸送されて，熱水噴出により，海洋に供給される(あるいは海底面に蓄積する)．その一方，マグネシウムのように，熱水循環システムがシンクになっている元素(化学種)もある．海洋のグローバルな地球化学バランスを考える際には，熱水循環系における元素のやりとりを定量的に検討し，海洋への寄与を定量的に議論することが重要になる(図1.11参照)．

9.3.1 海嶺翼域における低温熱水循環システム

こうした議論で近年注目されているのは，熱水活動にかかわるグローバルな物質収支において，低温の熱水循環システムの寄与が大きいことが明らかになってきたことである[12]．高温の熱水循環システムが，中央海嶺や島弧火山列などマグマ活動が活発なごく狭い領域に集中して発達するのに対して，低温熱水循環システムは，それらの外側にある広い領域の海底で成立していると考えられている．

海底面を覆う深海水は2〜3℃と低温なので，それより地殻内の流体の温度が数℃でも高ければ，海底面へ向かう流体の移動が起こりうる．海洋地殻の平均的な冷却速度から見積もると，中央海嶺におけるマグマの貫入と地殻の形成が終わって50 Ma (1 Maは100万年) が経過した古い海底でも，熱水循環システムが成立することが理論的に予想される．熱水循環に伴う全球的な流体フラックスを7.1×10^{15} kg y^{-1}と見積もった研究では，その2/3がプレートの形成後5〜65 Maが経過した中央海嶺翼域(ridge flank)で見いだされるはずだと推定している[13]．

このような海嶺翼域で循環する海底下地殻内流体の温度は10〜25℃と考えられている．この程度の温度でも変質鉱物の生成は進むので，たとえばマグネ

シウムのシンクとしての機能は大きいと考えられる．しかし，一つひとつの元素について物質フラックスを定量的に議論することは大変難しい．なぜならば，こうした低温熱水は，高温熱水がたんに希釈・冷却されて形成されるものではないので，その化学的特徴を特定することが困難だからである．

9.3.2 低温熱水循環システムの研究例

1990年代になって，このような低温熱水循環系に伴う熱水噴出が北東太平洋のファンデフカ海嶺の東翼海域で初めて確認され，実測データに基づいた議論がようやく可能になった[14]．この海域（図9.6 (a)）では，60℃の低温熱水の湧出がBaby Bare海山で確認されたほか，その数km以内のサイト1026B，1301Aで深海掘削がおこなわれて地殻内流体に直接アクセスする試みも進められた．

低温熱水流体の化学組成の特徴として，図9.6 (b)に示したように，海水にくらべてNa^+，K^+，リチウム（Li^+），ルビジウム（Rb^+），Mg^{2+}といった陽イオン，アルカリ度（alkalinity），SO_4^{2-}，硝酸イオン（NO_3^-），リン酸イオン（PO_4^{3-}）の濃度が低く，カルシウム（Ca^{2+}），ストロンチウム（Sr），ケイ素（Si），ホウ素（B），マンガン（Mn）といった元素については海水より濃度が高いことが明らかにされた．

これらの実測データに基づいて，熱水循環によって海洋から除去される物質フラックスを推算したものを図9.7に示した．ここに示した元素（化学種）については，河川によって流入したフラックスと熱水により除去されるフラックスが1桁程度のオーダーで一致しており，海洋の化学収支に海底熱水活動が大きな役割を果たしていることをよく説明している．

また，地殻内の流体移動を支配する要因としては，流体の温度よりもむしろ地形に依存した間隙圧の差が重要であることが明らかになった．海洋地殻は割れ目や隙間が多いため流体が動きやすいのに対し，その上に堆積物が積もると間隙圧が高くなって動きにくくなる．海山のような地形的高まりが堆積層を突き抜けて海底面上に頭を出していると，そこを通路として海洋への流体の出口あるいは入口に利用することができると考えられる（図9.6 (a)）．

最近，海水の流入が起こっていると考えられているGrizzly Bare海山の近傍1 km以内において深海掘削（サイトU1363）が実施され，地殻内流体を直接採取してこのモデルの検証がおこなわれた[15]．その結果（図9.6 (b)）は，地殻内流

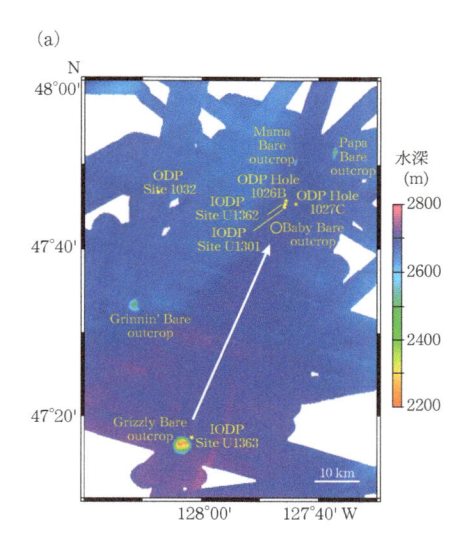

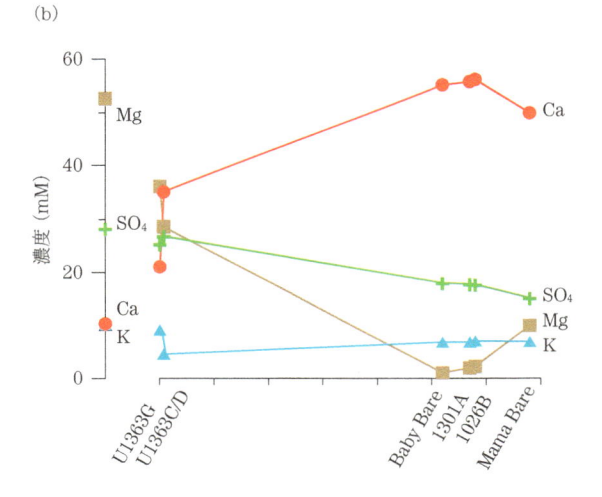

図9.6 (a) ファンデフカ海嶺東翼域の地形図と低温熱水の噴出と流入が確認された海山．図中央の北北東向きの矢印の方向に地殻内流体が流れていると考えられている (Wheat et al. (2013)[15] を修正)．(b) この海域で採取された低温熱水試料の主成分化学組成のまとめ．Y軸上に比較のために海水の濃度をプロットした．X軸は(a)の矢印の沿った測点間の距離を示し，1目盛りが10 kmに相当する（石橋 (2009)[12] にコンパイルされたデータおよび Wheat et al. (2013)[15] のデータから作図）．

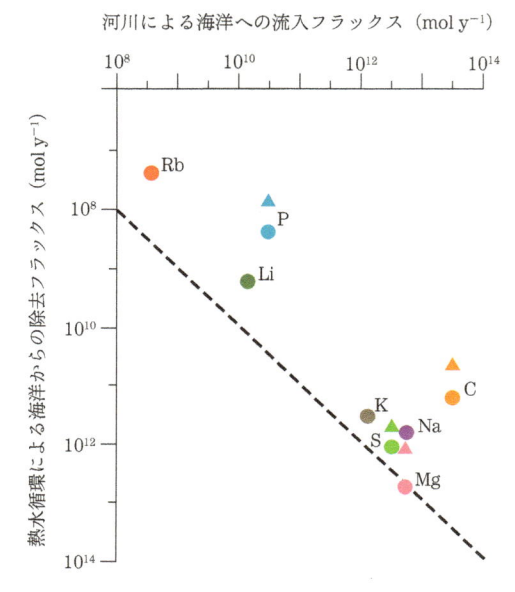

図 9.7 海洋の化学収支に対する海底熱水循環系による除去フラックスと河川による流入フラックスの比較．●は低温熱水循環系による物質フラックス，▲は高温熱水循環系による物質フラックスを示す．（石橋（2009）[12] にコンパイルされたデータから作図）

体の化学組成は低温熱水と海水の中間の組成を示しており，流入した海水と地殻内流体の混合が確認された．しかしながら，流体の ^{14}C 年代は 50 km 離れた Baby Bare 海山の低温熱水と大差ない値を示しており，移流の様式がそれほど単純ではないことも思わせる結果であった．

§ 9.4 熱源以外の要因に依存する海底下地殻内流体系

熱源によって駆動される熱水循環系以外にも，海底下から流体が噴出する現象が知られている．そうした湧水はしばしば冷湧水（cold seep）と呼ばれる．その温度が海水温より低いことはまれで，むしろわずかに高い場合が多い．こうした湧水はじわじわと海底からわき出していることが多く，直視によって確認することが難しい場合もある．湧水は，プレート沈み込み帯，特に海溝の陸側斜面において集中的に確認されることが多い．わが国の周辺でも，相模トラフ，

南海トラフ，南西諸島(琉球)海溝，日本海溝，日本海(富山湾，奥尻沖，佐渡沖)などで確認されている．

　こうした湧水の噴出帯は生態系を伴っていることが多く，継続的な流体フラックスがあることを示している．湧水の起源とその移流の原動力については，陸側からの地下水の延長，圧力の上昇に伴う粘土鉱物の脱水，ガスハイドレートの分解，などさまざまなアイデアが提唱されている(これらが複合している可能性もあるだろう)．こうした現象は海底下の深部で進行しているはずであるが，ガスハイドレートを除いては，地震波探査などの地球物理学的な観測によってこうした現象の兆候を捉えることは難しい．また地下深部から海底掘削などで流体を直接採取できる機会が限られていることもあって，議論が収束していないのが現状である．近年では，水の同位体比に加えてリチウムやホウ素といった，低温でも流体と堆積物との間で交換が起こる元素の同位体を利用して，流体の起源に迫ろうとする研究が盛んになってきている．

　これらの湧水は，堆積層内を比較的長い時間をかけて上昇してくると考えられており，堆積物の初期続成過程(**10.1.3項参照**)として起こるさまざまな化学反応の影響を強く受けていることが知られている．特に有機物の分解に伴って生成される炭酸物質やアンモニアなどの濃度が高くなることが多い．流体中に豊富に溶存するCH_4や有機物を利用した硫酸還元反応が，海底直下で進行することもある．このほかの海底面近傍で起こる無機的な反応として，豊富に溶存する炭酸イオンからカルサイトやドロマイトなどの炭酸塩鉱物が沈殿生成している例もしばしば見られる．

§9.5　地下生物圏と海底下地殻内流体の地球化学

　海底下地殻内流体の研究が，近年になって注目を集めているのは，海洋地殻内に「地下生物圏」が広がっているという仮説が提唱されたことと関連している．海洋域のバイオマスの大部分が，海洋中ではなくて海底下に存在するという推定もあり，地球上の炭素循環のみならず地球生命のあり方と進化，あるいは地球生命圏がどこまで広がっているのかといった問題について，これまでの常識を改めて考え直すことが迫られている．

9.5.1 化学合成微生物

　深海底には太陽光がまったく届かず，また海洋表層から沈降してくる光合成由来の有機物のほとんどは海底に達する前に分解によって失われてしまう．このことは，海洋地殻内に広がる地下生物圏が，光合成による一次生産に依存する生態系とは独立した存在であることを意味している．そこで有機物の一次生産を担っているのは，熱水や湧水に溶存する還元性物質を海水に溶存している酸化性物質と結びつけて，酸化還元反応に伴う化学エネルギーを取り出すことができる化学合成微生物と呼ばれる微生物群である．このような化学合成微生物を一次生産者とする生態系が，熱水噴出孔や湧水の噴出域のごく近傍に非常に高い密度で維持されるためには，地殻内流体によって還元性物質が継続的に供給され続けることが不可欠である．

　化学合成によって生産された有機物を，海水中に拡散させずに有効利用するために，大型生物の体内(時には細胞内)に化学合成微生物を共生させるシステムも，こうした生態系ではよく見られている．これまで述べてきたように，海洋地殻内流体にこうした還元性物質が豊富に含まれているのは，海底下の還元的な環境で流体が周囲の地殻物質と反応を経たためであることから，化学合成微生物は「地球を食べる」微生物であるといわれることもある．

9.5.2　地殻内流体中の還元性物質

　多くの化学合成微生物にとっては，エネルギー代謝に用いることができる還元性物質(電子供与体)と酸化性物質(電子受容体)とのペアがそれぞれ決まっている．したがって，化学合成微生物生態系を構成する微生物は，その場に供給される熱水や湧水の化学組成に強く依存するはずである[16]．熱水中に溶存している還元性物質として，CH_4，H_2，アンモニウムイオン(NH_4^+)，H_2S(およびイオウ，チオ硫酸などの硫黄化合物)，および2価の鉄イオン(Fe^{2+})などがある．一方，海水中に溶存している酸化性物質としては，酸素(O_2)，炭酸イオン(HCO_3^-，CO_3^{2-})，SO_4^{2-}，NO_3^-などがある．

　9.2節で述べたように，熱水の化学組成，特に溶存する還元性物質の濃度は，熱水が循環する海底下の地質学的な場を強く反映したものになる[16]．H_2Sは熱源となるマグマに由来する物質であり，さまざまなタイプの熱水系においてその濃度はあまり変わらない．CH_4は堆積物に含まれる有機物の分解によって熱水に付加される物質であり，海底に堆積物が多く存在する地質学的な場にあ

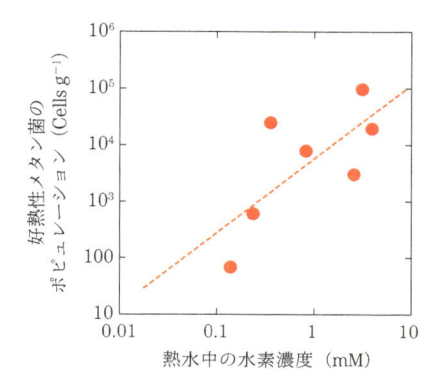

図9.8 熱水中に溶存する水素（H_2）濃度と好熱性メタン菌のポピュレーション（1gあたりの細胞数）との相関．好熱性メタン菌は，水素酸化により二酸化炭素を還元してメタン生成をおこなう（Takai and Nakamura (2011)[17]を修正）．

る熱水循環系で濃度が高くなる．H_2は，海底面近傍にマントル物質が露出するような極度に還元的な場で生成される物質であり，そのような特殊な熱水循環系で高い濃度を示す．

H_2やCH_4は還元性物質としてのポテンシャルが高いので，熱水中の濃度が高い場合には，それらの物質を特異的に利用する微生物が生態系の大部分を占めるようになる．たとえば熱水中のH_2濃度とH_2を代謝する微生物の細胞数（ポピュレーション）の間に相関関係が見いだされている（図9.8）．また還元性物質としての化学ポテンシャルが高いということは，効率よくエネルギーを取り出すことが可能であることを意味するので，こうした熱水に伴う生態系は生物密度が高い豊かな生態系となる．

一方，H_2Sを酸化する微生物は，どのような熱水系でもそれなりに棲息できるが，他の還元性物質にくらべてエネルギー効率が低いため，一次生産は少なく，大型生物がまばらにしか存在しないような生態系しか維持できない[16]．

海底下の生物圏やそれに伴う熱水域生態系は，地殻内流体の化学組成によって規制されており，さらにその熱水化学組成は，熱水循環系が発達する海底の地質学的な場を反映している．このように地殻内流体を媒体として，岩石圏－水圏－生物圏の間に強いリンクのあることが，深海底を詳しく調査研究することによって明らかにされつつある[18]．

第10章

海底堆積物と古海洋学
― 海 洋 の 過 去 を 探 る 地 球 化 学

　中央海嶺付近にある生まれたばかりの海洋地殻は別として，一般に海洋地殻の上面は海底堆積物によって覆われている．これは，海洋の沈降粒子（陸起源の鉱物粒子や，海洋生物由来の無機・有機〈マリンスノー〉）が時間をかけて海底に蓄積したものである．プレートが移動し，海洋地殻の年齢が増すにつれて，海底堆積物の厚みも増加していく．すでに図1.10に示したように，海洋の化学物質のシンクとして，海底堆積物は重要な役割を果たしている．海底に蓄積した物質は，初期続成作用（10.1.2項参照）によって変質したり，再び海水中に溶解したりする．また海底堆積物は，下側ほど年代が古くなることから，過去の海洋における環境変動を復元する有効な手がかりとなる化学物質や，それらの同位体情報をわれわれに提供する．

§10.1　海底堆積物の地球化学

10.1.1　沈降粒子による鉛直輸送

　海洋表層で起こる活発な生物活動に由来する有機物は，大部分が海水中で酸化分解され，二酸化炭素（CO_2）や栄養塩に変換されリサイクルされる．分解を免れた有機物は，さらに沈降し海底へと到達する．また，無機物である炭酸塩（$CaCO_3$）やオパール（$SiO_2 \cdot nH_2O$）などの生物骨格（殻）も，海中で溶解しなかったものは同様に海底へと運ばれる．
　粒子態有機物（POM．5.2節参照）を主体とする沈降粒子は，有機物どうしが絡み合い，あるいは有機物にアルミノケイ酸塩などさまざまな陸起源の粒子が

付着したり，電気的に引きつけ合う凝集体を形成したりして大型化し，海底へと迅速に輸送される．これは，生物ポンプ (3.3.2 項参照) と呼ばれる作用であり，海底へ物質を鉛直輸送する重要なメカニズムである．沈降粒子はマリンスノーとも呼ばれ，水中カメラや潜水艇が撮影する映像でもよく目にすることができる (マリンスノーについては，コラム①参照)．

　沈降粒子の種類や量は，季節ごとに著しく変化し，沿岸や外洋など海域によっても大きく異なることが，長期にわたる時系列式セジメントトラップ実験によって明らかにされてきた．このような沈降粒子の季節情報は，その直下の堆積物に記録されていくと考えられる．

　海底面付近の海水と堆積物との境界は，海底境界層 (benthic boundary layer または bottom boundary layer) と呼ばれている (図1.11参照)．また海底面は，有機物質の粘着性粒子が集まってできる薄い層をなし，凝集層 (flocculent layer) と呼ばれることがある．

　海底境界層や海底面を経由する物質循環は，双方向に活発におこなわれている．海底に沈降してくる粒子の多くは，底生生物に捕食され，あるいは微生物などによる酸化分解を受けるために，海底堆積物には数%程度しか保存されない．有機物が分解，無機化されて生成した窒素やリンなどの栄養塩は，海底直上水中に溶出し，再び海洋の物質循環系に戻されることになる．

　それでも海底の有機炭素と無機炭素の埋没量は 150 Gt (ギガトン) と莫大であり，年間あたり 0.2 Gt もの炭素が海底に堆積している．海底堆積物は全球的な炭素循環のシンクとして大きな役割を果たしている[1]．

10.1.2　海底面への溶存酸素の供給と消費

　海底堆積物と接する底層海水は，一部の特殊な海域を除き，酸素 (O_2) を含む酸化的環境にある．海底直上水中の溶存 O_2 は，熱塩循環によって表層から補給される分と，有機物の分解や底生生物の呼吸によって消費される分とのバランスで濃度が決められる．

　具体的には，陸起源有機物の流入が多いかどうか，海水循環を妨げる閉鎖的な地形効果があるかどうか，海洋表層での生物生産力や海底生物の活動度が高いか低いかなど，さまざまな要因が海底直上水中の溶存 O_2 濃度を制御している．たとえば，周囲をシル (sill) で囲まれ，すり鉢状の地形を呈している半閉鎖的な海洋，スールー海 (西部太平洋) やアンダマン海 (インド洋東部) などでは，

地形的にO_2の補給を受けにくい環境であるため，海底直上水の溶存O_2濃度は比較的低い．

海底に堆積した有機物質は，時間とともに堆積物中の微生物活動を介して酸化分解を受ける．このプロセスを初期続成過程（early diagenesis）と呼ぶ．堆積物のごく表面付近では，底層海水中の溶存O_2を用いた分解が起こる（好気的環境）．しかしO_2はすぐに使い尽くされるため，堆積物の深部へ向かうにつれ嫌気的環境へと移行していく[2]．

たとえば図10.1は，われわれが研究船白鳳丸を用いて採取したスールー海の表層堆積物断面の写真である．スールー海はフィリピン西方にある閉鎖性の強い海域で，底層水中の溶存O_2濃度は50 μmol kg^{-1}程度と，一般の外洋域（図6.4 に示したように，太平洋では150～200 μmol kg^{-1}）にくらべると低い．写真の色調から明らかなように，堆積物表層には茶褐色（鉄酸化物やマンガン酸化物の存在を示す）の酸化層が認められる．酸化層の厚みは採取された地点や水深によって少しずつ異なる．そして酸化層の下側には還元層が続く．酸化層と還元層との境界（酸化還元境界層：redox boundary layer）付近は，酸化還元電位がプラスからマイナスに転じることから，酸化還元電位不連続面（Redox Potential Discontinuity：RPD）とも呼ばれる．

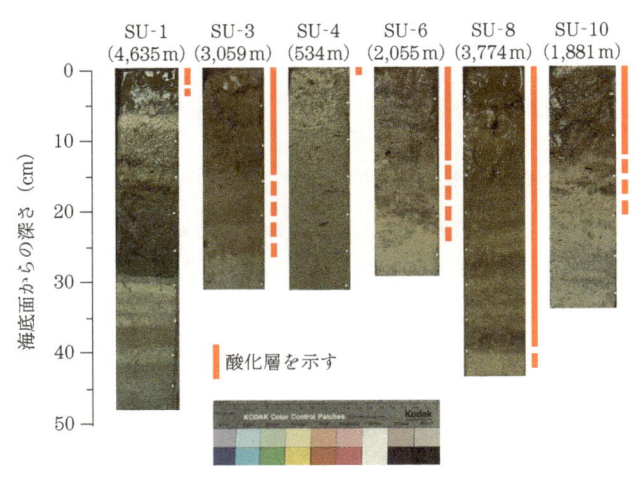

図10.1　白鳳丸KH-02-4次航海においてスールー海の6地点で採取された海底堆積物の断面写真．カッコ内の数字は海底面の深さを示す．（著者（村山）撮影）

10.1.3 堆積物中の初期続成作用

初期続成作用においては，まず溶存O_2が使われ，有機物は酸化しCO_2と水に分解される．その後，O_2が消費し尽くされると，それに代わる酸化剤（電子受容体，electron acceptor）として，間隙水中の硝酸イオン（NO_3^-），堆積物中のマンガン酸化物（$Mn(IV)$），堆積物中の鉄酸化物（$Fe(III)$），および間隙水中の硫酸イオン（SO_4^{2-}）が，この順序で段階的に使用されていく（図10.2，表10.1参照）．

このように，O_2，NO_3^-，SO_4^{2-}など無機物を最終的電子受容体（terminal electron acceptor）とするエネルギー生産反応が呼吸（respiration）である．O_2が最終電子受容体であれば好気性呼吸（aerobic respiration），それ以外は嫌気性呼吸（anaerobic respiration）という．

上記の酸化剤がすべて消費されてしまうと，メタン発酵（methane fermentation）による有機物分解が起こり，CO_2，メタン（CH_4），アンモニア（NH_4）などが生成する．このCH_4が堆積物中を移動し，低温・高圧下条件で水分子と結合し，包接水和物としてシャーベット状に地層中に蓄積されたものがメタンハイドレート（methane hydrate）である．

海洋の有機物は，**第3章**ですでに述べたように，$[(CH_2O)_{106}(NH_3)_{16}H_3PO_4]$という仮想的な化学組成（レッドフィールド比）によって近似的に表現される．堆積物中の酸化的な環境下での有機物の酸化分解反応は，以下のように表される（式(3.3)と同じ）．

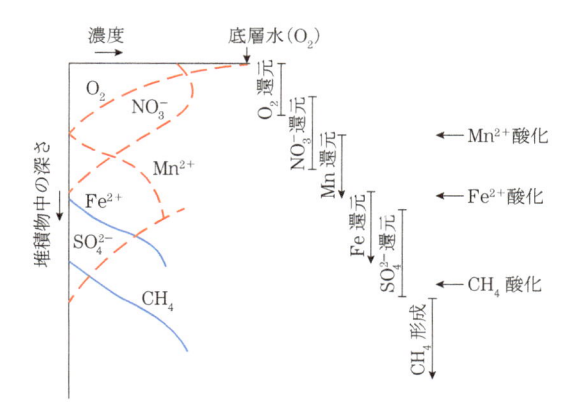

図10.2 海底堆積物表層付近の好気的・嫌気的境界における有機物分解に使用される電子受容体の段階的モデル（Emerson and Hedges (2003)[3]に基づく）．

$$(CH_2O)_{106}(NH_3)_{16}(H_3PO_4) + 138\,O_2$$
$$\longrightarrow 106\,CO_2 + 16\,HNO_3 + H_3PO_4 + 122\,H_2O \quad\quad (10.1)$$

この反応でO_2がまず枯渇し，以後は上述したようにO_2に代わる電子受容体が順番に利用されていく．表10.1は，このような好気性呼吸および嫌気性呼吸によって，有機物が段階的に分解される化学量論式をまとめたものである．ここで各反応式に記載されているギブズ標準自由エネルギー（ΔG^0）の減少分が，微生物によって獲得されるエネルギーの理論値である．海底堆積物中の微生物は，有機物を分解して生命維持活動に必要なエネルギーを得るため，獲得できるエネルギーの高い順に反応を利用することになる．こうして有機物の酸化還元反応は，上位の酸化剤が消費され酸化還元電位が低下すると，次の還元反応が始まるという具合に段階的に進行していく．

NO_3^-は量的には少ないが，硝酸還元反応（nitrate reduction）のエネルギー効率は比較的高い．SO_4^{2-}は海水の主成分であるため多量に存在し，なかなか枯

表10.1　海底表層における有機物の酸化分解過程（Froelich et al. (1979)[2]より）

反応式	ΔG° (kJ mol^{-1})*
1. OM+138O_2=106CO_2+16HNO$_3$+H$_3$PO$_4$+122H$_2$O	-3190
2. OM+236MnO$_2$+472H$^+$ 　=236Mn^{2+}+106CO$_2$+8N$_2$+H$_3$PO$_4$+366H$_2$O	$-3090\sim$ -2920
3. OM+94.4HNO$_3$=106CO$_2$+55.2N$_2$+H$_3$PO$_4$+177.2H$_2$O	-3030
4. OM+84.8HNO$_3$=106CO$_2$+42.2N$_2$+16NH$_3$+H$_3$PO$_4$+148.4H$_2$O	-2750
5. OM+212Fe$_2$O$_3$ (or 424FeOOH)+848H$^+$ 　=424Fe^{2+}+106CO$_2$+16NH$_3$+H$_3$PO$_4$+742H$_2$O	-1410 (or -1330)
6. OM+53SO$_4^{2-}$=106CO$_2$+53S^{2-}+16HNO$_3$+H$_3$PO$_4$+106H$_2$O	-380
7. OM=53CO$_2$+53CH$_4$+16NH$_3$+H$_3$PO$_4$（メタン発酵）	-350

OM (Organic Matter) は，$(CH_2O)_{106}(NH_3)_{16}H_3PO_4$で表される．
*1 molの有機態炭素（グルコース）を酸化するときに得られる標準自由エネルギー．

渇しないが，硫酸還元反応 (sulfate reduction) で獲得できるエネルギーは，酸素呼吸にくらべ約1/10しかない．硫酸還元が起こると，硫化水素 (H_2S) が発生し，周囲に存在する鉄と反応して硫化鉄 (FeS_2：pyrite) が形成される．SO_4^{2-} も使い尽くされると，最後はメタン発酵が起こる．

硝酸還元，硫酸還元，およびメタン発酵は，微生物 (脱窒細菌，硫酸還元細菌，メタン発酵細菌など) がその担い手である．マンガン酸化物 ($Mn(IV)$) や鉄酸化物 ($Fe(III)$) による呼吸は非生物反応であるが，これらの元素は海底堆積物中に多量に存在するため酸化剤として利用される．

現在の初期続成過程における化学現象の時間・空間的変動の定量的評価や，それらに伴う物質輸送量の解明を進めることにより，海底堆積物に残された過去の海洋環境情報，特に全球的な炭素循環，深層水循環，海洋酸性化，過去の生物生産力，大気の酸素濃度などを復元するうえで有効な基礎的知見を得ることができる．

10.1.4　堆積物中の間隙水

海底堆積物の粒子と粒子の隙間は，海水に由来する流体で満たされている．これを間隙水 (interstitial water または pore water) と呼ぶ．間隙水の化学組成を調べれば，初期続成過程がどの酸化還元段階にあるか知ることができる．また，海底堆積物中の生物地球化学的物質循環に関する，その他多くの情報が得られる．

間隙水中に溶存する物質の移動は，主として分子拡散によって起こるので，海水中にくらべるときわめて遅い．間隙水中の拡散フラックスを求めるには，フィックの法則が適用できる[4]．これは，間隙水中の溶存物質に濃度差がある場合，濃度の高いほうから低いほうへ物質が分子拡散で移動するが，その際の単位時間あたりの移動量 (フラックス) はその濃度勾配に比例するというものである．ただし，堆積物の間隙率 (堆積物粒子の緻密度を表す指標) も考慮に入れる必要がある．

一次元 (z 軸方向) の拡散フラックス F は，以下のように，濃度勾配に間隙率と拡散係数を乗じた式で表現される．

$$F = -\phi(z) D_s(z) \frac{\partial C(z)}{\partial z} \quad \text{———} \quad (10.2)$$

ここで，$\phi(z)$は間隙率，$D_s(z)$は間隙水中での分子拡散係数，$C(z)$は溶存物質の濃度を表し，いずれもz(深さ，堆積物の深さ方向に正)の関数として表される．

堆積の時間スケールが長くなるにつれ，深い堆積物ほど，降り積もる堆積物の自重による圧密(compaction)が加わり，間隙水が上方に押し出される効果が生じるなど，堆積物の上層と下層では条件が異なってくる．この効果を除くために，堆積物中の放射性核種^{210}Pb(半減期22.3年)を用いて堆積速度を求め，堆積物の間隙率ϕの補正をおこなう方法もある．

堆積物中の物質移動は，粒度(grain size)や堆積速度ともかかわりがある．特に，粒子サイズが小さい泥層では，間隙水が粒子に衝突しながら進むため，屈曲率(tortuosity)や吸着効果にも留意する必要が生じる．

10.1.5　間隙水の採取方法

化学分析のために海底堆積物中の間隙水を回収する手法は，ほぼ確立されている．まず研究船上から不攪乱採泥器(マルチプルコアラー：multiple corer)を海底に降ろし，表層堆積物を採取する(図10.3参照)．堆積物試料は船上で直ちに層状にスライスされ，間隙水が分離される．その際，油圧式圧搾装置による方法，ガス圧をかけて押し出す方法，あるいは遠心分離器によって堆積物と間隙水を分離する方法などが用いられる．

間隙水の抽出にあたっては，堆積物試料の変質や間隙水と堆積物との二次的反応による化学組成の変化を防ぐために，海底と同様の低温状態を保つことが望ましい．そのため低温実験室でおこなうか，あるいは抽出装置に冷却水を循環させたりする．また大気に触れると酸化が進み，間隙水の化学組成が変化するので，グローブボックス内に不活性ガスを充填し，無酸素雰囲気下で間隙水の抽出をおこなうこともある．間隙水中の何を分析したいのかによって，その抽出方法を選択することが重要である．

1960年代から半世紀以上にわたって続けられている国際深海掘削プロジェクト(DSDP，IPOD，ODP，IODP)では，海底下2,000 mを超える厚い海底堆積物

図10.3　海底表層を乱さずに堆積物が採取できるマルチプルコアラー（東京大学大気海洋研究所所有，著者（村山）撮影）．

を採取し，ルーティン分析として船上で油圧式圧搾装置を使い，間隙水を採取・分析している（たとえば，蒲生・ギースケス（1992）[5]参照）．これは，海底下の物質循環（化学的特徴やフラックス）の解明，続成作用と微生物との反応解明，気候変動に対応した底層水組成の変化の解明などを目的としたもので，長期にわたるデータが蓄積されている．

最近では，間隙水の回収方法にさまざまな工夫がこらされるようになった．たとえば，2003年におこなわれた統合国際深海掘削計画・北極海航海（IODP Exp. 302）では，水深1,200 m付近の海嶺上から堆積物が採取され，その間隙水の抽出は，従来法と異なるRhizon法[6]を用いて実施された．この方法では，堆積物を破壊せずに間隙水を採取できる．コアライナー（掘削パイプの内面に入れるプラスチック製円筒管）から堆積物試料を取り出す前に，コアライナーに細い穴を開け，堆積物の中心から間隙水をシリンジで減圧しながら抽出する（図10.4）．この方法では堆積構造を壊さずにすみ，迅速な抽出によって間隙水はほとんど変質を受けず，かつ深さ方向の採取間隔を細かく設定できる（図10.4にNH_4^+とMn^{2+}の分析例を示した）など，多くの利点がある．

また，海底堆積物を採取する代わりに，海底面に現場観測機器を長期間設置して，海底境界層を含めて海底面付近の堆積物間隙水の化学的性質を連続モニタリングする手法も開発されつつある．これらの技術的革新は，今後の間隙水研究に大きな弾みをもたらすことが期待される．

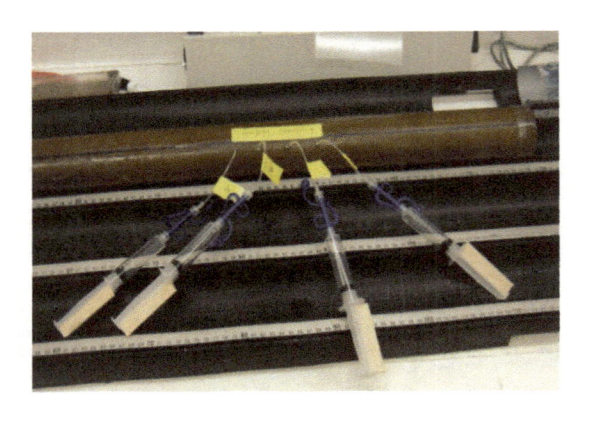

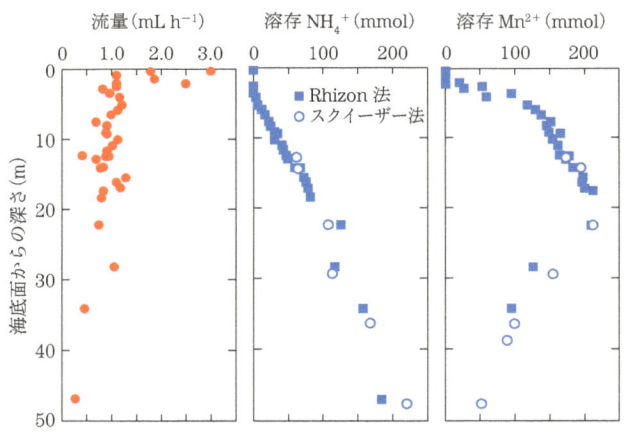

図10.4 Rhizon法による間隙水抽出の様子（上）と，間隙水中の流量，NH_4^+ 濃度，および Mn^{2+} 濃度分布（下）（Dickens et al. (2007)[7]に基づく）

10.1.6 生物擾乱作用

　海底付近には底生生物(benthos)が存在し，絶えず堆積物の表面や表層を動き回り，堆積物を上下方向や水平方向に攪拌する．沈殿物捕食者(deposit feeder)である彼らは，懸濁粒子や堆積物を体内に取り込み，一連の代謝過程を経て，堆積物中に排出する．また，棲管や巣穴を形成する底生動物は，堆積物表面の堆積構造や組成を変化させたり，堆積物内部に海底直上海水を引き込んだりする．これら底生生物による二次的作用のことを総称して，生物擾乱作用(bioturbation)と呼ぶ．

図10.5 日本海堆積物から復元された生痕化石．堆積物の径（横方向）は8 cm（村山，未公表データ）．

図10.5は，日本海の堆積物試料で観察された生痕（生物の動いた跡）をX線CTスキャンによって3D化し，その立体構造を抜き出したものである．底生生物が縦横無尽に堆積物中をはい回った様子が詳細に観察できる．このような生物攪乱作用が，どの程度どの深さまで起こるかは，底生生物の種組成や生息密度に依存するため，沿岸域から外洋域にかけての海域や水深によってさまざまである．

大西洋中央部（水深2,500 m）の典型的な海底堆積物試料について放射性核種（^{14}Cと^{210}Pb）を測定し，これらの核種の濃度が均一となる表層8 cmの深さまで生物攪拌作用があることを明らかにした例がある[8]．また筆者（村山）の経験では，外洋域では10-15 cm程度，沿岸域では20 cmを超す深さまで生痕を観察したことがある．

著しい生物攪乱作用は，間隙水の化学組成分布を書き換えたり，以下に述べる古環境の時系列変化記録をかき消してしまったりする場合があるので，注意が必要である．

§10.2　海底堆積物中に記録された過去の海洋環境

海底堆積物は，現在の海洋における生物ポンプの役割や初期続成過程の詳細解明に活用されることのほかに，海洋環境全般を過去にさかのぼって復元できる「記録者」あるいは「語り部」として，貴重な情報をわれわれに提供してくれる．

第10章 ● 海底堆積物と古海洋学——海洋の過去を探る地球化学

地球表面の7割を占める海洋が,過去にどのような姿であったか復元することは,全球的な地球環境の変遷を理解し,将来を予測するうえできわめて重要である.

たとえば,海水の最も基本的な性質で,気候条件と密接にかかわるパラメーターとして海水温がある.しかし,過去の海水温を直接測定するのは不可能である.そこでわれわれは,海底堆積物中に保存された当時の化学物質や生物の化石をうまく利用し,過去の水温を復元しようと努めてきた.温度以外にも,pH,栄養塩濃度,深層循環パターンなど,さまざまな古海洋環境を復元できる代替指標(プロクシ)を求めて研究が続けられてきた.

1970年代に米国で実施された「世界の第四紀古気候に関する研究計画CLIMAP(Climate Long range Investigation, Mapping and Prediction)」では,最終氷期最寒期(LGM;Last Glacial Maximum)の全球的な表層水温(SST;Sea Surface Temperature)が復元され,図10.6に示すように,地球表層の平均水温が現在より2℃ほど低下していたことが明らかにされた.現在の海洋におけるSSTと表

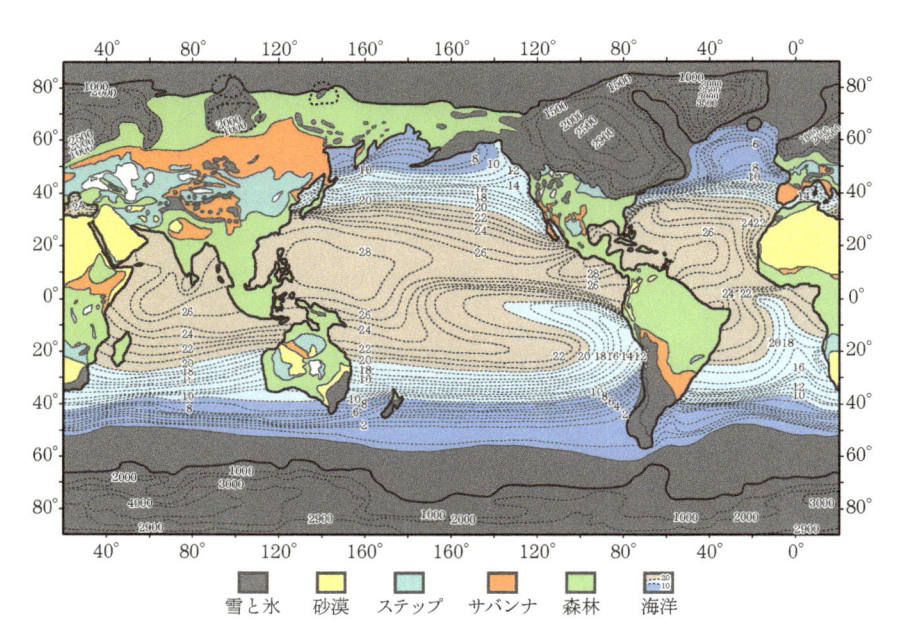

図10.6 海底堆積物中の微化石群集をもとに復元された最終氷期最寒期(約2万年前)の海水温(CLIMAP Project members (1976)[9] をもとに作成)

面の浮遊性生物(特に浮遊性有孔虫)群集の組成パターンとの関係を統計的手法によって解析し，これを海底堆積物に保存されたLGM当時の生物化石群集組成と比較することによって，SSTを推定したのである．

その一方で，海底堆積物中に残存する海棲生物の石灰質化石($CaCO_3$)の酸素同位体比，あるいはその内部に混入する金属成分や有機化合物を用いて古水温を復元する地球化学的な手法が長足の進歩を遂げた．古海洋学で特によく用いられるのは有孔虫の化石である．有孔虫は中生代までさかのぼることのできる海洋の原生動物で，その進化速度は速く，低緯度から高緯度にかけ汎世界的に分布している．炭酸カルシウム($CaCO_3$)の殻を持ち，海底まで沈降し堆積物中に微化石として保存される．その殻は種類によってさまざまな形態を示し，地質年代との対応がなされているので，示準化石として活用される．浮遊性生物(プランクトン)として生息するものを浮遊性有孔虫(planctonic foraminifera)，海底面に生息するものを底生有孔虫(benthic foraminifera)と呼んで区別する．

浮遊性有孔虫化石を10.3節で述べる方法により分析し決定したSSTと，CLIMAPで復元されたSSTとの間には少し差のあることが指摘されている．これは浮遊性有孔虫化石群集の組成を支配している要因が水温だけではないためと考えられ，なお研究が進められている．

また近年特に目を引くのは，有機地球化学的手法による古海洋復元の手法が大きく進展したことである．生物体由来の有機化合物が化石や堆積岩中に残存している場合，これらを化学化石(chemical fossil)と総称する．その中で，生合成のみに由来する炭素骨格を持つものはバイオマーカー(biomarker)あるいは分子化石(molecular fossil)と呼ばれ，古水温のみならず，堆積環境，酸化還元環境などさまざまな古環境条件を復元するプロクシとして有効なものが見つかっている[10]．

以下では，古海洋学でよく用いられるプロクシをいくつか取り上げ，それらが古環境情報を保持する原理や，利用するうえでの問題点などについて解説する．

§ 10.3　古水温の復元

10.3.1　生物起源炭酸塩の酸素同位体比

A．ユーリーによる先駆的発見

酸素(O)には，質量数16，17，18の3つの安定同位体がある．これらは地球

上で，$^{16}O:99.763\%$，$^{17}O:0.0375\%$，$^{18}O:0.1995\%$ の割合で存在している．これらの相対比は，温度など環境パラメーターの変化や，酸素がどのような化学物質に含まれるかによって，わずかながら変動する(同位体分別が起こる)．

古水温復元の指標として最もポピュラーなのが，海洋生物化石(炭酸カルシウム，$CaCO_3$)の酸素同位体比($\delta^{18}O$)を用いる方法である．ここで$\delta^{18}O$とは，酸素同位体の中で質量差の大きい^{16}Oと^{18}Oとの割合を示す．以下のように，標準物質(STD)の持つ同位体比からの相対的なずれとして定義され，千分率(‰, パーミル)で表示される．

$$\delta^{18}O\,(\text{‰}) = \left[\frac{(^{18}O/^{16}O)_{\text{sample}}}{(^{18}O/^{16}O)_{\text{STD}}} - 1\right] \times 1000 \quad \text{(10.3)}$$

$(^{18}O/^{16}O)_{\text{sample}}$は，炭酸塩試料を真空下25℃の条件下で無水リン酸と反応させて得られる二酸化炭素(CO_2)ガスの酸素同位体比，$(^{18}O/^{16}O)_{\text{STD}}$は炭酸塩の標準試料PDB(後述)を同様に処理して得られるCO_2ガスの酸素同位体比である．

1947年，シカゴ大学のハロルド・ユーリー(Harold Urey)は，熱力学的な手法によって複数の分子間での同位体の挙動を検討し，水(H_2O)と炭酸イオン(CO_3^{2-})との間の酸素同位体交換反応

$$H_2{}^{18}O + \frac{1}{3}C^{16}O_3{}^{2-} \rightleftarrows H_2{}^{16}O + \frac{1}{3}C^{18}O_3{}^{2-} \quad \text{(10.4)}$$

において，^{16}Oよりも^{18}Oが炭酸イオン中に濃縮すること，さらにその濃縮の度合いが温度によって異なることを見いだした．そこで，過去の炭酸塩の$^{18}O/^{16}O$比を測定すれば，当時の古水温復元に利用できることを指摘した．

ユーリーの研究室員だったサミュエル・エプスタイン(Samuel Epstein)は，貝の飼育実験をおこない，貝の成長線に沿って貝殻(方解石, $CaCO_3$)を細かくサンプリングした．そして貝殻の$\delta^{18}O$と海水の$\delta^{18}O$を高精度で測定し，貝殻の$\delta^{18}O$値と水温との間にきれいな関係のあることを実験的に明らかにした(図10.7)．

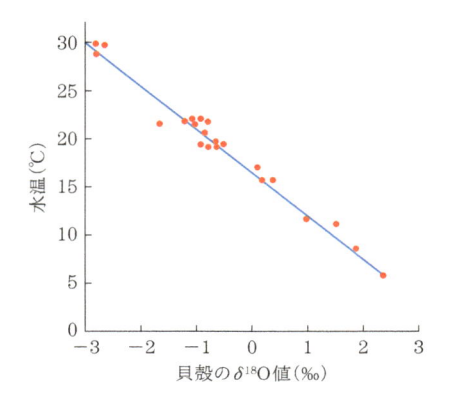

図10.7 CaCO$_3$生成時の水温と酸素同位体比(δ^{18}O)との関係(Epstein et al. (1953)[11]に基づく)

このように海水から炭酸塩が形成されるとき，その酸素同位体比(δ^{18}O)は，海水の酸素同位体比と水温によって決定される．炭酸塩および海水のδ^{18}O値(それぞれδ^{18}O$_C$およびδ^{18}O$_{SW}$とおく)がわかれば，貝が成長したときの水温T(℃)は，下記の式によって復元される[12]．

$$T(℃) = 16.9 - 4.2(\delta^{18}O_C - \delta^{18}O_{SW}) + 0.13(\delta^{18}O_C - \delta^{18}O_{SW})^2 \qquad (10.5)$$

ここでδ^{18}O$_C$とδ^{18}O$_{SW}$は，式(10.4)に従い，同一の標準物質(PDB)の持つ^{18}O/^{16}O比からの相対的なずれとして定義される．

B. 酸素同位体比の標準物質と古水温の精度

炭酸塩のδ^{18}Oを求めるための標準試料PDBとは，米国サウスカロライナ州の白亜系Pee Dee層から産出したベレムナイト(Belemnites)の化石で，ユーリーが最初に標準物質として使用した．ベレムナイトは白亜紀末に絶滅した軟体動物門・頭足綱の一分類群で，現在のイカに似た形態を持つ海洋生物である．身体の背部から先端にかけて鏃型の殻(方解石)を持っていた．この殻の形状から，ベレムナイトの化石を矢石あるいは箭石と呼ぶことがある．

現在ではPDBはすでに使い尽くされてしまったため，それに替わるものとして，米国国立標準技術研究所(National Institute of Standards and Technology；

NIST)が配布する標準物質NBS-19を二次標準物質として用い,PDBスケールへの換算がおこなわれている.

一方,海水など水試料のδ^{18}O値を求める際には,別の標準物質として,標準海水SMOW(Standard Mean Ocean Water)が用いられる.これはカリフォルニア大学のハーモン・クレイグ(Harmon Craig)が,深度500〜2,000 mの外洋水(大西洋,太平洋,インド洋)がきわめて均一な酸素同位体比(変動幅±0.1‰)を持つことに基づいて提唱したものである.

式(10.5)を用いる際には,SMOWスケールで得られたδ^{18}O値をPDBスケールに変換しなければならない.PDBスケールのδ^{18}O値($\delta^{18}O_{PDB}$)と,SMOWスケールのδ^{18}O値($\delta^{18}O_{SMOW}$)との間の変換式として,下記の式(10.6)が推奨されている[13].

$$\delta^{18}O_{SMOW} = 1.03086\,\delta^{18}O_{PDB} + 30.86 \quad\quad (10.6)$$

$CaCO_3$の酸素同位体比(δ^{18}O)は,安定同位体質量分析計(IR-MS:Isotope Ratio Mass Spectrometry)を用いて測定誤差±0.02‰程度で正確に測定できる.しかし,試料の不均一性などから誤差は少し大きく見積もられ,一般に±0.1‰程度である.δ^{18}O値1‰の変化は,約4℃の水温変化に相当するので,Tの測定精度は±0.4℃になる.この手法を,さまざまな生物起源の$CaCO_3$化石,すなわち浮遊性有孔虫,底生有孔虫,サンゴ,貝,耳石などに適応すれば,それらが生きていた時代の海水の水温の復元が可能となる.

C. 研究の進展と問題点

式(10.5)の大きな問題点は,古水温T(℃)を決めるためには化石$CaCO_3$のδ^{18}O分析値だけでなく,当時の海水(H_2O)のδ^{18}O値も必要なことである.現在の海水のδ^{18}Oで近似することもできるが,海水(特に生物の生息する表層海水)のδ^{18}O値は,ローカルな河川水の流入や,全球的な水循環の変化(たとえば氷期における大陸氷床の成長など)の影響を受けるので,必ずしも一定とみなすことはできない.

堀部・大場(1972)は,同じ$CaCO_3$でも方解石(calcite)とアラレ石(aragonite)では結晶構造が異なることに着目し,飼育実験データに基づき,それぞれの酸

素同位体比水温計の関係式を明らかにした[14].

方解石温度スケール：
$$T(℃) = 17.0 - 4.34(\delta^{18}O_C - \delta^{18}O_{SW}) + 0.16(\delta^{18}O_C - \delta^{18}O_{SW})^2 \quad\text{(10.7)}$$

アラレ石温度スケール：
$$T(℃) = 13.9 - 4.54(\delta^{18}O_C - \delta^{18}O_{SW}) + 0.04(\delta^{18}O_C - \delta^{18}O_{SW})^2 \quad\text{(10.8)}$$

これら2式から$T(℃)$と$\delta^{18}O_{SW}$を独立に求めることができる．実際に，方解石とアラレ石の両方を含む内湾性の貝（ヒメエゾボラ）の化石（第四紀更新世後期）から，当時の古水温（9.0℃）と$\delta^{18}O_{SW}$（−1.45‰）が復元されている．

$\delta^{18}O$古水温には別の問題も指摘されている．浮遊性有孔虫やサンゴには，$CaCO_3$殻を形成する際に海水の酸素同位体比と必ずしも同位体平衡とならない属や種がある．これは，共生藻類や生物自身の呼吸や代謝などの生理作用によって生じたCO_2が殻の形成に使われるためと考えられており，生物学的効果（vital effect）と呼ばれている．その原因を究明するために，現世の海水中の浮遊性有孔虫をプランクトン採取装置やセジメントトラップで集め，種ごとに酸素同位体比を測定し，さまざまな比較検討がおこなわれている．今後，これらの問題点の解明が進むことによって，より精度の高い$\delta^{18}O$法による古水温の復元が可能になると期待される．

10.3.2 浮遊性有孔虫殻のMg/Ca比

A. 方法の原理

浮遊性有孔虫の殻の$CaCO_3$結晶は，ほとんどの種が方解石（calcite）である．方解石の結晶が形成される際に，下記のような平衡条件下のイオン交換反応により，カルシウムイオン（Ca^{2+}）よりイオン半径の小さいマグネシウムイオン（Mg^{2+}）が結晶格子内に少量取り込まれる．

$$CaCO_3 + Mg^{2+} \rightleftarrows MgCO_3 + Ca^{2+} \quad\text{(10.9)}$$

$CaCO_3$中の$MgCO_3$の含有量（Mg/Ca比）は，海水温が高くなるほど増加し，ほぼ±1℃の誤差で水温に変換できる．水温以外に海水中のCa，Mg濃度の変化もMg/Ca比に関係するはずであるが，両元素とも表1.1に示したように海洋で長い平均滞留時間を持つので，海域による濃度の違いは問題にならない．他に塩分やpHも影響するといわれるが，通常の海域ではその効果はごく小さいので，Mg/Ca比は水温のみを反映するプロクシとみなしても大きな問題はない．

　有孔虫殻のMg/Ca比は，原子吸光光度計や誘導結合プラズマ発光分光分析器（ICP-AES），ICP質量分析計（ICP-MS）などを用いて，比較的簡単に高い精度で測定ができる．そこで1990年代後半頃から，過去のSSTを復元する新たなプロクシとして，浮遊性有孔虫化石のMg/Ca比が盛んに用いられるようになった[15]．

　Mg/Ca法の利点は2つある．一つは10.3.1項で述べた$\delta^{18}O$法と組み合わせることによって，式（10.5）では未知数であった当時の海水の$\delta^{18}O$値を算出できる点である．海水の$\delta^{18}O$値は塩分とよい相関のあることが知られているので，塩分も同時に復元できることになる．もう一点は，浮遊性有孔虫が種ごとに異なった生息深度を，表面から水深数百mにわたって幅広く持つことから，複数種のMg/Ca古水温データを統合すれば，当時の表層水温の鉛直構造についても情報を得られることである．

　有孔虫の殻は，海水から無機的に形成されるのではなく，CaやMgはいったん細胞内に取り込まれ，代謝や捕食などの生理・生態学作用の後に，生物学的鉱化作用（バイオミネラリゼーション，biomineralization）により炭酸塩の殻へと移行する．そのため，海水から炭酸塩の殻へCaとMgが取り込まれる際のMg/Ca比の変化は，生物学的な分配係数D_{Mg}によって表される．

$$D_{Mg} = \frac{(Mg/Ca)_{foram}}{(Mg/Ca)_{seawater}} \quad\quad (10.10)$$

ここで$(Mg/Ca)_{foram}$は有孔虫の殻の，$(Mg/Ca)_{seawater}$は海水の，それぞれMg/Ca比である．D_{Mg}は，水温の増加に伴い指数関数的に増加することが知られている．

　有孔虫殻のMg/Ca比（すなわち$(Mg/Ca)_{foram}$）と水温Tとの関係は，これまでに

飼育実験データや，セジメントトラップで採取した有孔虫試料，海底堆積物表層中の有孔虫試料などを分析したデータが蓄積されてきた．それらを総合すると$(Mg/Ca)_{foram}$は，経験的に以下の式で表すことができる．

$$(Mg/Ca)_{foram} = B \exp(A \times T) \quad\quad\quad (10.11)$$

AとBは定数で，AはMg/Ca変化の水温依存度(傾き)，Bはy軸切片である．
これまで，多くの水温換算式が提唱されているが，海域(生息する緯度帯)や有孔虫の種類によって異なることが明らかにされている(図10.8参照)．今後さらにデータを蓄積し，水温計としての精度を高めていくことが期待される．

B. 今後の問題点

初期続成過程における有孔虫殻の溶解や再結晶によって，$CaCO_3$殻のオリジナルなMg/Ca比が変化する可能性のあることが指摘されている．堆積物中から取り出した有孔虫殻が，海底に堆積後どのような環境で保存されてきた試料なのかについて十分に検討する必要がある．

最近では，有孔虫一個体ごとに，Mg/Ca比の個体内分布を計測できるようになった．このような極微量局所分析は，最近の機器分析技術の大きな進展，すなわち電界放出型電子線マイクロアナライザ(FE-EPMA：Field Emission-Electron Probe Micro Analyzer)，レーザーアブレーションICP-質量分析計(LA-ICP-MS：Laser Ablation Inductively Coupled Plasma Mass Spectrometry)，二次元高分解能二次イオン質量分析計(Nano-SIMS：Nano Secondary Ion Mass Spectrometer)といった分析機器の実用化によって可能となったものである．

その結果，有孔虫一個体内のMg/Ca分布の複雑なパターンが明らかになった．有機物に富んだ層にMgが濃縮する傾向があるなど，Mg/Ca比に不均一性が見いだされたことから，有孔虫によるバイオミネラリゼーションメカニズムの詳細な理解が求められている．その一方で，浮遊性有孔虫の成長段階に対応したMg/Ca比の詳細な変化から，成長に伴う生息深度の変化など生活サイクルの復元につながる可能性も指摘されている．

Mg/Ca古水温計には，今後まだ解明すべき問題点がある．しかし本法が古海洋学にとってきわめて有効な手段の一つであることに変わりはない．古水温

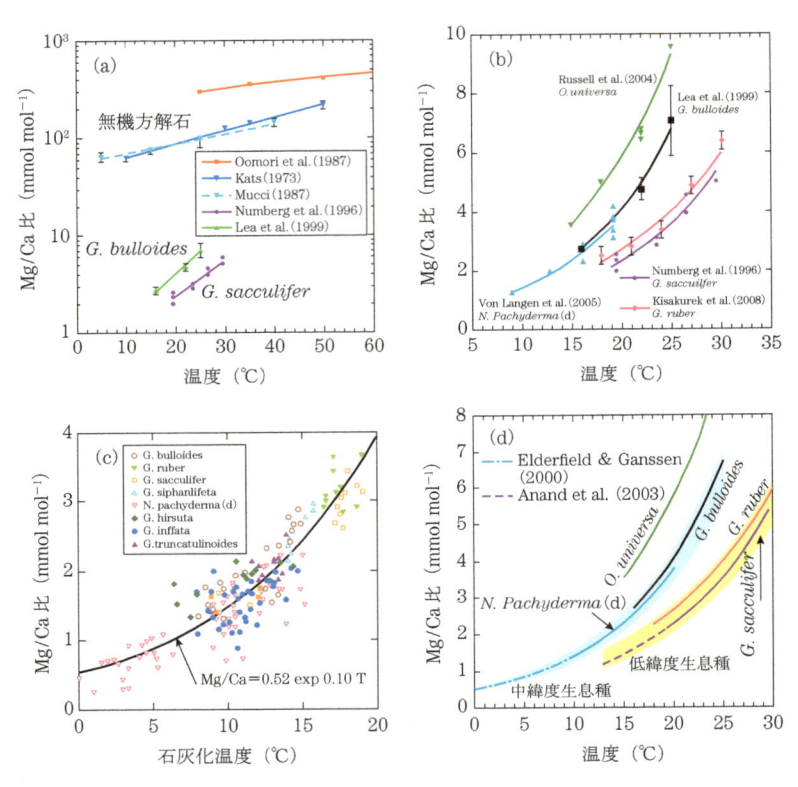

図10.8 浮遊性有孔虫のMg/Ca比と水温との関係（佐川 (2010)[15]に基づく）．(a) 飼育した2種の浮遊性有孔虫（G. bulloides と G. sacculifer）のデータは，実験室で無機的に生成した方解石と大きく異なる．生物学的効果が大きいことを示す．(b) 5種の浮遊性有孔虫について飼育実験によって得られたデータ．(c) 北大西洋の表層堆積物から採取した8種の浮遊性有孔虫についてのデータ．(d) 飼育実験，セジメントトラップ採取試料，および表層堆積物をもとに得られた結果のまとめ．低緯度生息種と中緯度生息種に大別されるが，O. universa はどちらにも属さない．

計としての原理を正しく理解し，問題点の解決を図りながら，水温計としての可能性を拡大することが重要であろう．

10.3.3 アルケノンの不飽和度

A. 方法の原理

植物プランクトンの一種である円石藻は，ハプト植物門に属する微細藻類であり，細胞表面に$CaCO_3$を主成分とする鱗片状の殻（円石）を形成する．外洋域

に生息する円石藻の中で，*Emiliania huxleyi* と *Gephyrocapsa oceanica* の2種は，炭素数37～39，不飽和数(二重結合の数)2～4の長鎖メチルおよびエチルケトン(アルケノンと総称する)を生合成する．

Marlowe et al. (1984)は，これら円石藻のつくるアルケノンの不飽和度が，生育した水温に伴って変化することを見いだし，海洋堆積物中に残されたアルケノンの不飽和度を調べることによって，当時のSSTを復元できることを提唱した[16]．

アルケノンの不飽和度がSSTのプロクシとなる原理は，以下のように考えられている．円石藻は生育温度の変化に応じて生体膜(細胞膜や核膜)を構成するアルケノンなど脂質化合物の組成比を変え，膜の流動性を一定に保とうとする．すると，水温の高い環境中で生合成されるアルケノンには融点の高い2不飽和(二重結合が2カ所ある)アルケノンが多くなり，一方水温が低い環境中では3不飽和(二重結合が3カ所ある)アルケノンの相対濃度が高くなるという温度依存性が生じる．

炭素数37のアルケノンに関する不飽和度は，以下に示す$U^{K'}_{37}$という指標によって定義する(UKはUnsaturated Ketoneの略)．

$$U^{K'}_{37} = [C_{37:2}]/([C_{37:2}]+[C_{37:3}]) \quad \text{(10.12)}$$

ここで，$[C_{37:2}]$および$[C_{37:3}]$はそれぞれ炭素数37の2不飽和アルケノンおよび3不飽和アルケノンの濃度を示す．Prahl et al. (1988)は，*E. huxleyi*の培養実験をおこなうことによって，$U^{K'}_{37}$と海水温(T)との間によい直線関係のあることを示し，下記の換算式を提案した[17]．

$$U^{K'}_{37} = 0.034 \times T(℃) + 0.039 \quad \text{(10.13)}$$

$U^{K'}_{37}$値は0から1の間の値をとり，これに対応するSSTは－1.1℃と28.3℃である．したがって28.3℃より高温のSST復元はできない．一般に精度よく水温が求まるのは，6～27℃の範囲といわれる(図10.9参照)．生育温度が1℃変化すると，$U^{K'}_{37}$は0.04単位変化する．堆積物から抽出したアルケノンは，

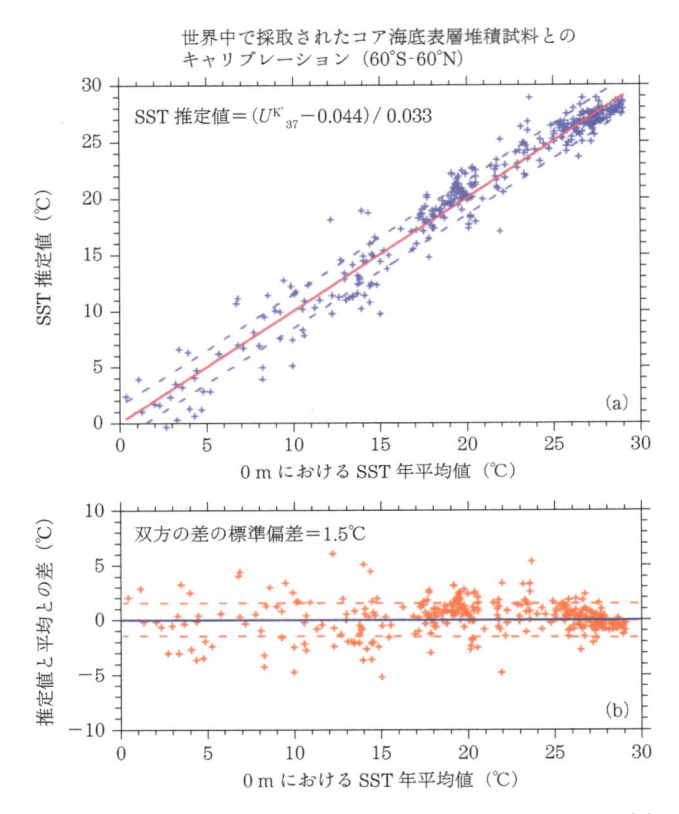

世界中で採取されたコア海底表層堆積試料との
キャリブレーション (60°S-60°N)

SST 推定値 = $(U^{K'}_{37} - 0.044) / 0.033$

(a) SST 推定値 (℃) vs 0 m における SST 年平均値 (℃)

(b) 推定値と平均との差 (℃)　双方の差の標準偏差 = 1.5℃

図10.9　アルケノン水温と実際の表層水温との関係 (Müller et al. (1998)[18] に基づく)

水素炎イオン化検出器ガスクロマトグラフ (FID-GC) によって高精度分析される．$U^{K'}_{37}$ の分析誤差 (一般に±0.02程度) から，水温の推定誤差は±0.5℃程度と見積もられる．

B. 今後の問題点と注意点

式 (10.13) は，北東太平洋で採取された E. huxleyi を用いた室内培養実験から得られたものであり，海域によっては適応できない場合がある．アルケノンをつくり出す E. huxleyi と G. oceanica の構成比が大きく変化すると温度変換式が変わってくる可能性がある．事実，その後の多くの培養実験の結果は必

ずしもぴったりと一致しないことが指摘されている[19].

　堆積物中の初期続成過程で有機物は酸化分解を受けるが,アルケノンのように長い炭素骨格を持つ不飽和化合物は比較的分解されにくいことが知られている.また,分解を受けても,2不飽和と3不飽和のアルケノンは分解速度がほぼ等しく,$U^{K'}_{37}$には影響しないといわれている.しかし,海域によっては3不飽和アルケノンが選択的に分解されるケースが見つかるなど,なお検討すべき課題を残している[19].

　得られた古水温を正しく解釈するために,円石藻の生成時期(季節)や生息深度にも留意する必要がある.Ohkouchi et al.(1999)は,西太平洋の北緯48度から南緯15度までの範囲にわたり,海底表層堆積物試料からアルケノン水温を求め,実際のSSTとの比較をおこなった[20].北緯48度のSSTは,年間3.3〜11.3℃の範囲で変化し,夏から秋にかけて水深約50 mに水温躍層が発達する.この直下の海底面で得られたアルケノン水温は10.3℃と比較的高温を示した.したがってこのアルケノンは,温暖な夏から秋にかけ水温躍層以浅の表層で生成されたものと考えられる.一方,北緯27度では,年間SSTが21.7〜27.8℃の範囲にあるにもかかわらず,アルケノン水温は18.1℃となった.これはアルケノンが表面海水中で生成されたのではなく,もっと深い水温躍層内で生成されたことを示唆している.

　川幡(2008)は,アルケノン水温が実際の水温と外れる原因として,硝酸など栄養塩の枯渇による円石藻へのストレス,30℃に近い高水温域での$U^{K'}_{37}$の飽和による水温誤差の増大,表層水の塩分低下による影響,などを指摘している[21].

　現在,円石藻の生理機能とアルケノンの合成,代謝経路などについて生物化学的観点から基礎研究が活発に進められており,アルケノンの水温プロクシとしての適用性がさらに高まることが期待される.

§10.4　過去の海水のpH復元——ホウ素同位体比

　ホウ素(B)には2つの安定同位体,^{10}Bと^{11}Bがある.海水中のホウ素は,2種の溶存種,$B(OH)_3$(ホウ酸)と$B(OH)_4^-$(ホウ酸イオン)として存在する.

　海水中のホウ素同位体組成にpH依存性のあることが明らかにされている[22].図10.10に示したように,海水中の$B(OH)_3$と$B(OH)_4^-$は,pHの変化

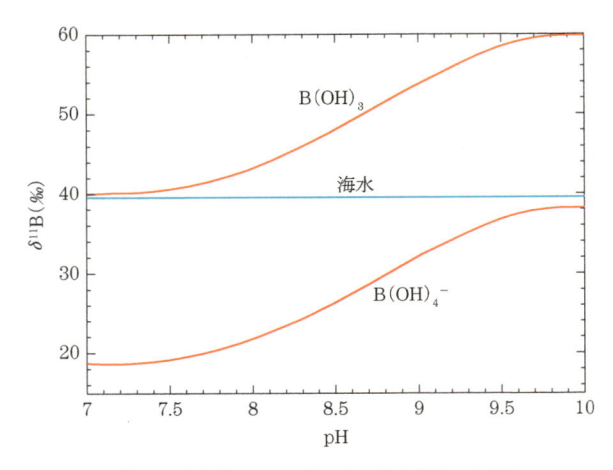

図10.10　海水のpHと海水中の2種のホウ素のδ^{11}Bとの関係

に応じてホウ素同位体比をそれぞれ変化させる（pH7.5〜9.5にわたり大きく変化する）．ここでホウ素同位体比は式(10.14)のように標準物質からの千分率偏差として定義される．標準物質としては，NISTのNBS951ホウ酸が使用される．

$$\delta^{11}\mathrm{B}(‰) = \left[\frac{(^{11}\mathrm{B}/^{10}\mathrm{B})_{\mathrm{sample}}}{(^{11}\mathrm{B}/^{10}\mathrm{B})_{\mathrm{STD}}} - 1\right] \times 1000 \quad\quad (10.14)$$

海洋生物の$CaCO_3$殻には$B(OH)_4^-$が取り込まれる．そこで$CaCO_3$化石中に含まれるホウ素の同位体比は，当時の海水のpHプロクシとなる[23]．

Pearson and Palmer (2000) は，浮遊性有孔虫の殻に含まれるホウ素のδ^{11}B値を用い，新生代における表層海水のpHを復元した（図10.11）[24]．これをもとに大気中のCO_2濃度を推定し，暁新世後期から始新世の初期（約6,000万年前〜5,200万年前）にかけて2,000 ppm以上あった大気CO_2濃度が，5,500万年前〜4,000万年前の間に急激に減少したことを示した．その原因として，中央海嶺や火山帯からのCO_2脱ガスが減少したことと，大気から水圏および生物圏への炭素の吸収量が増加したことが示唆されている．

今後，人為的な大気中のCO_2濃度の上昇による海洋酸性化（pHの低下）が懸念されている．$CaCO_3$殻を形成する有孔虫，ナノプランクトン，サンゴ，貝類な

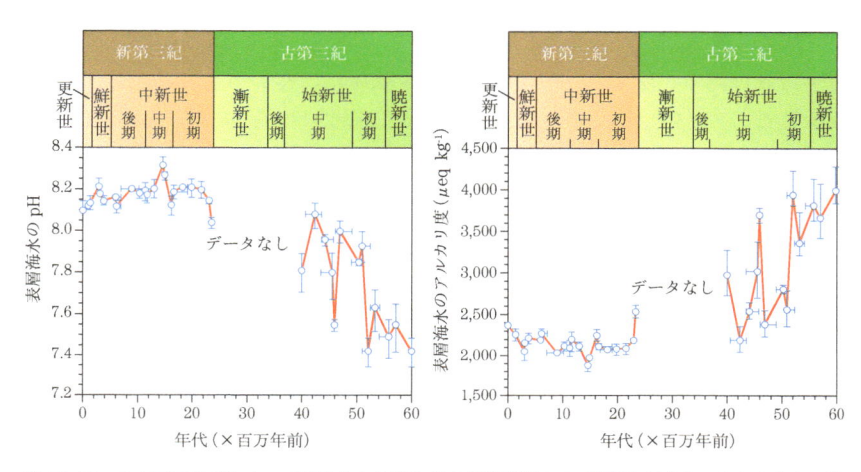

図10.11 ホウ素同位体によって復元された新生代の海洋表層水のpH変動(左)と,それをもとに計算されたアルカリ度変動(右) (Pearson and Palmer (2000)[24] に基づく).

どは,酸性化の進行とともに生息が脅かされる.自然界のpH変動パターンを知るうえで,過去の海洋のpHを復元することはきわめて重要であり,ホウ素同位体比法の果たす役割は大きいであろう.

§ 10.5 栄養塩(リン酸塩)濃度の復元——Cd/Ca比とδ^{13}C

海水中のカドミウム(Cd)は,代表的な栄養塩であるリン酸塩(PO_4^{3-})と酷似した濃度分布を示す.どちらも海洋表面の生物活動に伴って海水から除かれ,生物の排泄物や死骸(有機物)とともにマリンスノーとして海底に向けて降下する.海洋中層〜深層において有機物が酸化分解を受けると,CdもPO_4^{3-}も同じように海水中へ溶け出す.こうしてCdとPO_4^{3-}は互いによく似た鉛直濃度分布を示すことになる.

有孔虫が$CaCO_3$殻を生成する際,Caの一部がCdによって置き換えられる.特に底生有孔虫の場合,殻のCd/Ca比と底生有孔虫が生息していた海水中のPO_4^{3-}濃度との間にはよい相関がある.そこで,海底堆積物中に含まれる底生有孔虫化石のCd/Ca比を分析することによって,過去の海水中のPO_4^{3-}濃度を推定することができる.

また,底生有孔虫$CaCO_3$化石のδ^{13}C値も,過去のPO_4^{3-}濃度のよいプロク

シとなる．海水中の全炭酸のδ^{13}C値とPO_4^{3-}濃度との間には逆相関の関係がある．これは海洋表層での一次生産の際，生物体には軽い^{12}Cが優先的に取り込まれるため，PO_4^{3-}の減少とδ^{13}Cの増加とが対応する．深層で有機物が分解されると，深層水中のPO_4^{3-}は増加しδ^{13}Cは減少する．底生有孔虫が殻をつくる際には海水中の全炭酸を取り込むので，PO_4^{3-}のプロキシとしてのδ^{13}C値が$CaCO_3$内に記録され，海底堆積物中に化石として保存される．

§10.6　古海洋の深層循環の復元

産業革命以降の化石燃料の大量消費，また，森林伐採やその他の土地利用の変化といった人間活動は，大気中のCO_2濃度を急増させた．大気CO_2濃度は，産業革命以前の280 ppmから上昇し続けており，2013年5月9日，ハワイ島マウナロア観測所において初めて400 ppmを突破した．温室効果気体であるCO_2の増加は地球温暖化を引き起こし，海面の上昇，海水の酸性化，気候区分の変化，生物種の絶滅など，今後の地球環境の激変が懸念されている[1]．

一方，過去の大気中のCO_2濃度の変化を復元するため，南極大陸氷床から採

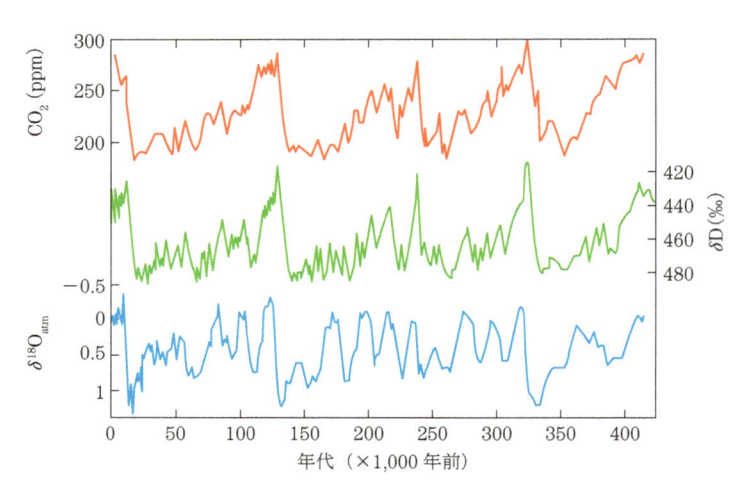

図10.12　南極ボストーク氷床コアに記録された過去の大気中のCO_2濃度，氷のδD（水素同体比，気温のプロキシ），および大気O_2のδ^{18}O（全球的氷床量のプロキシ）の変遷．過去4回の氷期-間氷期サイクルに対応して，大気中のCO_2濃度が80～100 ppm変動している（Petit et al. (1999)[25]に基づく）．

取された氷床コア中に保存された過去の大気(空気の化石)が分析された．その結果，図10.12に示したように，過去4回の氷期-間氷期サイクルに対応して，大気CO_2濃度は約80〜100 ppmもの変動幅を示していたことが明らかになった[25]．

これは，現在の人為的なCO_2増加とはまったく異なる要因により，地球システム内で自然に生じた現象である．大気にくらべ約60倍もの大量のCO_2を含む海洋が，大気からCO_2を吸収したり，逆に大気へCO_2を吐き出したりする役割を担ったと考えられている．海洋の深層循環は，海洋と大気との間の炭素循環に大きく影響する．そこで，過去にさかのぼって海洋深層水の循環パターンや速度を明らかにし，大気中のCO_2濃度の変動のメカニズムとの関連を究明することが，古海洋学の大命題の一つにあげられている．これは将来の気候予測をおこなううえでも重要なテーマである．

10.6.1　放射性炭素を用いる方法

過去の深層水の「年齢」を復元するために，放射性炭素^{14}C(半減期5,730年)が活用できる．すでに**第6章**において，^{14}Cが海洋循環の有効な化学トレーサーであることを述べた．もし過去の海水中の^{14}C分布を再現することができれば，現在の海洋でおこなったのと同じように，過去の深層循環の時間スケールも推定することができる．

海底堆積物中の有孔虫化石がそれを可能にする．浮遊性有孔虫化石($CaCO_3$)には過去の表層海水の^{14}C値が，また底生有孔虫には過去の底層水の^{14}C値が記録されているためである．そこで海底堆積物の同じ層準に保存されている浮遊性有孔虫と底生有孔虫を集め，その殻の^{14}C年代を測定することによって，当時の深層水の「年齢」を見積もることができる．

この方法でさかのぼれるのは，^{14}Cの半減期から見てせいぜい数万年前までであるが，約2万年前の最終氷期最寒期(LGM)は十分その射程内に入る．LGMの太平洋域の海底堆積物に含まれている有孔虫化石の^{14}C値を計測してみると，図10.13に示すように，LGMには，浮遊性有孔虫の示す^{14}C値と底生有孔虫の示す^{14}C値との差が現在よりも大きいことが明らかになった．これは表面水と底層水が上下に入れ替わるのに要する時間，すなわち深層循環の時間スケールが，現在の海洋での約2,000年にくらべ，500年ほど長かったことを意味している．LGMには現在よりも深層水循環が低速化していたらしい[26]．ま

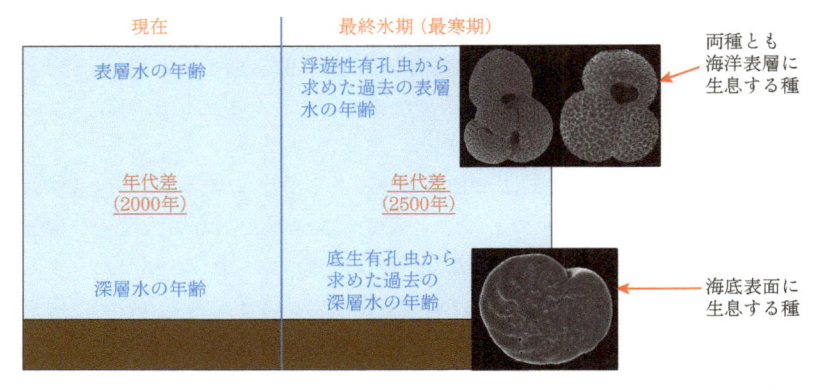

図10.13 現在の深層水の年齢と有孔虫の ^{14}C 年代から求めた最終氷期最寒期の深層水の年齢の比較．四国沖の例を示す（写真は著者（村山）撮影）．

た，北太平洋においてもLGMに「年齢」の古い深層水が存在しており[27]，融氷期にそれが湧昇し「年齢」の古い CO_2 が大気に放出されたこと，同時に大気中の CO_2 濃度が上昇していた証拠も見つかった[28]．これら結果と大気 CO_2 濃度の変動（図10.12）との関連について，さらに研究が進められている．

10.6.2　$^{231}Pa/^{230}Th$ 比を用いる方法

これまでに述べた水温や栄養塩濃度といった海水そのものの物理・化学的パラメーターを復元するのではなく，過去の深層水の流れる速さを復元できるユニークなプロクシがある．海底堆積物中の放射性核種トリウム-230（^{230}Th）とプロトアクチニウム-231（^{231}Pa）との相対比がそれである．

海水中のウラン-234（^{234}U）は，半減期 2.45×10^5 年で α 壊変してトリウム-230（^{230}Th，半減期 8.0×10^4 年）となる．また，海水中のウラン-235（^{235}U）は，半減期 7.04×10^8 年で α 壊変していったんトリウム-231（^{231}Th）となるが，^{231}Th は半減期が25.5時間と短く，すぐに β 壊変してプロトアクチニウム-231（^{231}Pa，半減期 3.3×10^4 年）に変わる．

海水中のウランは平均滞留時間が約 5×10^5 年と長く，保存量として海洋に均一に分布している．^{234}U と ^{235}U の濃度や半減期などから，^{230}Th と ^{231}Pa の海水中での生成比（$^{231}Pa/^{230}Th$ 比）は，0.093と計算される．海水中のThとPaはいずれも沈降粒子に吸着しやすい性質を持つため，ウランから生成した後，短期間のうちに海底へと除去されてしまう．ここでもしThとPaがまったく同じよ

10.6 ● 古海洋の深層循環の復元

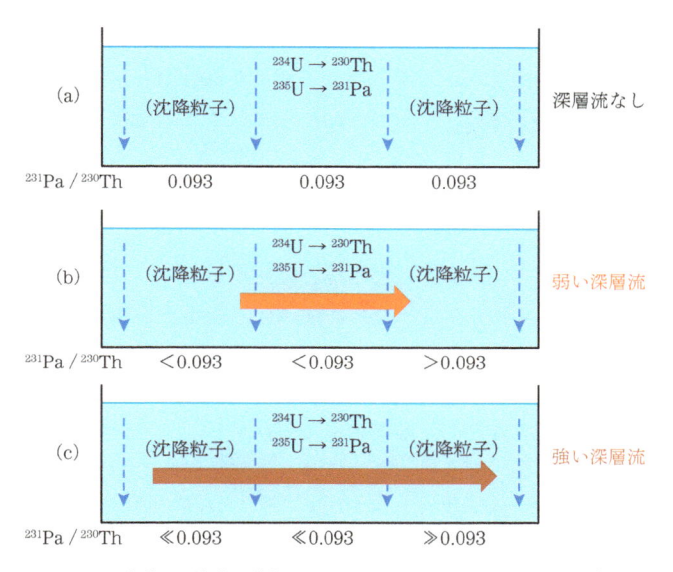

図10.14 海洋から海底堆積物にいたる間の^{231}Paと^{230}Thとの分別を利用した深層流復元の原理．(a)深層流のない場合，(b)弱い深層流のある場合，および(c)強い深層流のある場合に応じて，海底堆積物中の^{231}Pa/^{230}Th比が変化する．

うに沈降除去されるならば，海底堆積物中に存在する^{230}Thと^{231}Paも0.093の割合になるはずである（放射壊変による減少分は補正して考える）．

ところが現実はそうなっていない．沈降粒子による除去のされ方がThとPaとの間で少し異なるためである．Paのほうが沈降粒子への吸着傾向が弱く，深層流があればそれに乗って水平方向に輸送されやすい（PaのほうがThよりも海水中での平均滞留時間が長い）．図10.14に示したように，まったく深層流のないケース(a)の場合は，海底堆積物中の^{231}Pa/^{230}Th比はどこでも0.093になるであろう．ところがケース(b)や(c)のように深層流がある場合には，その強さに応じて^{231}Paと^{230}Thとの分別が起こる．堆積物中の^{231}Pa/^{230}Th比は，流れの上流側では0.093よりも小さくなり，下流に向かい次第に増加すると考えられる．このような^{231}Paと^{230}Thとの分別の度合いは底層流が早いほど顕著に起こる．

そこで海底堆積物中の^{231}Pa/^{230}Th比を詳しく調べ，適切なモデル解析をおこなえば，過去の深層循環の向きや速さが推定できることになる．他の古海洋

プロシのデータも適宜組み合わせることによって，最終氷期における大西洋の深層循環パターンが現在とは逆センスであった（図1.8に示した北大西洋深層水の南下が弱体化し，南極底層水の北上が支配的だった）ことが最近解明されている[29]．

§10.7 より高度な海底堆積物研究をめざして

以上述べてきたように，海洋の古環境を復元するための研究は，海底堆積物に含まれるさまざまな物質を使った海洋地球化学的手法を通じて活発におこなわれている．現在の海洋環境を精査することによって，環境パラメータとプロクシとの間にどのような関係があるのか詳しく調べることができる．そのキャリブレーション結果をもとに，堆積物中に残存するプロクシから過去の環境パラメータ情報を精度よく引き出せるようになってきている．特に最近は，**第4章**で述べたように化学分析技術の向上によって，以前は測定不可能だった微量元素の濃度や同位体比を高精度で測定することができる．いきおいプロクシデータの品質は高まり，また新たなプロクシが開拓されることもおおいに期待される．

近年，これらの復元データを境界条件として，海洋物質循環モデルや大気―海洋結合モデルを用いた理論的なアプローチも有効な手法となっている．また，大気，海洋や海氷，植生，氷床，炭素循環の5つの独立したモデルを結合させた気候モデル研究もおこなわれ，過去から現在の全球的な気候変動メカニズムの解析が進みつつある．

フィールド調査の手法という点でも，先進的な技術革新が進みつつある．たとえば，正確に位置決めした海底面から試料を採取するために，研究船上から海底直上まで降下させて曳航し，音響トランスポンダーによって絶えず位置を確認しつつ海底の映像を船上で観察できるシステムNSS（Navigable Sampling System，自航式深海底サンプル採取およびデータ管理システム；東京大学大気海洋研究所が開発）の実用化が進められている．

海底を乱すことなく堆積物を採取できる採泥機器や，海底設置型の現場計測機器を組み合わせる斬新な観測手法が開発されつつある（小栗（2013）[30]など）．海底の現場で堆積物中の酸素プロファイルをモニターできる微小電極装置や，酸素濃度を可視化し，時間変化がモニターできるセンサーなど，ミクロな視点からも，海底堆積物中の地球化学的現象に迫る手法の開発が盛んに進められて

いる．

　過去から現在にいたる海洋の地球化学的物質循環の総括的な理解に向けて，海底堆積物の地球化学的研究はその重要性をますます高めていくと考えられる．

第11章
海洋地球化学の新しい展開に向けて

　産業革命を境に，地球や海洋の物質循環の中で人間活動の占める割合は著しく増大し，地球システムの中の新たなサブシステムとして，「生物圏」から「人間圏」が分化することとなった．人間圏の急激な膨張に起因する地球環境や海洋環境の化学的変化は，近年さまざまな測定量の経年変化として観測されている．われわれは，このような現状，特に人間圏と密接にかかわる海洋地球化学的諸過程を正しく記載し理解し，将来のグローバルな地球環境を保全するための基礎データを蓄積する必要がある．

§ 11.1　地球システムにおける人間圏の形成

　現在の地球環境は，地球の創生以来，約46億年という長い時間をかけて構築されてきた．太陽系の惑星の中で唯一，海を持つ地球においては，その環境の構築と変遷の過程で，海の果たしてきた役割は限りなく大きい．膨大な化学物質および熱量を内包するサブシステムとして，海洋は地球上の物質循環・エネルギー循環に大きな影響をおよぼし続けている．

　地球史のごく初期に誕生した生命は，地球環境の変化と関連しつつ進化を続け，大気中の酸素濃度の増加とともにその進化は加速された．やがて海から陸へと生物圏は拡大し，生物の知能レベルが高まっていく．考古学的な研究によれば，いまから1,000万〜700万年前頃，直立歩行する最初の人類（猿人）が，生物圏のヒト科の動物として枝分かれした．地球史46億年を1年にたとえる地球カレンダーでは，それは大晦日（12月31日）の午前中の出来事であり，人

類の誕生は長い地球史から見てごく最近であることがわかる．

猿人はさまざまな淘汰を経て進化し続け，16〜19万年前頃，ついに現人類（ホモ・サピエンス）がアフリカに出現した．彼らは世界中に広がり，人口を増やし，文明を発展させた．いまやその数は70億人を超え，なお増加の一途にある．地球システム内に占める人間活動の影響が，生物圏の中に収まりきれない段階に入っている．

とりわけ19世紀の産業革命以降は，高度な文明を維持するのに必要なエネルギーが急激に増大し，それを獲得するために，地球を積極的に蚕食，すなわち石炭や石油のような化石燃料を短期間に大量に消費するようになった．現在，地球人一人あたり毎年3トン（先進国ではずっと多く，たとえば米国では20トンにもなる）の二酸化炭素を大気中に放出している．また，もともと自然界には存在しなかった化学物質や核種が多数創出され，大気や海洋に漏出している．結果として地球温暖化や海洋酸性化をはじめとするさまざまな地球環境問題・環境汚染問題が生じ，21世紀の人類に重くのし掛かっている．

図11.1は，地球の創世以来，地球システムを構成するサブシステムが分化を重ね，次第に複雑化してきた様子を示している．**第1章**で述べたように，本書で扱う海洋地球化学に強くかかわっているのが，赤字で示した大気圏，水圏，

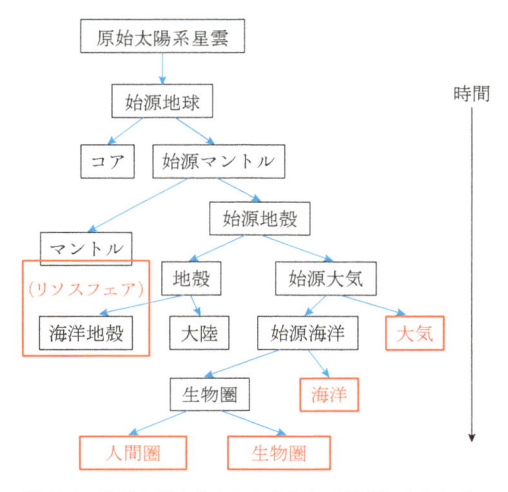

図11.1 地球の歴史とともに分化して複雑化するサブシステム群（鳥海（1996）[1] を改変）．本書で扱うサブシステムを赤字で示した

岩石圏, 生物圏 (リソスフェア) の4つのサブシステムである. 人類が発生して間もない頃には, その活動は生物圏に含有されていた. しかし上述したような近年の状況から見て, 生物圏から「人間圏」が分化したと考えるのが自然であり,「人間圏」の規模は, 今後さらに増大していくものと考えられる.

なお,「人間圏」の英語表現はまだあまり一般化してはいないが,"anthroposphere" という用語が散見されることを付記する[2].

§11.2　地球システムの化学的変化

11.2.1　人類由来の化学物質

人類によって地球システムに放出された化学物質は, 大きく2つのカテゴリーに分けられる. 一つは, 人類史以前にも地球上に存在していた天然の化学物質や放射性核種で, たとえば二酸化炭素 (CO_2) がこれに該当する. 人類の誕生以前のはるか昔から, CO_2 は地球上の大気-海洋-生物圏の間を定常的に循環し, 氷期-間氷期のように周期が数万年オーダーの大規模気候変動にあたっては, 大気中の濃度を減少させたり増加させたりした (図10.12参照). ところが19世紀の産業革命を境に, 人類による化石燃料の消費量が急激に増加し, 大量の CO_2 を大気中に放出するようになったため, それまでの定常的な CO_2 循環バランスは崩れ, 現在は過渡的な状況が続いている.

そのほか, このカテゴリーに属する元素として, 鉛, スズ, カドミウム, 水銀などの重金属があげられる. これらは20世紀に深刻な環境汚染を引き起こしたが, 現在は収束に向かいつつある. また, 天然の宇宙線によって生成する放射性核種 ^3H, ^{14}C, ^{129}I なども, この最初のカテゴリーに入るであろう.

もう一方のカテゴリーに入るのは, 天然にはもともと存在していなかったが, 人類が化学合成反応や原子核反応などによって創出した化学物質や放射性核種である. すでに6.4.5項で述べたハロゲン系有機化合物クロロフルオロカーボン類 (通称フロンガス) や, 大気核実験・原子力発電所・核燃料再生施設などから放出される人工放射性核種 (^{90}Sr, ^{134}Cs, ^{137}Cs, ^{99}Tc, Pu同位体など) がこのカテゴリーに含まれる.

人工有機物質の中には, 生物活動を著しく阻害する毒性を持つものがある. たとえばノニルフェノール, ダイオキシン, PCB, あるいは有機スズ化合物のように内分泌かく乱作用のある有機物質群は, 生体内のホルモン作用に悪影響

を与えるため「環境ホルモン」とも呼ばれ，海洋生態系（特に沿岸域の魚類）に大きな被害を与えている．このような人工汚染物質群は，国際的に使用が禁止されたり強い規制がかけられることで海洋への流出が遮断される方向にあるものの，汚染された海底堆積物や破壊された生態系の修復は容易なことではない．

11.2.2　大気中に放出された二酸化炭素のゆくえ

地球大気中にもともと，ごくわずかに含まれていたCO_2をはじめとする温室効果気体のおかげで，現在の地球表面温度は平均15℃という快適な温度に保たれている．水が定常的に液体として存在できるので，太陽系の惑星の中で唯一地球だけに海があり，豊かな生命活動が育まれてきた．産業革命以後，化石燃料の大量消費と森林伐採によって，大気中のCO_2濃度は，産業革命以前の280 ppmから現在400 ppmまで上昇し，なお上昇を続けている．また，大気中の酸素(O_2)濃度はごくわずかであるが減少傾向にある．CO_2生成の際，O_2が消費されるためである．

化石燃料の消費に起因するO_2の減少とCO_2の増加の割合は，表11.1にあるように，化石燃料の炭素原子に結合する水素原子の数によって違いが生じる．たとえば，天然ガスを代表するメタン(CH_4)を燃やす場合は，$CH_4 + 2O_2 \rightarrow CO_2 + 2H_2O$のように$O_2/CO_2$比が2となるが，ガソリンの場合は，$CH_2 + 1.5O_2 \rightarrow CO_2 + H_2O$のように$O_2/CO_2$比がほぼ1.5である．またセメント工業のように$O_2$を消費しない$CO_2$発生反応($CaCO_3 \rightarrow CaO + CO_2$)もある．産業活動における$CO_2$発生の相対的規模は表11.1に示したように正確にわかるので，それらの重みをつけて平均すると，人為的にCO_2が1 mol発生するときO_2は1.4 mol消費されることがわかる(表11.1)．

ここで1989年から2002年までの13年間について，大気中に放出されたCO_2量を正確に見積もり，このCO_2がすべて大気中にとどまった場合，大気中のCO_2濃度増加がどのくらいになるか計算すると，40 ppmという値が得られる．また，それにみあう大気中のO_2減少は，上述した比率を用いて$40 \times 1.4 = 56$ ppmと見積もられる．大気中のO_2濃度は209,000 ppmであるから，この減少分は0.03％にも満たない微小なものである．

このわずかな大気中のO_2減少を正確に測定することによって，人為的に放出されたCO_2が，大気，海洋および生物圏にどのように分配されているか推定することができる[3,4]．図11.2は，上記の13年間に米国カリフォルニア州ラホ

表11.1 大気中に放出される人為的CO_2の種類と,O_2/CO_2比の変化(Broecker (2003)[3]より)

大気中へCO_2を放出するプロセス	O_2/CO_2比	プロセスの中で占める割合(%)
固体燃料(石炭,褐炭など)の燃焼	1.17	36.8
液体燃料(ガソリン,灯油など)の燃焼	1.44	41.6
天然ガス(メタン,プロパンなど)の燃焼	1.95	18.0
油井での不溶ガス燃焼	1.98	0.6
セメント工業	0.00	3.0
総計	1.39	100.0

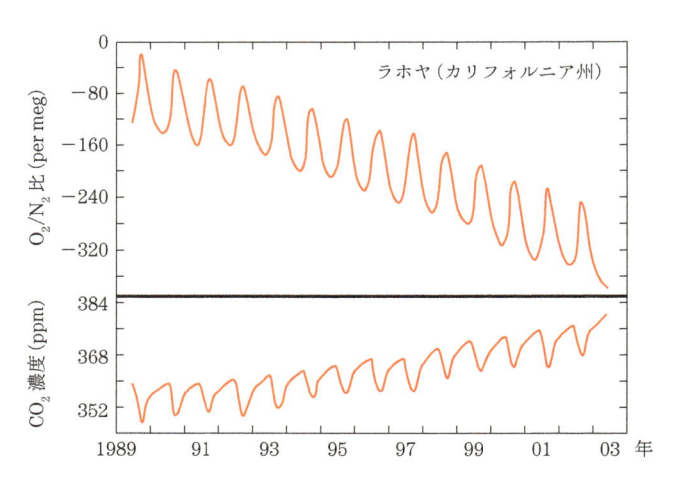

図11.2 米国カリフォルニア州ラホヤにおける1989年から2002年にかけての大気中のO_2/N_2比およびCO_2濃度の変化(Broecker (2003)[3]をもとに作成).

ヤにおいて実測された大気組成の時系列データである.大気中のCO_2濃度は,この期間内に20 ppm増加した.これは上で予測した40 ppmの半分である.そこで,大気中に放出されたCO_2のうち,半分が大気中に残留したことがまずわかる.一方,大気中のO_2濃度は,O_2/N_2比の実測値から49 ppm減少したこ

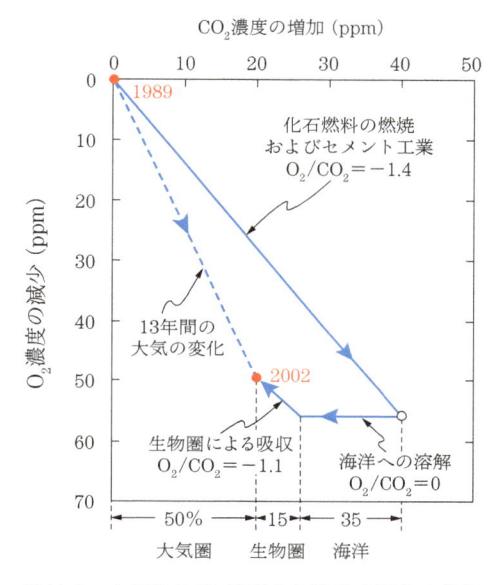

11.2 ● 地球システムの化学的変化

図11.3 大気中のCO_2濃度とO_2濃度の変化の解釈 (Broecker (2003)[3]をもとに作成)

とがわかる．これは上で予測した56 ppmよりも少し少ない．

図11.3は，CO_2の増加を横軸に，O_2の減少を縦軸にプロットしたものである．1989年を出発点(左上の原点)として，13年後の2002年に実測された値を赤丸で示してある．また白丸は，上述のように当初計算したCO_2の増加40 ppmとO_2の減少56 ppmを表している．大気中のCO_2を吸収できるのは海洋と生物圏である．CO_2が海洋に溶解しても大気中のO_2は変化しない．一方，生物圏が光合成によってCO_2を吸収すると，ほぼ同じモル数のO_2が発生する．すると実測されたO_2濃度(49 ppm)が予想(56 ppm)より少なかった分，すなわち約7 ppm分のCO_2は，大気から生物圏に移行したことになる．差し引き約13 ppmは海洋に溶解したことになる．

以上のことを図に示したのが，**図11.3**の白丸の左側に延びる2本の矢印である．すなわち，大気に放出されているCO_2は，その50％，35％，および15％が，それぞれ大気，海洋，および生物圏に分配されていることがわかる．

11.2.3 急激に進む海洋環境の変化

　過去40億年以上にわたる海洋の歴史の中で，現在ほど急激に海洋環境が変わりつつある時代はない．人間の一生という，せいぜい100年足らずの短い時間内にそれを実感させられる未曾有の時代に，われわれは生まれ合わせている．

　大気に残留したCO_2による温室効果は，地球表面の温度を次第に増加させる（地球温暖化）．大気中のCO_2以外の温室効果気体，メタン（CH_4），一酸化二窒素（N_2O），ハロカーボン類の濃度も現在増加の傾向にあり，地球温暖化に拍車をかけている．一方，大気中のダストやエアロゾルは太陽光の入射を抑制し，地球を寒冷化させる（第7章参照）．これらの温暖化と寒冷化の作用を合計すると，今世紀末の地球表面の気温は2～3℃かそれ以上増加する可能性が強いといわれている．また，それに伴って極域では海氷が減少することや，海水準が1m弱上昇することなどが，IPCC (Intergovernmental Panel on Climate Change) によって予測されている[5]．

　大気から海洋に溶解した人為的CO_2は，海水中の全炭酸濃度を増加させ，pHを低下させる（海洋酸性化，コラム④参照）．図11.4にあるように，1980年代後半から海洋表面では顕著なpCO_2増加とpH低下が観測されており，今世紀末にはpH低下は0.2～0.3程度に達するだろうと予測されている[5]．

　地球温暖化に伴う海水温の上昇は，O_2を始めとする気体の飽和溶解度を減少させる（計算法は付録を参照）．また海洋の熱塩循環も不活発化する可能性がある．これは，極域における高密度表面水の形成が，表面水温の増加と海氷の溶解に伴う低塩分化などによって抑制され，結果として表面水の深層への沈み込みが起こりにくくなる可能性があるためである．このような熱塩循環の縮小は，海洋深層へのO_2の供給を減少させるだろう．こうして海水中のO_2濃度は，図11.5に模式的に示したように，全球的に減少していくことが予想され，最近50年の海域観測データからもその傾向が指摘されている[6]．

　海水中で化学的に不活性な人工物質は，分解されることなく，海洋全域に広がっていく．すでに述べたフロンガスは，海洋のトレーサーとして今後も活用されるであろう（図6.11，6.12節参照）．また最近では，別の人工フッ素化合物PFOS (Perfluorooctanesulfonate, $CF_3\text{-}(CF_2)_7\text{-}SO_3H$) やPFOA (Perfluorooctanoate, $CF_3\text{-}(CF_2)_6\text{-}CO_2H$) が注目され，これらの海水中の濃度分布が，国際協力によって解明されつつある．図11.6は海洋表層，および一部の海域の鉛直分布を含めたグローバルなPFOSおよびPFOAの濃度分布である[7]．これらの物質は自

11.2 ● 地球システムの化学的変化

(a) 大気中の CO_2

赤：マウナロア山頂
黒：南極点

(b) 海洋表面水中の pCO_2 と pH

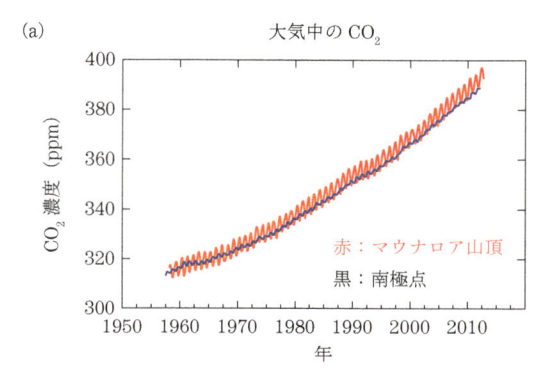

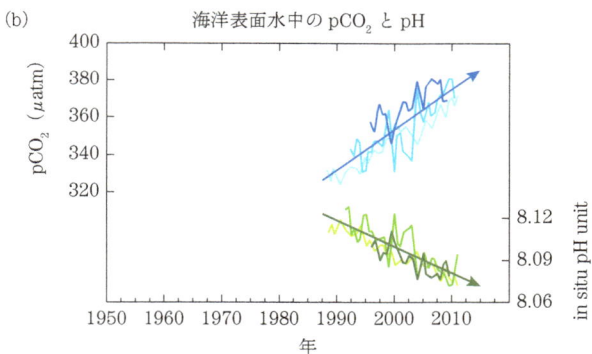

図11.4　大気中の CO_2 増加 (a) に伴う海洋表面水中の pCO_2 と pH の経年変化 (b)（IPCC (2013)[5] をもとに作成）

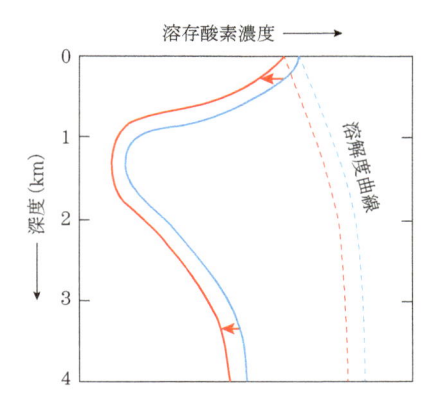

図11.5　海洋の酸素濃度分布に予想される今後の変化．

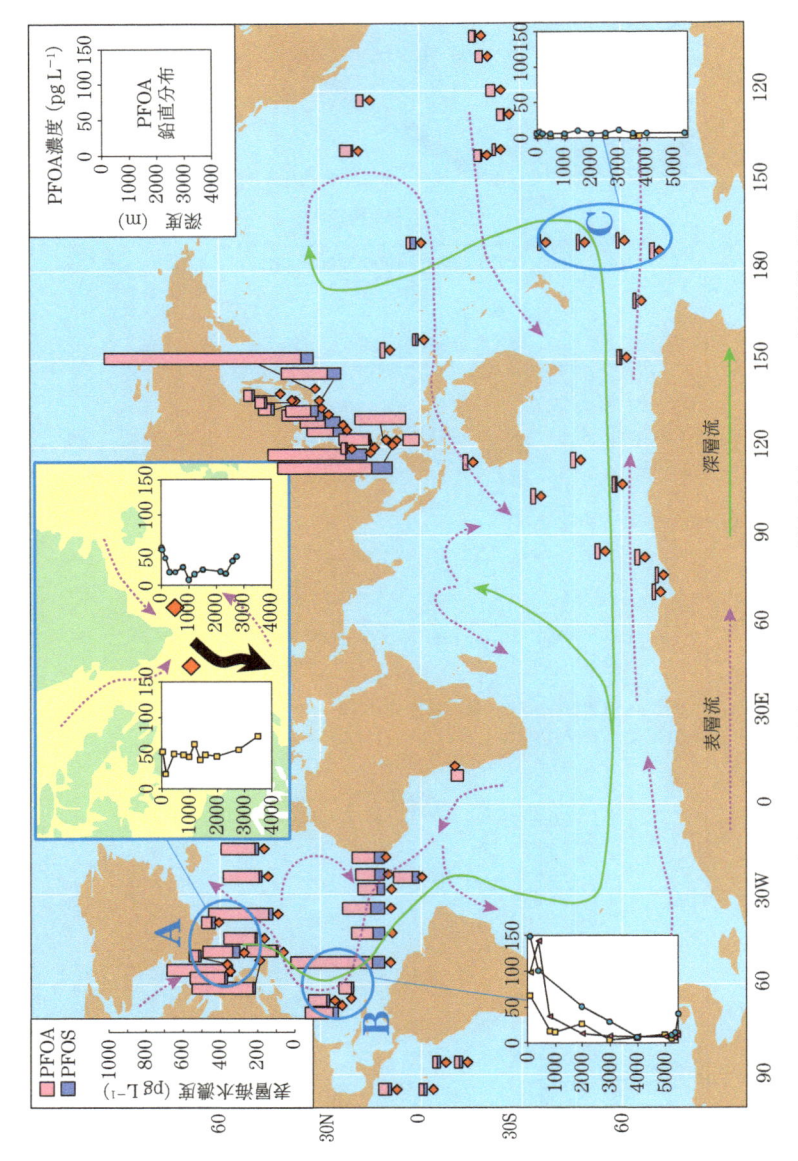

第11章 ● 海洋地球化学の新しい展開に向けて

図11.6 全世界の表面水、および海域A〜Cの深層水中のPFOSとPFOAの濃度分布 (Yamashita et al. (2008)[7] を改変)

然環境では容易に分解されず,かつ水溶性であるため,主として北半球の工業先進国周辺から,熱塩循環によって次第に外洋深層へ広がりつつある.今後モニタリングを継続することによって,海洋の汚染レベルと海洋生物への影響を把握することが必要である.また,フロンガスと同じように海洋の化学トレーサーとして利用することも可能と思われる.

§11.3　海洋分析化学技術の進展

　海洋地球化学の底辺を支えているのは,いうまでもなく海洋から得られるさまざまな観測データである.その観測データを得るための試料採取と化学分析の的確さが,研究の死命を制すると言っても過言ではない.海洋深層から目的にかなう試料採取をおこなうには,海洋研究船や深海潜水船が必要である.わが国では,独立行政法人海洋研究開発機構が,さまざまな海洋調査に適した研究船や潜水船を整備し,それらの運航を統括している.特に,海洋の多目的研究用に設計された学術研究船(白鳳丸,新青丸)は,学際的観点から地球化学的研究を推進するうえで欠かすことのできない洋上設備である.これらの研究船をどのように使いこなし,新しい観測技術・分析化学的手法の創始・導入・活用を図っていくかが,今後の海洋地球化学の発展にとってきわめて重要である.

11.3.1　クリーン観測技術の向上

　海水の化学組成を正しく知るうえで,クリーンなサンプリングの重要性は,強調してもしすぎることはない.特にごく濃度の低い微量元素を分析する際には,試料採取の際に現場の海水をいかに汚さずに回収できるかが勝負の分かれ目となる(第2章参照).海水試料を汚す要因はいくらでもひそんでいる.研究船の船体そのもの,研究船から採水器を降下させるのに用いるワイヤーロープ,採水器の内面,採水器から海水試料を取り出すときに触れる大気や大気中の微粒子,試料を保存する容器の内面,……などなど[8].

　表11.2は,海洋の微量重金属元素の濃度として1960年以来報告されてきた値の変遷を示している[9].いずれの元素も,年とともに濃度を著しく下げてきたことが一目瞭然である.これはもちろん,海水の組成が年とともに変わってきたのではなく,海水を汚さずに採取する技術が進歩したために,それだけ海水の真の値に近づいてきたことを示している.

表11.2　50年前からほぼ10年ごとに報告されてきた海水中の微量重金属元素濃度の平均値（Nozaki（1993）[9]より）.

元素名	濃度（nmol kg^{-1}）			
	1960年代	1970年代	1980年代	1990年代
鉄	180	36	0.7	0.6
銅	50	8	2	2
銀	3	0.3	0.03	0.02
金	0.02	0.02	0.06	0.00015
鉛	0.2	0.2	0.005	0.005
ビスマス	0.1	0.1	0.05	0.00015

現在，大規模な国際共同研究としてGEOTRACES（海洋の微量元素と同位体による生物地球化学的研究）計画が進行している（コラム④参照）．この計画は，海洋の微量元素に初めて正面から取り組んだ最初のものといってよく，ようやく海水を汚さずに採取し，高精度で化学分析ができる段階に到達したとの国際的認識のもとで，2006年にスタートしたものである．

GEOTRACES計画では，試料が汚染を受けるなど信頼性のない分析データは厳しく削除される．広大な世界の海を各国で分担してデータを出し，最後につなぎあわせて世界全図を完成させるためである．分析値の信頼性を保持するために，238ページにおよぶ詳細な作業マニュアル（Cook Bookと呼ぶ）が策定され，GEOTRACESに加盟する各国の研究者はこれを厳守することを求められている．たとえば以下のごとくである．

① 海水採取のために研究船から降下させるワイヤーロープは，有機繊維でできたもの（たとえばケブラーロープなど）を使用すること．
② 採水器としては，いっさい金属を使用しないタイプ（ゴーフロー採水器，ニスキン-X採水器など）で，内面をテフロン樹脂で被覆したものを使用すること．
③ 採水器から海水試料の取り出しは，クリーンルーム内でおこなうこと．
④ 同一の海水試料（あるいは同一観測点で採取した海水試料）を複数の研究機関によって相互に分析し，分析値の正しいことを確かめること．

このように国際的に歩調を合わせ，クリーンに採取された海水試料をもとにして，近年精度が著しく向上した化学分析機器（マルチコレクター型ICP質量分析法，ストリッピングボルタンメトリー，同位体比質量分析法など）を活用し，クリーンルーム内でデータを取得することによって，海洋環境を化学的に正しく記載する努力が続けられている[10]．現実の海洋環境の仕組みや時空間変動を理解するのみならず，海底堆積物中の化学プロクシから古環境を正しく読み解くための基準データとして，また将来の海洋地球化学研究のための比較参照データとしても，きわめて価値の高いものとなるであろう．

11.3.2　現場で化学観測する技術の向上

時空間的な分解能を高め，より詳細な化学情報を海洋から取得する必要性は，今後ますます高まると予想される．年に1回の観測をおこなうよりも，月ごとにおこなう観測のほうが，また深さ100 mおきに採水するよりも，1 mおきに採水したほうが，はるかに多くの情報を得られると期待される．しかし海洋研究船を用いた試料採取を前提とする限り，観測にあてられる日数や時間には制約があるので，このような海洋観測を現実に実施することは非常に難しい．

そこで今後期待される技術が，水中センサーあるいは現場化学分析装置によるデータ取得，すなわち試料採取を必要としない観測手法である．すでにCTDセンサー（C：Conductivity電気伝導度〈塩分〉，T：Temperature水温，D：Depth深度〈水圧〉）は高精度で応答の速いものが常時使用されている．他の水中センサーとして，溶存酸素センサー（電極式あるいは光学式），pHセンサー，メタンセンサーなどの実用化・高精度化が進められている．これらのセンサーの長所は小型で扱いやすいことであるが，一方応答時間が長くかかることや現場でキャリブレーションができないという問題もある．現時点では，同時に採取した海水の船上分析データとの比較による，センサー値の較正が不可欠である．

一方，現場化学分析装置は，陸上で用いられている自動分析装置を小型化し，かつ耐圧性能を持たせた水中機器である（コラム③参照）．センサーよりも扱いは煩雑になるが，現場で標準試料を分析できるので，分析感度の変化を正しく補正でき，分析値の信頼性が高い．いまのところ比色分析や化学発光分析を用いるフロー系の分析装置が実用化されており，海水中のケイ酸塩，硫化水素，マンガン，鉄などの分析に応用されている．わが国では水深5,000 mの耐圧能力を持つGAMOS（コラム③参照）と呼ぶ現場マンガン分析計が開発され[11]，海

第11章 ● 海洋地球化学の新しい展開に向けて

図11.7 白鳳丸による海底熱水活動探査のため，CTD採水装置に搭載された現場化学分析装置GAMOS．（著者（蒲生）撮影）

底熱水活動の詳細探査に活用された（図11.7参照）．GAMOSと海底ケーブルとの接続により，数カ月間におよぶ長期係留観測も技術的に可能となっている[12]．またマイクロ流体デバイスの活用により，現場分析計の超小型化と高性能化が図られている[13]．

　上で述べた観測手法それぞれについて，今後の技術革新と汎用化が期待される．同時に，これらの現場機器を長期間海中で作動させるための係留系，海底ケーブル，AUV（Autonomous Underwater Vehicle，水中ロボット），水中グライダーなど観測補助システムの機能向上も図られる必要があろう．高精度で現場分析のおこなえる化学成分が飛躍的に増加し，時空間的に密度の高い現場データがリアルタイムで取得できる体制が構築されれば，海洋地球化学研究に革新的な進展がもたらされることであろう．

Column ⑧

海のドクター

　ジェームズ・ラヴロック（James Lovelock）博士によるガイア仮説は，地球を生き物として捉えることによって，地球上の生命と，地球の物理的かつ化学的環境との間の関係をわかりやすく示してくれる．生物地球化学的サイクルは，地球という惑星生命体の根幹をなす代謝経路とみなせるであろう．するとわれわれ海洋の地球化学を学ぶ者は，海洋の代謝経路を診察する「海のお医者さん」と呼べるかもしれない．

　地球はいま深刻な病気や怪我を抱えている．われわれは，患部の特徴を詳しく調べて原因を究明し，その快方に向けた方策を呈示しなければならない．医者は患者の顔色を見，聴診器を当て，血液の成分を調べて病名を判断し，必要な処方をおこなう．われわれも無意識のうちに地球の顔色をチェックしている．海の色や空の色を見て地球が健康かどうか探ろうとする．地球物理学者は，陸や海底に地震計を設置するが，これは地球に押し当てた聴診器にたとえられよう．

　人体の内部を，血液とともにさまざまな化学物質が循環しているように，地球上でも，水の動きによって大量の化学物質がさまざまな時間スケールで循環している．医者が人体から血液や組織サンプルを採取してその組成を調べるように，われわれは海水や海底堆積物を採取してその化学組成を調べている．海洋の表層から海底直上にいたるまで，微量元素や放射性核種の濃度分布やそれらの時間的変動が明らかになりつつある．こうした海の健康診断を通じて，グローバルな変動について理解し予測しようとしている．また，それが人為的原因によるものであれば，適切な修復の方法がるかどうか，手掛かりを得るための努力が続けられている．

参考文献

第 1 章

[1] The Open University course team (1989), *Seawater: its composition, properties and behavior,* Butterworth-Heinermann, 168 pp.
[2] Deevey, E.S. (1970), Mineral cycles. In *The Biosphere (A Scientific American Book)*, W.H. Freeman.
[3] Stowe, K.S. (1979), *Ocean science*, John Wiley and Sons, 610 pp.
[4] Berger, W.H., et al. (eds.) (1989), *Productivity of the ocean: Present and past. Dahlem workshop report, life sciences research report 44*, JohnWiley and Sons.
[5] Chester, R. and Jickells, T. (2012), *Marine geochemistry (3rd edition)*, Wiley-Blackwell, 411 pp.
[6] Pilson, M.E.Q. (2013), *An introduction to the chemistry of the sea (2nd edition)*, Cambridge Univ. Press, 524 pp.
[7] ポール・R・ピネ，東京大学海洋研究所監訳（2010），『海洋学 原著第4版』，東海大学出版会，624ページ．（原著：Pinet, P.R. *Invitation to oceanography (4th edition)*, Jones and Bartlett Learning.）
[8] Ozima, M. and Kudo, K. (1972), Excess argon in submarine basalts and an earth atmosphere evolution model, *Nature,* **239**, 23-24.
[9] 田近英一（1996），地球の構成（松井孝典ほか，『地球惑星科学入門（岩波講座地球惑星科学1）』，岩波書店，pp.47-100）．
[10] Chameides, W.L. and Perdue, E.M. (1997), *Biogeochemical cycles*, Oxford Univ. Press, 224 pp.
[11] Eglington, T.I. and Repeta, D.J. (2003), Organic matter in the contemporary ocean. In Elderfield, H. (ed.), *The oceans and marine geochemistry: Treatise on geochemistry, Vol. 6*, Elsevier, pp.145-180.

第 2 章

[1] Berner, E.K. and Berner, R.A. (1987), *The global water cycle*, Prentice-Hall, 397 pp.
[2] ピネ，東京大学海洋研究所監訳（2010）．（第1章の[7]）
[3] UNESCO (1981a), *Background papers and supporting data on the Practical Salinity Scale 1978* (UNESCO Technical papers in Marine Science 38)．
[4] TEOS-10についてのWebページ．(http://www.teos-10.org)
[5] Pawlowicz, R., *What every oceanographer needs to know about TEOS-10 (The TEOS-10 Primer)*. (http://www.teos-10.org/pubs/TEOS-10_Primer.pdf)
[6] 河野健（2010），新しい海水の状態方程式と新しい塩分（Reference Composition Salinity）の定義について，海の研究，**19** (2), 127-137.
[7] McDougall, T.J., et al. (2012), A global algorithm for estimating Absolute Salinity, *Ocean Science*, **8**, 1123–1134.
[8] UNESCO (1981b), *Background papers and supporting data on the International Equation of State of Sea-water 1980* (UNESCO Technical papers in Marine Science 38).
[9] Pilson (2013).（第1章の[6].）
[10] Hunkel, E.C., et al. (2011), The multiphase physics of sea ice: a review for model developers, *The Cryosphere*, **5**, 989–1009.
[11] Chester, R. (2000), *Marine geochemistry (2nd edition)*, Blackwell Science.
[12] Koike, I., et al. (1990), Role of sub-micron particles in the ocean, *Nature*, **345**, 242-244.
[13] Wells, M.L. and Goldberg, E.D. (1992), Marine sub-micron particles, *Marine Chemistry*, **40**, 5-18.
[14] Wells, M.L. and Goldberg, E.D. (1994), The distribution of colloids in the North Atlantic and Southern Oceans, *Limnology and Oceanography*, **39**, 286-302.
[15] Nishioka, J., et al. (2001), Size-fractionated iron concentrations in the northeast Pacific Ocean: distribution of soluble and small colloidal iron, *Mar. Chem.*, **74**, 157-179.

[16] Wu, J.F., et al. (2001), Soluble and colloidal iron in the olgotrophic North Atlantic and North Pacific, *Science*, **293**, 847-849.
[17] Anderson, R.F. (2003), Chemical tracers of particle transport. In Elderfield, H. (ed.), *The oceans and marine geochemistry: Treatise on geochemistry*, Vol. 6, Elsevier, pp.247–273.
[18] Nagata, T. and Kirchman, D.L. (1997), Roles of submicron particles and colloids in microbial food webs and biogeochemical cycles within marine environments, *Advances in Microbial Ecology*, **15**, 81-103.
[19] Wells, M.L. and Goldberg, E.D. (2011), The distribution of colloids in the North Atlantic and Southern Oceans, *Limnol. Oceanogr.*, **39** (2), 989-1009.
[20] Obata, H., et al. (2004), Dissolved Al, In, and Ce in the eastern Indian Ocean and the Southeast Asian Seas in comparison with the radionuclides ^{210}Pb and ^{210}Po, *Geochimica et Cosmochimica Acta*, **68** (5), 1035-1048.
[21] GEOTRACES Cookbook (2010).
(http://www.geotraces.org/libraries/documents/Intercalibration/Cookbook.pdf)
[22] Oka, Y., et al. (2013), High salt recruits aversive taste pathways, *Nature*, **494**, 472-475.
[23] Haraguchi, H (2004), Metallomics as integrated biometal science, *Journal of Analytical Atomic Spectrometry*, **19**, 5-14.
[24] Okamura, K. et. al. (2001), Development of a deep-sea in situ Mn analyzer and its application for hydrothermal plume observation, *Mar. Chem.*, **76**, 17-26.

第 3 章

[1] Anderson, L.A. and Sarmiento, J.L. (1994), Redfield ratios of remineralization determined by nutrient data analysis, *Global Biogeochemical Cycles*, **8**, 65-80.
[2] Gruber, N. and Sarmiento, J.L. (1997), Global patterns of marine nitrogen fixation and denitrification, *Global Biogeochem. Cycles*, **11**, 235-266.
[3] Weiss, R.F. (1974), Carbon dioxide in water and seawater: the solubility of a non-ideal gas, *Mar. Chem.*, **2**, 203-215.
[4] Lueker, T.J., et al. (2000), Ocean pCO_2 calculated from dissolved inorganic carbon, alkalinity, and equations for K_1 and K_2: validation based on laboratory measurements of CO_2 in gas and seawater at equilibrium, *Mar. Chem.*, **70**, 105-119.
[5] Dickson, A.G., et al. (2007), *Guide to best practices for ocean CO_2 measurement*, PICES special publication.
(http://cdiac.ornl.gov/oceans/Handbook_2007.html)
[6] Ciais, P., et al. (2013), Carbon and other biogeochemical cycles. In Stocker, T.F., et al. (eds.), *Climate change 2013: The physical science basis. Contribution of working group I to the fifth assessment report of the Intergovernmental Panel on Climate Change*, Cambridge Univ. Press.
[7] Sabine C.L., et al. (2004), The oceanic sink for anthropogenic CO_2, *Science*, **305**, 367-371.
[8] Takahashi, T., et al. (2009), Climatological mean and decadal change in surface ocean pCO_2, and net sea-air CO_2 flux over the global oceans, *Deep-sea Research Part II*, 56, 554-577.
[9] Nozaki, Y. and Oba, T. (1995), Dissolution of calcareous tests in the ocean and atmospheric carbon dioxide. In Sakai, H. and Nozaki, Y. (eds.), *Biogeochemical processes and ocean flux in the Western Pacific*, TerraPub., pp.83-92.

第 4 章

[1] Bruland, K.W. and Lohan, M.C. (2003), Controls of trace metals in seawater. In Elderfield, H. (ed.), *The oceans and marine geochemistry: Treatise on geochemistry, Vol. 6,* Elsevier, pp.23-47.

- [2] SCOR Working Group (2007), GEOTRACES – An international study of the global marine biogeochemical cycles of trace elements and their isotopes, *Chemie der Erde*, **67**, 85-131.
- [3] Sohrin, Y. and Bruland, K.W. (2011), Global status of trace elements in the ocean, *Trends in Analytical Chemistry*, **30**, 1291-1307.
- [4] Nozaki, Y. (1993), Chemistry and the oceans: An overview. In Teramoto, T. (ed.), *Deep ocean circulation* (Elsevier oceanography series), Elsevier, pp.83-89.
- [5] Vu, H.T.D. and Sohrin, Y. (2013), Diverse stoichiometry of dissolved trace metals in the Indian Ocean, *Scientific Reports*, **3**, 1745.
- [6] Sohrin, Y. et al. (2008), Multielemental determination of GEOTRACES key trace metals in seawater by ICPMS after preconcentration using an ethylenediaminetriacetic acid chelating resin, *Analytical Chemistry*, **80**, 6267-6273.
- [7] Lee, J.-M. et al. (2011), Analysis of trace metals (Cu, Cd, Pb, and Fe) in seawater using single batch nitrilotriacetate resin extraction and isotope dilution inductively coupled plasma mass spectrometry, *Analytica Chimica Acta*, **686**, 93-101.
- [8] Morel, F.M.M. et al. (2003), Marine bioinorganic chemistry: The role of trace metals in the oceanic cycles of major nutrients. In Elderfield, H. (ed.), *The oceans and marine geochemistry: Treatise on geochemistry, Vol. 6*, Elsevier, pp.113-143.
- [9] Anbar, A.D. and Knoll, A.H. (2002), Proterozoic ocean chemistry and evolution: A bioinorganic bridge?, *Science*, **297**, 1137-1142.
- [10] Bruland, K.W. et al. (1991), Interactive influences of bioactive trace metals on biological production in oceanic waters, *Limnol. Oceanogr.*, **36**, 1555-1577.
- [11] Cid, A.P. et al. (2011), Stoichiometry among bioactive trace metals in seawater on the Bering Sea shelf, *Journal of Oceanography*, **67**, 747-764.
- [12] Martin, J.H. et al. (1990), Iron deficiency limits phytoplankton growth in Antarctic waters, *Global Biogeochem. Cycles*, **4**, 5-12.
- [13] Boyd, P.W. et al. (2007), Mesoscale iron enrichment experiments 1993-2005: Synthesis and future directions, *Science*, **315**, 612-617.
- [14] Wallace, D.W.R. et al. (2010), *Ocean fertilization. A scientific summary for policy makers*, IOC/UNESCO.
- [15] Okubo, A. et al. (2012), 230Th and 232Th distributions in mid-latitudes of the North Pacific Ocean: Effect of bottom scavenging, *Earth and Planetary Science Letters*, **339-340**, 139-150.
- [16] Buesseler, K.O. et al. (2009), Thorium-234 as a tracer of spatial, temporal and vertical variability in particle flux in the North Pacific, *Deep-sea Research Part I*, **56**, 1143-1167.
- [17] Yamada, M. et al. (2006), ^{137}Cs, $^{239+240}$Pu and ^{240}Pu/^{239}Pu atom ratios in the surface waters of the western North Pacific Ocean, eastern Indian Ocean and their adjacent seas, *Science of Total Environment*, **366**, 242-252.
- [18] Wu, J. et al. (2010), Isotopic evidence for the source of lead in the North Pacific abyssal water, *Geochim. Cosmochim. Acta*, **74**, 4629-4638.
- [19] Amakawa, H. et al. (2009), Nd isotopic composition in the central North Pacific, *Geochim. Cosmochim. Acta*, **73**, 4705-4719.
- [20] Sano, Y. et al. (1995), Helium isotopes in South Pacific deep seawater, *Geochemical Journal*, **29**, 377-384.
- [21] Tanimizu, M. et al. (2013), Heavy element stable isotope ratios: Analytical approaches and applications, *Analytical and Bioanalytical Chemistry*, **405**, 2771-2783.
- [22] Boyle, E.A. et al. (2012), GEOTRACES IC1 (BATS) contamination-prone trace element isotopes Cd, Fe, Pb, Zn, Cu, and Mo intercalibration, *Limnology and Oceanography: Methods*, **10**, 653-665.
- [23] Schmitt, A.D. et al. (2009), Mass-dependent cadmium isotopic variations in nature with emphasis on the marine environment, *Earth Planet. Sci. Lett.*, **277**, 262-272.
- [24] Siebert, C. et al. (2003), Molybdenum isotope records as a potential new proxy for paleoceanography,

Earth Planet. Sci. Lett., **211**, 159-171.
[25] Nakagawa, Y. et al. (2012), The molybdenum isotopic composition of the modern ocean, *Geochem. J.*, **46**, 131-141.

第 5 章

[1] Killops, S.D. and Killops, V.J. (1993), *An introduction to organic geochemistry*, John Wiley and Sons.
[2] Hedges, J.L. (2002), Why dissolved organic matter. In Hansell, D.A. and Carlson, C.A. (eds.), *Biogeochemistry of marine dissolved organic matter*, Academic Press, pp.91-151.
[3] 西田民人, 未発表データ.
[4] Michaels, A.F. and Knap, A.H. (1996), Overview of the U.S. JGOFS Bermuda Atlantic Time-series Study and the Hydrostation S program, *Deep-sea Res. Part II*, **43**, 157-198.
[5] Lampitt, R.S. and Antia, A.N. (1997), Particle flux in deep seas: Regional characteristics and temporal variability, *Deep-sea Res. Part I*, **44**, 1377-1403.
[6] Carlson, C.A., et al. (1994), Annual flux of dissolved organic carbon from the euphotic zone in the northwestern Sargasso Sea, *Nature*, **371**, 405.
[7] 気象庁ホームページ.
(http://www.data.kishou.go.jp/db/kaikyo/knowledge/mixedlayer.html)
[8] 環境省, 国立環境研究所ホームページ.
(http://tenbou.nies.go.jp/learning/note/theme1_3.html).
[9] Druffel, EE.R.M., et al. (1992), Cycling of dissolved and particulate organic matter in the open ocean, *Journal of Geophysical Research*, **97**, 15639-15659.
[10] Church, M.J., et al. (2002), Multilayer increases in dissolved organic matter inventories at Station ALOHA in the North Pacific Subtropical Gyre, *Limnol. Oceanogr.*, **47**, 1-10.
[11] Wakeham, S.G., et al. (2000), Fluxes of major biochemicals in the Equatorial Pacific Ocean. In Handa, N., et al. (eds.), *Dynamics and characterization of marine organic matter*, TERRAPUB/Kluwer, pp.117-140.
[12] Saijo, S. and Tanoue, E. (2004), Characterization and source of particulate proteins in Pacific surface waters, *Limnol. Oceanogr.*, **49**, 953-963.
[13] Yamashita, Y. and Tanoue, E. (2004), In situ production of chromophoric dissolved organic matter in coastal environments, *Geophysical Research Letters*, **31**, L14302.
[14] Yamashita, Y. and Tanoue, E. (2008), Production of bio-refractory fluorescent dissolved organic matter in the ocean interior, *Nature Geoscience*, **1**, 579-582.
[15] McCarthy, M.D., et al. (1997), Chemical composition of dissolved organic nitrogen in the ocean, *Nature*, **390**, 150-154.
[16] Tanoue, E., et al. (1995), Bacterial membranes: Possible source of a major dissolved protein in seawater, *Geochim. Cosmochim. Acta*, **59**, 2643-2648.

第 6 章

[1] Broecker, W.S. (1991), The great ocean conveyor, *Oceanography*, **4**, 79-89.
[2] Craig, H. (1969), Abyssal carbon and radiocarbon in the Pacific, *J. Geophys. Res.*, **74**, 5491-5506.
[3] Weiss, W. and Roether, W. (1980), The rates of tritium input to the world oceans, *Earth Planet. Sci. Lett.*, **49**, 435-446.
[4] Östlund, H.G. and Rooth, C.G.H. (1990), The North Atlantic tritium and radiocarbon transients 1972-1983, J. Geophys. Res., **95**, 20147-20165.
[5] Bien, G.S., et al. (1965), Radiocarbon in the Pacific and Indian Oceans and its relation to deep water movements, *Limnol. Oceanogr.*, **10**, R25-R37.

[6] 角皆静男 (1981)，太平洋および大西洋深層水の年令決定法とその応用，地球化学，**15**，70-76.
[7] Walker, S.J., et al. (2000), Reconstructed histories of the annual mean atmospheric mole fractions for the halocarbons CFC-11, CFC-12, CFC-13 and carbon tetrachloride, *J. Geophys. Res.*, **105**, 14285-14296.
[8] Broecker, W.S. and Peng, T-H. (1982), *Tracers in the sea*, Eldigio Press, 690 pp. (http://eps.mcgill.ca/~egalbrai/Earth_System_Dynamics/Tracers_in_the_Sea.html)
[9] Pilson (2013). (第 1 章の [6]．)
[10] Chester and Jickells (2012). (第 1 章の [5] と同じ)
[11] James, R. (2005), *Marine biogeochemical cycles* (an Open University Course), Elsevier Butterworth-Heinemann.
[12] Wright, J. (1995), *Seawater: Its composition, properties and behavior* (an Open University Course), Elsevier Butterworth-Heinemann.

第 7 章

[1] 河村公隆・野崎義行編，日本地球化学会監修 (2005)，『大気・水圏の地球化学 (地球化学講座6)』，培風館.
[2] Le Quéré, C. and Saltzman E.S. (eds.) (2009), *Surface ocean-lower atmosphere processes*, American Geophysical Union.
[3] 早野輝朗ほか (2004)，西部北太平洋における炭素質エアロソルの濃度レベルと発生源，地球化学，**38**，117-125.
[4] Matsumoto, K., et al. (2004), Transport and chemical transformation of anthropogenic and mineral aerosol in marine boundary layer over the western North Pacific, *J. Geophys. Res.*, **109**, D21206.
[5] 成田祥ほか (2005)，2001年春期におけるアジア大陸から西部北太平洋への地殻起源元素及び人為起源元素の大気輸送，地球化学，**39**，1-15.
[6] Jung, J., et al. (2011), Atmospheric inorganic nitrogen in marine aerosol and precipitation and its deposition to the North and South Pacific Oceans, *Journal of Atmospheric Chemistry*, **68**, 157-181.
[7] Jung, J. et al. (2013), Atmospheric inorganic nitrogen input via dry, wet, and sea fog deposition to the subarctic western North Pacific Ocean, *Atmospheric Chemistry and Physics*, **13**, 411-428.
[8] Soloviev, A., and Lukas, R. (2006), *The near-surface layer of the ocean: Structure, dynamics and applications*, Springer.
[9] Nozaki, Y. (1997), A fresh look at element distribution in the North Pacific Ocean, *EOS Transactions*, **78**, 221.
[10] Uno, I. et al. (2009), Asian dust transported one full circuit around the globe, *Nat. Geosci.*, **2**, 557-560.
[11] Aoyama, M., et al. (2006), Re-construction and updating our understanding on the global weapons tests 137Cs fallout, *Journal of Environmental Monitoring*, **8**, 431-438.
[12] 青山道夫 (2012)，海洋に放出された放射性物質の長期地球規模での挙動，『検証！ 福島第一原発事故』(『月刊化学』4月号別冊)，化学同人，33-38.
[13] Charlson, R., et al. (1987), Oceanic phytoplankton, atmospheric sulphur, cloud albedo and climate, *Nature*, **326**, 655-661.
[14] Tsuda, A. et al. (2003), A mesoscale iron enrichment in the western subarctic Pacific induces large centric diatom bloom *Science*, **300**, 958-961.
[15] Betzer, P. et al. (1988), Long range transport of giant mineral aerosol particles, *Nature*, **336**, 568-571.
[16] Duce, R.A. et al. (2008), Impacts of Atmospheric Anthropogenic Nitrogen on the Open Ocean, *Science*, **320**, 893-897.

第8章

[1] Berner and Berner (1987). (第2章の[1])
[2] Meybeck, M. (2004), Global occurrence of major elements in rivers. In Drever J.I. (ed.), *Surface and ground water, weathering and soils: Treatise on geochemistry, Vol. 5*, Elsevier, pp.207-223.
[3] Broecker and Peng (1982). (第6章の[8])
[4] Gibbs, R.J. (1970), Mechanisms controlling world river water chemistry, *Science*, **170,** 1088-1090.
[5] Chester and Jickells (2012). (第1章の[5])
[6] Moore, W.S. (1996), Large groundwater inputs to coastal waters revealed by 226Ra enrichments, *Nature*, **380**, 612-614.
[7] Moore, W.S. (2000), Determining coastal mixing rates using radium isotopes, *Continental Shelf Research*, **20**, 1993-2007.
[8] Cable, J.E., et al. (1996), Estimating groundwater discharge into the northeastern Gulf of Mexico using radon-222, *Earth Planet. Sci. Lett.*, **144**, 591-604.
[9] Burnett, W.C., et al. (2003), Radon tracing of submarine groundwater discharge in coastal environments. In Taniguchi, M., et al. (eds.), *Land and marine hydrogeology*, Elsevier, pp.25-43.
[10] 谷口真人(2005), 河口・沿岸域‐外洋, (河村・野崎編, 日本地球化学会監修, 『大気・水圏の地球化学』, 培風館, pp.249-252).
[11] Dowling, C.B., et al. (2003), The groundwater geochemistry of the Bengal Basin: weathering, chemsorption, and trace metal flux to the oceans, *Geochim. Cosmochim. Acta*, **67**, 2177-2136.
[12] 中口譲ほか(2005), 富山湾海底湧水の化学成分の特徴と起源, 地球化学, **39**, 119-130.

第9章

[1] Mottl, M.J., et al. (2007), Water and astrobiology, *Chem. Erde.*, **67**, 253-282.
[2] Ge, S., et al. (2002), Hydrogeology Program Planning Group, Final Report, *JOIDES Journal*, **28**, 24-29.
[3] 浦辺徹郎ほか(2009), 最先端の地球科学の方向と鉱物資源探査への応用(その1)
―Modern Analogy としての海底熱水鉱床―, 資源地質, **59**, 43-72.
[4] Gamo, T., et al. (2006), Unique geochemistry of submarine hydrothermal fluids from arc-backarc settings of the western Pacific. In Christie, D.M., et al., (eds.), *Back-arc spreading systems: Geological, biological, chemical, and physical interactions (AGU Monograph series)*, **166**, 147-161.
[5] Kawagucci, S., et al. (2011), Hydrothermal fluid geochemistry at the Iheya North field in the mid-Okinawa Trough: Implication for origin of methane in subseafloor fluid circulation systems, *Geochem. J.*, **45**, 109-124.
[6] Takai, K., et al. (2008), Variability in the microbial communities and hydrothermal fluid chemistry at the newly-discovered Mariner hydrothermal field, southern Lau Basin, *J. Geophys. Res.*, **113**, G02031.
[7] German, C.R. and Von Damm, K.L. (2004), Hydrothermal processes. In Holland, H.D. and Turekian, K.K. (eds.), *The oceans and marine geochemistry*, pp.181-222.
[8] 中村謙太郎, 高井研(2009), 海底熱水系の物理・化学的多様性と化学合成微生物生態系の存在様式, 地学雑誌, **118**, 1083-1130.
[9] Tivey, M.K. (2007), Generation of seafloor hydrothermal vent fluids and associated mineral deposits, *Oceanography*, **20**, 50-65.
[10] Takai, K., et al. (2012), IODP Expedition 331: Strong and Expansive Subseafloor Hydrothermal Activities in the Okinawa Trough, *Scientific Drilling*, **13**, 19-27.
[11] 砂村倫成ほか(2009), 熱水活動が海洋環境と深海生態系にもたらす影響, 地学雑誌, **118**, 1160-1173.
[12] 石橋純一郎(2009), 海洋地殻内流体の熱水循環に伴う物質フラックス, 地学雑誌, **118**, 1064-1082.
[13] Johnson, H.P. and Pruis, M.J. (2003), Fluxes of fluid and heat from the oceanic crustal reservoir, *Earth Planet. Sci. Lett.*, **216**, 565-574.

[14] Wheat, C.G. and Mottl, M.J. (2004), Geochemical fluxes through ridge flanks. In Davis, E.E. and Elderfield, H. (eds.), *Hydrogeology of the oceanic lithosphere*, Cambridge Univ. Press, pp.627-658.
[15] Wheat, C.G., et al. (2013), Seawater recharge into oceanic crust: IODP Exp 327 Site U1363 Grizzly Bare outcrop, *Geochemistry, Geophysics, Geosystems*, **14**, 1957-1972.
[16] 中村謙太郎, 高井研(2011), 海底熱水系の生物地球化学：海底熱水の化学的多様性は熱水生態系を規定するか？, 地球化学, **45**, 281-301.
[17] Takai, K., and Nakamura, K. (2011), Archaeal diversity and community development in deep-sea hydrothermal vents, *Current Opinion in Microbiology*, **14**, 282-291.
[18] Urabe, T., et al. (2014), Introduction of TAIGA concept. In Ishibashi, J., et al. (eds.), *Subseafloor biosphere linked to hydrothermal systems*: TAIGA concept, in press.

第10章

[1] IPCC (2007), *Climate change 2007: The physical science basis*, Cambridge Univ. Press, 996 pp.
[2] Froelich, P.N. et al. (1979), Early oxidation of organic matter in pelagic sediments of the eastern equatorial Atantic: suboxic diagenesis, *Geochim. Cosmochim. Acta*, **43**, 1075-1090.
[3] Emerson, S. and Hedges, J. (2003), Sediment diagenesis and benthic flux. In Elderfield, H. (ed.), *The oceans and marine geochemistry: Treatise on geochemistry, Vol. 6*, Elsevier, pp.293-319.
[4] Berner, R.A. (1980), *Early diagenesis: A theoretical approach*, Princeton Univ. Press.
[5] 蒲生俊敬・ギースケス, J.M. (1992), 国際深海掘削計画(ODP)第131航海における堆積物間隙水の船上化学分析, 地球化学, **26**, 1-15.
[6] Seeberg-Elverfeldt, J., et al. (2005), A Rhizon in situ sampler (RISS) for pore water sampling from aquatic sediments, *Limnol. Oceanogr. Meth.*, **3**, 361-371.
[7] Dickens, G.R., et al. (2007), Rhizon sampling of pore waters on scientific drilling expeditions: An example from the IODP Expedition 302, Arctic Coring Expedition (ACEX), *Scientific Drilling*, **4**, 22-25.
[8] Nozaki, Y., et al. (1977), Radiocarbon and ^{210}Pb distribution in submersible-taken deep-sea cores from Project FAMOUS, *Earth Planet. Sci. Lett.*, **34**, 167-173.
[9] CLIMAP Project Members (1976), The Surface of the ice-age Earth, *Science*, **19**, 1131-1137.
[10] 石渡良志・山本正伸編, 日本地球化学会監修(2004), 『有機地球化学(地球化学講座4)』, 培風館, 290 pp.
[11] Epstein, S., et al. (1953), Revised carbonatewaters isotopic temperature scale, *Geological Society of America Bulletin*, **64**, 1315-1326.
[12] Craig, H. and Gordon, L.I. (1965), Deuterium and oxygen 18 variations in the ocean and the marine atmosphere. In Tongiorgi, E. (ed.), *Stable isotopes in oceanographic studies and paleotemperatures*., Consiglio Nazionale Delle Ricerche Laboratorio Di Geologia Nucleare-PISA, pp.9-130.
[13] Friedman, I. and O'Neil, J.R. (1977), Compilation of stable isotope fractionation factors of geochemical interest, *USGS Professional Paper*, **440**-**KK**, 11.
[14] 堀部純男・大場忠道(1972), アラレ石‐水および方解石‐水系の温度スケール, 化石, **23**, 69-79.
[15] 佐川拓也(2010), 浮遊性有孔虫Mg/Ca古水温計の現状・課題と古海洋解析への応用例, 地質学雑誌, **116** (2), 63-84.
[16] Marlowe, I.T. et al. (1984), Long chain (n-C37-C39) alkenones in the Prymnesiophyceae. Distribution of alkenones and other lipids and their taxonomic significance, *British Phycological Journal*, **19**, 203-216.
[17] Prahl, F.G., et al. (1988), Further evaluation of long-chain alkenones as indicators of paleoceanographic conditions, *Geochim. Cosmochim. Acta*, **52**, 2303-2310.
[18] Müller, P.J. et al. (1998), Calibration of the alkenone paleotemperature index $U^{K'}_{37}$ based on core-tops from the eastern South Atlantic and the global ocean (60°N-60°S), *Geochim. Cosmochim. Acta*, **62**, 1757-1772.

[19] 山本正伸 (1999), アルケノン古水温計の現状と課題, 地球化学, **33**, 191-204.
[20] Ohkouchi, N. et al. (1999), Depth ranges of alkenone production in the Central Pacific Ocean, *Global Biogeochem. Cycles*, **13**, 695-704.
[21] 川幡穂高 (2008), 『海洋地球環境学——生物地球化学循環から読む』, 東京大学出版会, 269 pp.
[22] Hemming, N.G., and Hanson, G.N. (1992), Boron isotopic composition and concentration in modern marine carbonates, *Geochim. Cosmochim. Acta*, **56**, 537-543.
[23] Spivack, A.J., et al. (1993), Foraminiferal boron isotope ratios as a proxy for surface ocean pH over the past 21 Myr, *Nature*, **363**, 149-151.
[24] Pearson, P.N. and Palmer, M.R. (2000), Atmospheric carbon dioxide concentrations over the past 60 million years, *Nature*, **406**, 695-699.
[25] Petit, J.R. et al. (1999), Climate and atmospheric history of the past 420,000 years from Vostok ice core, Antarctica, *Nature*, **399**, 429-436.
[26] Shackleton, N.J. et al. (1988), Radiocarbon age of last glacial Pacific deep water, *Nature*, **335**, 708-711.
[27] Galbraith, E.D. et al. (2007), Carbon dioxide release from the North Pacific abyss during the last deglaciation, *Nature*, **499**, 890-893.
[28] Marchitto, T.M. et al. (2007), Marine radiocarbon evidence for the mechanism of deglacial atmospheric CO_2 rise, *Science*, **316**, 1456-1459.
[29] Negre, C. et al. (2010), Reversed flow of Atlantic deep water during the Last Glacial Maximum, *Nature*, **468**, 84-88.
[30] 小栗一将 (2013), 堆積物—水境界における現場測定技術の最前線, 地球化学, **47**, 1-20.

第11章

[1] 鳥海光弘 (1996), 地球システム科学とは (鳥海光弘ほか, 『地球システム科学 (岩波講座地球惑星科学2)』, 岩波書店, pp.1-20).
[2] Baccini, P. and Brunner, P. (2012), *Metabolism of the anthroposphere: Analysis, evaluation, design (2nd edition)*, MIT Press, 408 pp.
[3] Broecker, W.S. (2003), Fossil fuel CO_2 and the angry climate beast, *Eldigio Press*, 112 pp.
[4] Keeling, R., et al. (1996), Global and hemispheric CO_2 sinks deduced from changes in atmospheric O_2 concentration, *Nature*, **381**, 218-221.
[5] IPCC (2013), Summary for policymakers. In Stocker, T.F., et al. (eds.), *Climate change 2013: The physical science basis. Contribution of working group I to the fifth assessment report of the Intergovernmental Panel on Climate Change*, Cambridge Univ. Press.
[6] Stramma, L. et al. (2008), Expanding oxygen-minimum zones in the tropical oceans, *Science*, **320**, 655-658.
[7] Yamashita, N. et al. (2008), Perfluorinated acids as novel chemical tracers of global circulation of ocean waters, *Chemosphere*, **70**, 1247-1255.
[8] 蒲生俊敬 (2010), 海洋試料 (田中剛・吉田尚弘共編, 『地球化学実験法 (地球化学講座8)』, 培風館, pp.46-61).
[9] Nozaki (1993). (第4章の [4])
[10] SCOR Working Group (2007). (第4章の [2])
[11] Okamura, K. et al. (2001). (第2章の [24])
[12] Gamo, T., et al. (2007), Tectonic pumping: Earthquake-induced chemical flux detected in situ by a submarine cable experiment in Sagami Bay, Japan, *Proceedings of the Japan Academy, Series B*, **83**, 199-204.
[13] Provin, C., et al. (2013), An integrated microfluidic system for manganese anomaly detection based on chemiluminescence: Description and practical use to discover hydrothermal plumes near the Okinawa Trough, *IEEE Journal of Oceanic Engineering*, **38**, 178-185.

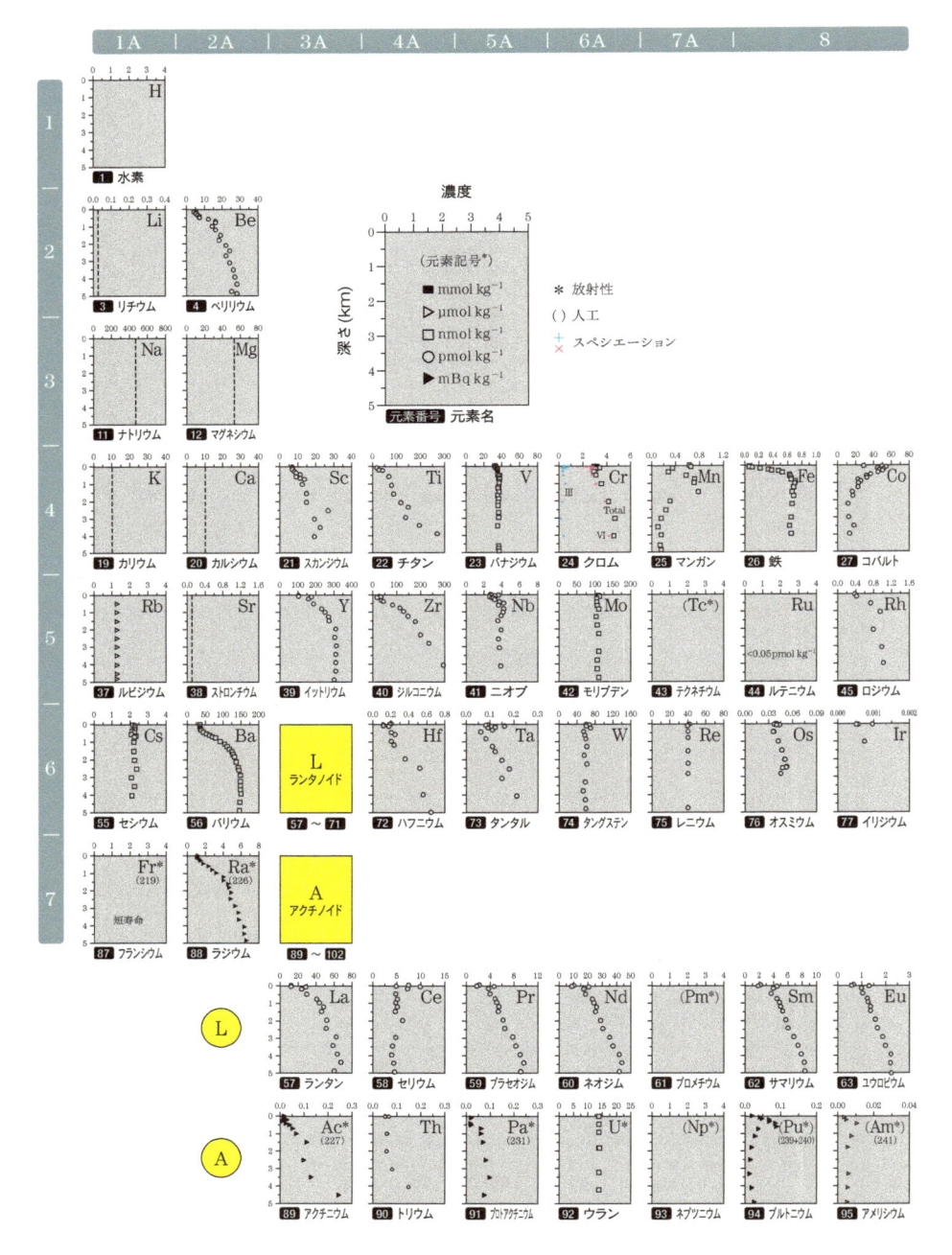

北太平洋における元素の鉛直分布
（Nozaki, Y.（2001）による）

250

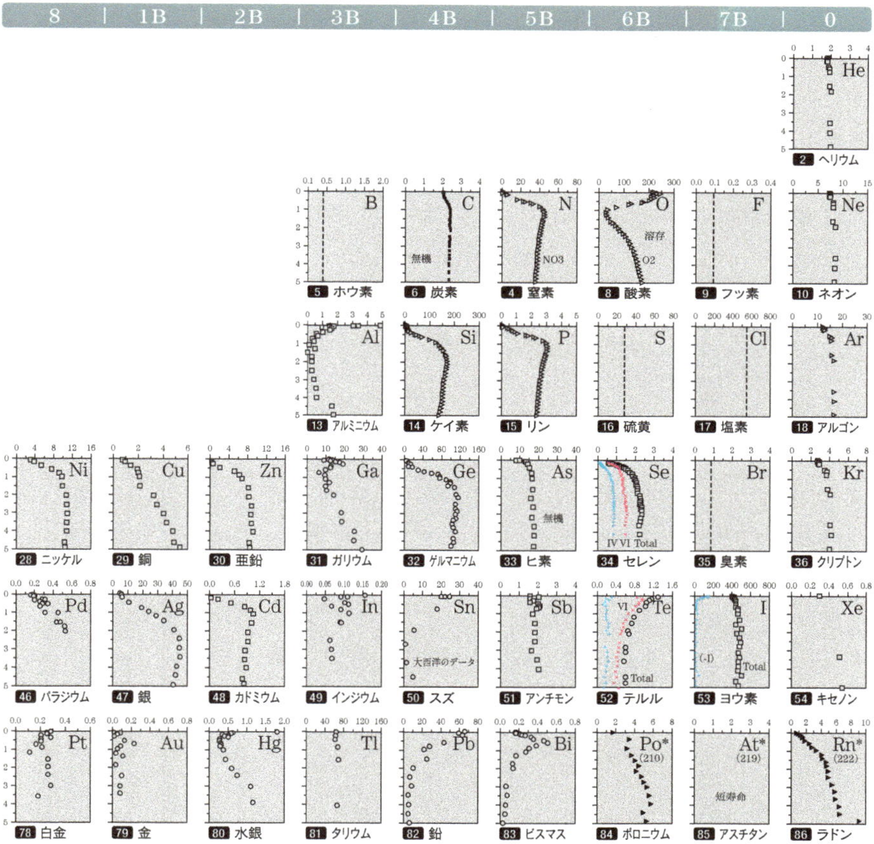
8 | 1B | 2B | 3B | 4B | 5B | 6B | 7B | 0
He
2 ヘリウム
B
5 ホウ素
C
無機
6 炭素
N
NO3
7 窒素
O
溶存
O2
8 酸素
F
9 フッ素
Ne
10 ネオン
Al
13 アルミニウム
Si
14 ケイ素
P
15 リン
S
16 硫黄
Cl
17 塩素
Ar
18 アルゴン
Ni
28 ニッケル
Cu
29 銅
Zn
30 亜鉛
Ga
31 ガリウム
Ge
32 ゲルマニウム
As
無機
33 ヒ素
Se
IV VI Total
34 セレン
Br
35 臭素
Kr
36 クリプトン
Pd
46 パラジウム
Ag
47 銀
Cd
48 カドミウム
In
49 インジウム
Sn
大西洋のデータ
50 スズ
Sb
51 アンチモン
Te
VI
Total
52 テルル
I
(-I)
Total
53 ヨウ素
Xe
54 キセノン
Pt
78 白金
Au
79 金
Hg
80 水銀
Tl
81 タリウム
Pb
82 鉛
Bi
83 ビスマス
Po*
(210)
84 ポロニウム
At*
(219)
短寿命
85 アスチタン
Rn*
(222)
86 ラドン

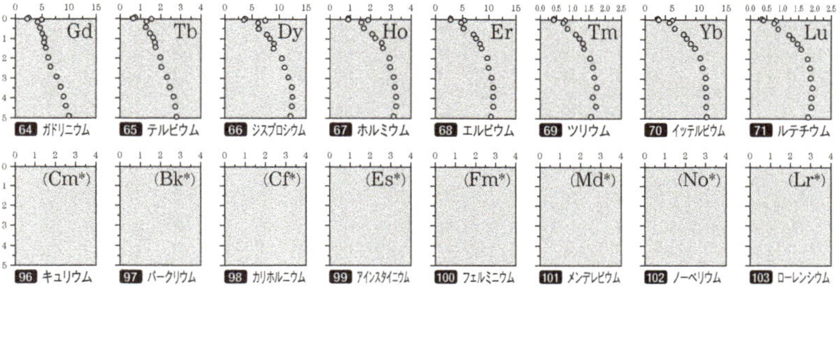
Gd
64 ガドリニウム
Tb
65 テルビウム
Dy
66 ジスプロシウム
Ho
67 ホルミウム
Er
68 エルビウム
Tm
69 ツリウム
Yb
70 イッテルビウム
Lu
71 ルテチウム
(Cm*)
96 キュリウム
(Bk*)
97 バークリウム
(Cf*)
98 カリホルニウム
(Es*)
99 アインスタイニウム
(Fm*)
100 フェルミニウム
(Md*)
101 メンデレビウム
(No*)
102 ノーベリウム
(Lr*)
103 ローレンシウム

４桁の原子量表（２０１４）

（元素の原子量は，質量数12の炭素（^{12}C）とし，これに対する相対値とする.）

本表は，実用上の便宜を考えて，国際純正・応用化学連合（IUPAC）で承認された最新の原子量に基づき，日本化学会原子量専門委員会が独自に作成したものである．本来，同位体存在度の不確定さは，自然に，あるいは人為的に起こりうる変動や実験誤差のために，元素ごとに異なる．従って，個々の原子量の値は，正確度が保証された有効数字の桁数が大きく異なる．本表の原子量を引用する際には，このことに注意を喚起することが望ましい．

なお，本表の原子量の信頼性は，有効数字の４桁目で±１以内であるが，例外として，＊を付したものは±２，＊＊を付したものは±３である．また，安定同位体がなく，天然で特定の同位体組成を示さない元素については，その元素の放射性同位体の質量数の一例を（　）内に示した．従って，その値を原子量として扱うことは出来ない．

原子番号	元素名	元素記号	原子量	原子番号	元素名	元素記号	原子量
1	水素	H	1.008	58	セリウム	Ce	140.1
2	ヘリウム	He	4.003	59	プラセオジム	Pr	140.9
3	リチウム	Li	6.941†	60	ネオジム	Nd	144.2
4	ベリリウム	Be	9.012	61	プロメチウム	Pm	(145)
5	ホウ素	B	10.81	62	サマリウム	Sm	150.4
6	炭素	C	12.01	63	ユウロピウム	Eu	152.0
7	窒素	N	14.01	64	ガドリニウム	Gd	157.3
8	酸素	O	16.00	65	テルビウム	Tb	158.9
9	フッ素	F	19.00	66	ジスプロシウム	Dy	162.5
10	ネオン	Ne	20.18	67	ホルミウム	Ho	164.9
11	ナトリウム	Na	22.99	68	エルビウム	Er	167.3
12	マグネシウム	Mg	24.31	69	ツリウム	Tm	168.9
13	アルミニウム	Al	26.98	70	イッテルビウム	Yb	173.1
14	ケイ素	Si	28.09	71	ルテチウム	Lu	175.0
15	リン	P	30.97	72	ハフニウム	Hf	178.5
16	硫黄	S	32.07	73	タンタル	Ta	180.9
17	塩素	Cl	35.45	74	タングステン	W	183.8
18	アルゴン	Ar	39.95	75	レニウム	Re	186.2
19	カリウム	K	39.10	76	オスミウム	Os	190.2
20	カルシウム	Ca	40.08	77	イリジウム	Ir	192.2
21	スカンジウム	Sc	44.96	78	白金	Pt	195.1
22	チタン	Ti	47.87	79	金	Au	197.0
23	バナジウム	V	50.94	80	水銀	Hg	200.6
24	クロム	Cr	52.00	81	タリウム	Tl	204.4
25	マンガン	Mn	54.94	82	鉛	Pb	207.2
26	鉄	Fe	55.85	83	ビスマス	Bi	209.0
27	コバルト	Co	58.93	84	ポロニウム	Po	(210)
28	ニッケル	Ni	58.69	85	アスタチン	At	(210)
29	銅	Cu	63.55	86	ラドン	Rn	(222)
30	亜鉛	Zn	65.38*	87	フランシウム	Fr	(223)
31	ガリウム	Ga	69.72	88	ラジウム	Ra	(226)
32	ゲルマニウム	Ge	72.63	89	アクチニウム	Ac	(227)
33	ヒ素	As	74.92	90	トリウム	Th	232.0
34	セレン	Se	78.96**	91	プロトアクチニウム	Pa	231.0
35	臭素	Br	79.90	92	ウラン	U	238.0
36	クリプトン	Kr	83.80	93	ネプツニウム	Np	(237)
37	ルビジウム	Rb	85.47	94	プルトニウム	Pu	(239)
38	ストロンチウム	Sr	87.62	95	アメリシウム	Am	(243)
39	イットリウム	Y	88.91	96	キュリウム	Cm	(247)
40	ジルコニウム	Zr	91.22	97	バークリウム	Bk	(247)
41	ニオブ	Nb	92.91	98	カリホルニウム	Cf	(252)
42	モリブデン	Mo	95.96*	99	アインスタイニウム	Es	(252)
43	テクネチウム	Tc	(99)	100	フェルミニウム	Fm	(257)
44	ルテニウム	Ru	101.1	101	メンデレビウム	Md	(258)
45	ロジウム	Rh	102.9	102	ノーベリウム	No	(259)
46	パラジウム	Pd	106.4	103	ローレンシウム	Lr	(262)
47	銀	Ag	107.9	104	ラザホージウム	Rf	(267)
48	カドミウム	Cd	112.4	105	ドブニウム	Db	(268)
49	インジウム	In	114.8	106	シーボーギウム	Sg	(271)
50	スズ	Sn	118.7	107	ボーリウム	Bh	(272)
51	アンチモン	Sb	121.8	108	ハッシウム	Hs	(277)
52	テルル	Te	127.6	109	マイトネリウム	Mt	(276)
53	ヨウ素	I	126.9	110	ダームスタチウム	Ds	(281)
54	キセノン	Xe	131.3	111	レントゲニウム	Rg	(280)
55	セシウム	Cs	132.9	112	コペルニシウム	Cn	(285)
56	バリウム	Ba	137.3	114	フレロビウム	Fl	(289)
57	ランタン	La	138.9	116	リバモリウム	Lv	(293)

†：市販品中のリチウム化合物のリチウムの原子量は6.398から6.997の幅を持つ．

©2014日本化学会　原子量専門委員会

放射壊変系列

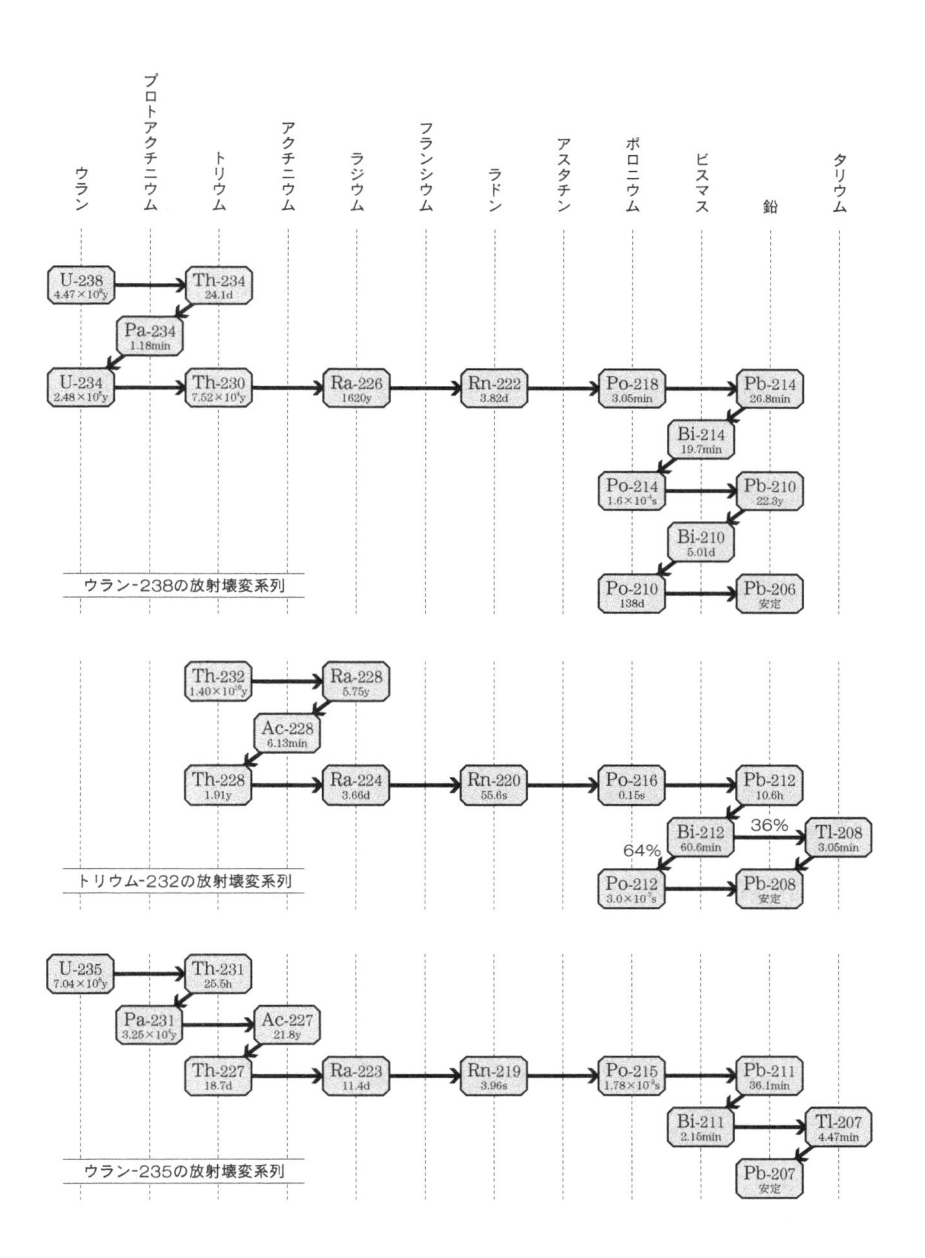

元素	核種と半減期
ウラン	U-238 (4.47×10⁹y), U-234 (2.48×10⁵y)
プロトアクチニウム	Pa-234 (1.18min)
トリウム	Th-234 (24.1d), Th-230 (7.52×10⁴y)
ラジウム	Ra-226 (1620y)
ラドン	Rn-222 (3.82d)
ポロニウム	Po-218 (3.05min), Po-214 (1.6×10⁻⁴s), Po-210 (138d)
ビスマス	Bi-214 (19.7min), Bi-210 (5.01d)
鉛	Pb-214 (26.8min), Pb-210 (22.3y), Pb-206 (安定)

ウラン-238の放射壊変系列

元素	核種と半減期
トリウム	Th-232 (1.40×10¹⁰y), Th-228 (1.91y)
ラジウム	Ra-228 (5.75y), Ra-224 (3.66d)
アクチニウム	Ac-228 (6.13min)
ラドン	Rn-220 (55.6s)
ポロニウム	Po-216 (0.15s), Po-212 (3.0×10⁻⁷s)
ビスマス	Bi-212 (60.6min) — 64%→Po-212, 36%→Tl-208
鉛	Pb-212 (10.6h), Pb-208 (安定)
タリウム	Tl-208 (3.05min)

トリウム-232の放射壊変系列

元素	核種と半減期
ウラン	U-235 (7.04×10⁸y)
プロトアクチニウム	Pa-231 (3.25×10⁴y)
トリウム	Th-231 (25.5h), Th-227 (18.7d)
アクチニウム	Ac-227 (21.8y)
ラジウム	Ra-223 (11.4d)
ラドン	Rn-219 (3.96s)
ポロニウム	Po-215 (1.78×10⁻³s)
ビスマス	Bi-211 (2.15min)
鉛	Pb-211 (36.1min), Pb-207 (安定)
タリウム	Tl-207 (4.47min)

ウラン-235の放射壊変系列

海水中の化学元素の平均濃度

(Nozaki(2001)をSohrin and Bruland(2011)により一部修正)

原子番号	元素名(和名)	Element	主な存在形	鉛直分布タイプ*	海水中の平均濃度 (ng kg^{-1})
1	水素	Hydrogen	H_2O		
2	ヘリウム	Helium	気体として溶存	C	7.6
3	リチウム	Lithium	Li^+	C	180×10^3
4	ベリリウム	Beryllium	$BeOH^+$, $Be(OH)_2^0$	S+N	0.21
5	ホウ素	Boron	$B(OH)_3^0$, $B(OH)_4^-$	C	4.5×10^6
6	炭素	Carbon	HCO_3^-, CO_3^{2-}	N	27.0×10^6
7	窒素	Nitrogen	気体(N_2)として溶存 / NO_3^-	C / N	8.3×10^6 / 0.42×10^6
8	酸素	Oxygen	気体(O_2)として溶存	逆N	2.8×10^6
9	フッ素	Fluorine	F^-	C	1.3×10^6
10	ネオン	Neon	気体として溶存	C	160
11	ナトリウム	Sodium	Na^+	C	10.78×10^9
12	マグネシウム	Magnesium	Mg^{2+}	C	1.28×10^9
13	アルミニウム	Aluminum	$Al(OH)_4^-$, $Al(OH)_3^0$	S	30
14	ケイ素	Silicon	$H_4SiO_4^0$	N	2.8×10^6
15	リン	Phosphorus	$NaHPO_4^-$	N	62×10^3
16	硫黄	Sulfur	SO_4^{2-}	C	898×10^6
17	塩素	Chlorine	Cl^-	C	19.35×10^9
18	アルゴン	Argon	気体として溶存	C	0.62×10^6
19	カリウム	Potassium	K^+	C	399×10^6
20	カルシウム	Calcium	Ca^{2+}	ほぼC	412×10^6
21	スカンジウム	Scandium	$Sc(OH)_3^0$	(S+N)	0.7
22	チタン	Titanium	$TiO(OH)_2^0$, $Ti(OH)_4^0$	S+N	6.5
23	バナジウム	Vanadium	HVO_4^{2-}	ほぼC	2.0×10^3
24	クロム	Chromium	CrO_4^{2-} (VI価) / $Cr(OH)_3^0$ (III価)	R+N / R+S	210 / 2
25	マンガン	Manganese	Mn^{2+}	S	20
26	鉄	Iron	$Fe(OH)_2^+$, $Fe(OH)_3^0$	S+N	30
27	コバルト	Cobalt	Co^{2+}	S	1.2
28	ニッケル	Nickel	Ni^{2+}	N	480
29	銅	Copper	Cu^{2+}	S+N	150
30	亜鉛	Zinc	Zn^{2+}	N	350
31	ガリウム	Gallium	$Ga(OH)_4^-$, $Ga(OH)_3^0$	S+N	1.2
32	ゲルマニウム	Germanium	$H_4GeO_4^0$	N	5.5
33	ヒ素	Arsenic	$HAsO_4^{2-}$ (V価) / $As(OH)_3^0$ (III価)	R+N / R+S	1.2×10^3 / 5.2
34	セレン	Selenium	SeO_4^{2-} (VI価) / SeO_3^{2-} (IV価)	R+N / R+S	100 / 55
35	臭素	Bromine	Br^-	C	67×10^6
36	クリプトン	Krypton	気体として溶存	C	310
37	ルビジウム	Rubidium	Rb^+	C	0.12×10^6
38	ストロンチウム	Strontium	Sr^{2+}	ほぼC	7.8×10^6
39	イットリウム	Yttrium	YCO_3^+, $Y(OH)_2^+$	N	17
40	ジルコニウム	Zirconium	$Zr(OH)_5^-$, $Zr(OH)_4^0$	S+N	15
41	ニオブ	Niobium	$Nb(OH)_6^-$, $Nb(OH)_6^0$	?	0.3
42	モリブデン	Molybdenum	MoO_4^{2-}	C	10×10^3
43	テクネチウム	Technetium	TcO_4^-	—	—
44	ルテニウム	Ruthenium	$Ru(OH)_n^{4-n}$	?	<0.005
45	ロジウム	Rhodium	$Rh(OH)_n^{3-n}$, $RhCl_n^{3-n}$	N	0.08
46	パラジウム	Palladium	$PdCl_4^{2-}$	N	0.06
47	銀	Silver	$AgCl_2^-$	N	2.0

* C: Conservative(保存型), N: Nutrient-like(栄養塩型), S: Scavenged(スキャベンジ型),
 R: Redox sensitive(酸化還元型), A: Anthropogenic(人為起源型)

原子番号	元素名(和名)	Element	主な存在形	鉛直分布タイプ*	海水中の平均濃度 (ng kg^{-1})
48	カドミウム	Cadmium	$CdCl_3^-$	N	70
49	インジウム	Indium	$In(OH)_3^0$	S	0.01
50	スズ	Tin	$SnO(OH)_3$, $Sn(OH)_4^0$	S	0.5
51	アンチモン	Antimony	$Sb(OH)_6^-$	S ?	200
52	テルル	Tellurium	$Te(OH)_6^0$	R+S	0.05
			$TeO(OH)_3^-$	R+S	0.02
53	ヨウ素	Iodine	IO_3^-	ほぼC	58×10^3
			I^-	(R+S)	4.4
54	キセノン	Xenon	気体として溶存	C	66
55	セシウム	Cesium	Cs^+	C	306
56	バリウム	Barium	Ba^{2+}	N	15×10^3
57	ランタン	Lanthanum	$LaCO_3^+$	N	5.6
58	セリウム	Cerium	$Ce(OH)_4^0$	S	0.7
59	プラセオジム	Praseodymium	$PrCO_3^+$	N	0.7
60	ネオジム	Neodymium	$NdCO_3^+$	N	3.3
61	プロメチウム	Promethium	—	—	—
62	サマリウム	Samarium	$SmCO_3^+$	N	0.57
63	ユウロピウム	Europium	$EuCO_3^+$	N	0.17
64	ガドリニウム	Gadolinium	$GdCO_3^+$	N	0.9
65	テルビウム	Terubium	$TbCO_3^+$	N	0.17
66	ジスプロシウム	Dysprosium	$DyCO_3^+$	N	1.1
67	ホルミウム	Holmium	$HoCO_3^+$	N	0.36
68	エルビウム	Erubium	$ErCO_3^+$	N	1.2
69	ツリウム	Thulium	$TmCO_3^+$	N	0.2
70	イッテルビウム	Ytterbium	$YbCO_3^+$	N	1.2
71	ルテチウム	Lutetium	$LuCO_3^+$	N	0.23
72	ハフニウム	Hafnium	$Hf(OH)_4^0$, $Hf(OH)_5^-$	S+N	0.07
73	タンタル	Tantalum	$Ta(OH)_5^0$	S+N	0.03
74	タングステン	Tungsten	WO_4^{2-}	C	10
75	レニウム	Rhenium	ReO_4^-	C	7.8
76	オスミウム	Osmium	$H_3OsO_6^-$, OsO_4^0	ほぼC	0.001
77	イリジウム	Iridium	$Ir(OH)_n^{3-n}$	S ?	0.00013
78	白金	Platinum	$PtCl_4^{2-}$	C	0.05
79	金	Gold	$AuOH(H_2O)^0$	C	0.02
80	水銀	Mercury	$HgCl_4^{2-}$	(S+N)	0.14
81	タリウム	Thalium	Tl^+, $TlCl^0$	N	13
82	鉛	Lead	$PbCO_3^0$	S+A	2.7
83	ビスマス	Bismuth	$Bi(OH)_2^+$, BiO^+	S	0.03
84	ポロニウム	Polonium	$PoO(OH)_3$	S	—
85	アスタチン	Astatine	—	—	—
86	ラドン	Radon	気体として溶存	C	—
87	フランシウム	Francium	Fr^+	—	—
88	ラジウム	Radium	Ra^{2+}	N	0.00013
89	アクチニウム	Actinium	$AcCO_3^+$	N	—
90	トリウム	Thorium	$Th(OH)_4^0$	S	0.02
91	プロトアクチニウム	Protactinium	$PaO_2(OH)^0$	S	—
92	ウラン	Uranium	$UO_2(CO_3)_3^{4-}$	C	3.2×10^3
93	ネプツニウム	Neptinium	NpO_2^+	—	—
94	プルトニウム	Plutonium	$PuO_2(CO_3)(OH)^-$	(R+S)	—
95	アメリシウム	Americium	$AmCO_3^+$	(S+N)	—

Nozaki, Y. (2001), Elemental distribution overview. In Steele J., Thorpe S. and Turekian K.K. eds., *Encyclopedia of Ocean Sciences*, Vol.2, Academic Press, pp. 840-845.

Sohrin, Y. and Bruland, K.W. (2011), Global status of trace elements in the ocean, *Trends in Analytical Chemistry*, 30, 1291-1307.

海水中の気体の飽和溶解度算出法

大気と接する海水中の溶存気体の飽和溶解度 C^* (mol/kg) は，ヘンリーの法則に基づき，平衡定数 K'，乾燥大気中のその気体のモル分率 x^i，大気圧 P (atm)，および水蒸気圧 p_{H2O} (atm) を用いて，以下の式（1）によって表される（Weiss and Price, 1980）。ただし $P ≒ 1$，$x^i ≪ 1$ であること。

$$C^* = x^i F \quad (F = K'(P - p_{H2O})) \quad \cdots (1)$$

$P = 1.00$ (atm) かつ飽和水蒸気圧の条件下では，F (mol kg^{-1} atm^{-1}) は海水の温度（T：絶対温度）と塩分（S）から，以下の式（2）によって算出される。

$$\ln F = a_1 + a_2(100/T) + a_3 \ln(T/100) + a_4(T/100)^2 + S\{b_1 + b_2(T/100) + b_3(T/100)^2\} \quad \cdots (2)$$

ここで，$a_1, a_2, a_3, a_4, b_1, b_2, b_3$ は，下記のように気体ごとに異なる定数である。

気体名	化学式	a_1	a_2	a_3	a_4	b_1	b_2	b_3	文献
二酸化炭素	CO_2	-162.8301	218.2968	90.9241	-1.47696	0.025695	-0.025225	0.0049867	1
一酸化二窒素	N_2O	-168.2459	226.0894	93.2817	-1.48693	-0.060361	0.033765	-0.0051862	1
フロン-11	CCl_3F	-232.0411	322.5546	120.4956	-1.39165	-0.146531	0.093621	-0.0160693	2
フロン-12	CCl_2F_2	-220.212	301.8695	114.8533	-1.39165	-0.147718	0.093175	-0.015734	2
フロン-113	CCl_2FCClF_2	-231.902	322.915	119.111	-1.3917	-0.02547	0.004540	0.0002708	3
六フッ化硫黄	SF_6	-82.1639	120.152	30.6372	0	0.0293201	-0.035197	0.00740056	4

下記の気体については，上記の式（1）は共通であるが，$\ln F$ の算出には下記の式（3）を用いる。上記式（2）とは右辺第4項が異なることに注意（Wiesenburg and Guinasso, 1979）。

$$\ln F = a_1 + a_2(100/T) + a_3 \ln(T/100) + a_4(T/100) + S\{b_1 + b_2(T/100) + b_3(T/100)^2\} \quad \cdots (3)$$

気体名	化学式	a_1	a_2	a_3	a_4	b_1	b_2	b_3	文献
水素	H_2	-320.3079	459.7398	299.2600	-49.3946	-0.074474	0.043363	-0.0067420	5
メタン	CH_4	-417.5053	599.8626	380.3636	-62.0764	-0.064236	0.034980	-0.0052732	5
一酸化炭素	CO	-175.6092	267.6796	161.0862	-25.6218	0.046103	-0.041767	0.0081890	5

大気中のモル分率 x^i が一定値（第7章参照）と見なされる下記の気体については，1.00気圧の大気（水蒸気で飽和）と接する海水中での各気体の飽和溶解度 C^* (ml/kg) を，海水の温度（T：絶対温度）と塩分（S）から，下記の式（4）を用いて計算できる（Weiss, 1970）。

$$\ln C^* = A_1 + A_2(100/T) + A_3 \ln(T/100) + A_4(T/100) + S\{B_1 + B_2(T/100) + B_3(T/100)^2\} \quad \cdots (4)$$

気体名	化学式	A_1	A_2	A_3	A_4	B_1	B_2	B_3	文献
窒素	N_2	-177.0212	254.6078	146.3611	-22.0933	-0.054052	0.027266	-0.0038430	6
酸素	O_2	-177.7888	255.5907	146.4813	-22.2040	-0.037362	0.016504	-0.0020564	6
アルゴン	Ar	-178.1725	251.8139	145.2337	-22.2046	-0.038729	0.017171	-0.0021281	6
ヘリウム	He	-167.2178	216.3442	139.2032	-22.6202	-0.044781	0.023541	-0.0034266	7
ネオン	Ne	-170.6018	225.1946	140.8863	-22.6290	-0.127113	0.079277	-0.0129095	7
クリプトン	Kr	-112.6840	153.5817	74.4690	-10.0189	-0.011213	-0.001844	0.0011201	8

文献
1. Weiss, R.F. and Price, B.A. (1980): *Mar. Chem.*, 8, 347–359.
2. Warner, M.J. and Weiss, R.F. (1985): *Deep-Sea Res.*, 32, 1485–1497.
3. Bu, X. and Warner, M.J. (1995): *Deep-Sea. Res.*, 42, 1151–1161.
4. Bullister, J.L., Wisegarver, D.P., and Menzia, F.A. (2002): *Deep-Sea. Res.* I, 49, 175–187.
5. Wiesenburg, D.A. and Guinasso, N.L., Jr. (1979): *J. Chem. Eng. Data*, 24, 356–360.
6. Weiss, R.F. (1970): *Deep-Sea. Res.*, 17, 721–735.
7. Weiss, R.F. (1971): *J. Chem. Eng. Data*, 16, 235–241.
8. Weiss, R.F. and Kyser, T.K. (1978): *J. Chem. Eng. Data*, 23, 69–72.

索　引

数字
3次元蛍光法 …… 116

A・B・C
absolute salinity …… 36
abyssal plain …… 5
aerobic respiration …… 201
anaerobic respiration …… 201
anthroposphere …… 230
AOU …… 119, 132
apparent oxygen utilization …… 119
aragonite …… 212
artificial radioisotope …… 89
atmosphere …… 3, 20
autotroph …… 53
basalt …… 16
belemnite …… 211
below-cloud scavenging …… 152
benthic boundary layer …… 199
benthic foraminifera …… 209
biogenic particles …… 42
biogenic silica …… 42
biomineralization …… 214
biophilic element …… 9
biosphere …… 3, 25
bioturbation …… 206
black smoker …… 189
bottom boundary layer …… 199
brine …… 39
calcite …… 212
carbonate alkalinity …… 67
CFC …… 128, 141
chemical fossil …… 209
chemical tracer …… 122
chlorinity …… 35
chlorofluorocarbon …… 128
CLAW仮説 …… 164
clean technique …… 80
CLIMAP …… 208
coarse particulate material …… 41
cold seep …… 194
conductivity …… 35
conservative-type …… 81
contamination …… 80
continental margin …… 5
continental rise …… 5
continental shelf …… 5
continental slope …… 5
cosmogenic isotope …… 89

D・E・F
decay chain …… 89
decay constant …… 88
detritus …… 101
DIC …… 110
dimethyl sulfide …… 162
dissolved inorganic carbon …… 110
dissolved material …… 41
dissolved organic carbon …… 102
dissolved organic matter …… 101
dissolved species …… 80
DMS …… 162, 164-166
DMSP …… 166
DOC …… 102, 178
DOM …… 101
Dolton's law …… 59
D体アミノ酸 …… 114
early diagenesis …… 200
electron acceptor …… 201
euphotic zone …… 9
evaporite …… 39
FE-EPMA …… 215
Fick's law …… 23
FID-GC …… 218
fine particulate material …… 41
flocculent layer …… 199
fugacity …… 59

G・H・I
GAMOS …… 52, 239
gas exchange …… 23
GEOSECS計画 …… 139
GEOTRACES計画 …… 79, 82, 89, 91, 96, 238
GPP …… 54
granite …… 16
greenhouse gas …… 53
gross primary production …… 54
half-life …… 89
Henry's law …… 60
heterotroph …… 53
hydrogen bond …… 6
hydrogenic particle …… 42
hydrosphere …… 3, 4
hydrothermal activity …… 183
hydrothermal alteration …… 185
hydrothermal ore deposit …… 189
hydrothermal plume …… 190
ICP-MS …… 82, 91, 214
igneous rock …… 15
in-cloud scavenging …… 152
interstitial water …… 203
IPCC …… 234
iron fertilization …… 87
iron hypothesis …… 87
isotope …… 88

L・M・N
LA-ICP-MS …… 215

257

LGM	208, 224
lithogenic particle	42
lithosphere	3, 15
long-lived radioisotope	89
macronutrient	85
major element	35
marginal sea	144
marine biogeochemical cycles	1
marine snow	30
mass fractionation	93
MC-ICP-MS	94
mesoscale iron enrichment experiment	88
metabolic process	25
metamorphic rock	15
methane fermentation	201
methane hydrate	201
microbial loop	110
micronutrient	78
mid-oceanic ridge	5
molecular fossil	209
multiple corer	204
Nano-SIMS	215
NCP	54
net community production	54
net primary production	28, 54
NIST	212
nitrate reduction	202
noble gas	20
NPP	28, 54
NSS	226
nutrient	9
nutrient-type	81

O・P・R

ocean-floor spreading	19
oceanic residence time	81
ocean section study	82
oxygen minimum zone	84
partial pressure	59
particulate material	41
particulate organic carbon	102
particulate organic matter	101
particulate species	80
PDB	138, 210, 211
PFOA	234
PFOS	234
pH	62, 65, 67, 69, 74, 77, 152, 219
phase segregation	188
phase separation	187
piston velocity	61
planktonic foraminifera	209
plate boundary	18
plate tectonics	16
POC	102
POM	101, 198
pore water	203
potential temperature	126
practical salinity	36

preformed nutrient	132
primary production	9
proxy	78
pycnocline	38
pyrite	203
radiogenic isotope	91
radioisotope	88
rare gas	20
recycled-type	81
Redfield ratio	56
redox boundary layer	200
redox potential discontinuity	200
remineralization	81
replacement time	13
residence time	13
ridge flank	191

S・T・U・V

salinity	35
scavenged-type	81
sedimentary rock	15
sediment trap	30
settling organic matter	103
settling particle	41
SGD	174, 177, 178
sink	11
sinking organic matter	103
sinking particle	42
SMOW	212
SOM	103
source	11
source function	127, 128, 142, 143
speciation	80
SST	208
stable isotope	88
stoichiometry	85
subduction	18
submarine groundwater discharge	174
submarine hydrothermal activity	19
sulfate reduction	203
surface micro-layer	23
suspended particle	41
thermocline	7
thermohaline circulation	9
total alkalinity	65
total dissolved inorganic carbon	62
trace element	35
tracer	78
transient tracer	128
trench	5
upwelling	10
ventilation	131
vital effect	213
VOC	158, 162
volatile organic compound	158

あ

アセノスフェア	18

索引

アミノ酸 54, 113, 116, 121
アラレ石 212
アルケノン 217
安定同位体 88, 91, 93
安定トレーサー 124
安定・非保存(SNC)トレーサー 124, 126
安定・保存(SC)トレーサー 124, 125
イオン積 66
異化作用 25
一次鉱物 185
一次生産 9, 53, 55, 56, 74, 97, 196
渦相関法 166
宇宙起源同位体 89
宇宙線生成核種 89, 127
雲下除去 152
雲内除去 152
雲粒数濃度 167
エアロゾル 147
　——の主要構成成分 147
　——の輸送 158
　——の粒径分布 147
エイトケン粒子 147
栄養塩 9, 54, 55, 76, 126, 132, 156, 163, 221
栄養塩型 81
栄養塩濃度の初期値 132
栄養塩類 56
エル・ニーニョ現象 72
縁海 144
沿岸地下水 178
円石藻 216
塩素量 35
鉛直渦拡散係数 135
鉛直フラックス 105
塩分 35, 38, 39, 45, 126, 214
(試料の)汚染 48, 80
温室効果気体 53, 146, 222, 231, 234
オパール 198

か

ガイア仮説 242
海塩粒子 147, 161
外核 15
海溝 5, 6, 19
海山 192
海水
　——の化学組成 9, 19
　——の鉛直混合 100, 105, 108, 130, 134, 155, 160
　——の年代測定 134
　——の密度 8, 38, 39, 108, 130
　——の臨界点 186
海水由来元素 151
海成起源粒子 42, 43
海底境界層 199
海底堆積物 11, 19, 198
海底直上の鉛直混合 134
海底熱水活動 12, 19
海底湧水 178, 180

海氷 40, 110, 155, 179, 234
　——の溶解 179, 234
海霧 152
海面薄膜層 23, 156
海洋
　——での平均滞留時間 81
　——の深層循環 131, 223
　——の生物地球化学的サイクル 1
海洋エアロゾル 146
海洋酸性化 77, 220, 234
海洋成層化 166
海洋大気 146
海洋大循環 110, 122
海洋断面観測 82
海洋地殻 19
海洋物質循環モデル 226
海洋モデル 143
化学化石 209
化学合成独立栄養生物 25
化学合成微生物 196
化学トレーサー 89, 122-125, 144
化学量論 85
(地球の)核 3, 15
核実験^{14}C 141
核実験^{3}H 137, 142
拡張レッドフィールド比 85
河口域 172, 174
花こう岩 16
ガスハイドレート 195
火成岩 15
化石燃料 229-231
河川 155
　——の総流量 168
　——の容積 168
河川水 11
　——の化学組成 169, 170
　——の平均滞留時間 168
過渡的トレーサー 128, 141
カドミウム 221
環境汚染 230
環境ホルモン 231
間隙水 203
乾性沈着 151
岩石圏 3, 15
気液平衡 60, 65, 67
貴ガス 20, 122, 125, 127, 132
希ガス(稀ガス) 20
基礎生産 9, 53, 97
気体交換 23
気体の溶解度 146
北大西洋深層水 9, 136, 142
揮発性成分 186
揮発性有機化合物 158, 162
吸収源 146
凝集層 199
極性分子 32
キレート樹脂固相抽出法 82
クリーン観測技術 237

259

クリーン技術	80
クリーン採水システム	96
クリーンなサンプリング	237
クリーンルーム	238
グルコース	26
クロロフィル	168, 169
クロロフルオロカーボン	128, 141
ケイ酸	126
ケブラーロープ	238
限外濾過法	120
嫌気性呼吸	201
嫌気的環境	200
懸濁粒子	41, 47、156
現場化学分析装置	239
現場マンガン分析計	239
玄武岩	16
好気性呼吸	201
好気的環境	200
光合成	9, 21, 53, 126
光合成独立栄養生物	25
黄砂	158
降水	151
交替時間	13
鉱物	15
高分子溶存態有機物画分	120
高密度表面水	130
ゴーフロー採水器	48, 238
国際深海掘削プロジェクト	204
古水温	219
コロイド粒子	43
混合層	110
コンチネンタルライズ	5

さ

最終氷期最寒期	208, 223
採水器	47
再無機化	81
サブシステム	3
酸塩基平衡	57, 58, 61, 62, 67, 69
酸化還元境界層	200
酸化還元電位不連続面	200
産業革命	229-231
酸化還元反応	202
三重水素 (^3H)	127
酸素同位体比	209, 210
脂質	113
脂質化合物	217
湿性沈着	151
実用塩分	36, 37
質量分別	93
ジメチルスルフォニオプロピオネート	166
従属栄養	25
従属栄養生物	53
収束的プレート境界	18
主要元素	35, 36, 51
純一次生産	54
春季ブルーム	105
純群衆生産	54

硝酸イオン	148
硝酸還元反応	202
蒸発岩	16, 39
初期続成作用	198, 200
植物プランクトン	165, 168
食物連鎖	100
深海掘削	192
深海平原	5
シンク	11, 146
人工フッ素化合物	234
人工放射性核種	160
人工放射性同位体	89
人工有機物質	230
深成岩	15
親生元素	9, 100, 157
真の溶存物質	43
森林伐採	231
水温躍層	7, 38, 129, 219
水圏	3, 4
水素結合	6, 33
水中センサー	239
水和	34
スキャベンジ型	81, 157
スキャベンジモデル	90
スキューバダイビング	180
スペシエーション	80
生合成	25
生食物連鎖	100
成層構造	130, 136
生物学的効果	213
生物学的鉱化作用	214
生物起源ケイ酸	42
生物起源粒子	42, 43
生物圏	3, 25, 228
生物擾乱作用	206
生物地球化学的サイクル	2
生物取込型	157
生物ポンプ	73-76, 104, 199
石質粒子	42
セシウム-137 (^{137}Cs)	160
セジメントトラップ	30, 41, 105, 199
石灰岩	16
絶対塩分	36-38
セメント工業	231
全アルカリ度	65, 67, 69, 70, 74
全炭酸	126
全炭酸濃度	56, 62, 65, 67-70, 74-77
総一次生産	54
ソース	11, 146
粗大粒子	147, 150
粗大粒子状物質	41

た

大気 - 海洋間の気体交換	23, 134, 165
大気 - 海洋結合モデル	226
大気圏	3, 20
大気圏核実験	111, 135, 137, 141, 160
大気主成分気体	146

索引

大気大循環 …………………………………… 22
代謝過程 ……………………………………… 25
堆積岩 ………………………………………… 15
代替指標 ……………………………………… 208
大洋縦断地球化学観測計画 ………………… 139
大洋中央海嶺 ………………………………… 17
大洋底拡大 …………………………………… 19
大陸移動説 …………………………………… 16
大陸縁辺 ………………………………………… 5
大陸斜面 ………………………………………… 5
大陸棚 …………………………………………… 5
対流圏大気 …………………………………… 146
脱ガス ………………………………………… 21
脱窒 …………………………………………… 56
脱窒細菌 ……………………………………… 203
炭酸アルカリ度 ……………………………… 67
炭酸塩 …………………………………… 42, 198
炭酸カルシウム飽和度 ……………………… 68
炭酸系 …………………………………… 57, 65, 69
炭酸物質 ……………… 57, 62, 65, 67, 69, 71, 73, 74
炭水化物 ……………………………………… 113
炭素質成分
炭素循環 …………………… 53, 71, 72, 74, 76, 98
炭素同位体分別 ……………………………… 138
タンパク質 …………………………………… 113
タンパク質様蛍光物質 ……………………… 116
チェルノブイリ原子炉爆発事故 …………… 159
地殻 …………………………………………… 15
地殻内流体 …………………………………… 181
地殻由来元素 ………………………………… 151
地下水 …………………………………… 5, 11, 155
——の化学組成 …………………………… 177
地下水湧出 ……………………………… 174, 177
地下生物圏 …………………………………… 195
地球温暖化 ……………………………… 144, 234
地球温暖化抑制 ……………………………… 163
地球環境 ……………………………………… 228
地球システム ………………………… 2, 3, 27, 228
地球システム科学 …………………………… 4
窒素固定 ……………………………………… 56
チャート ……………………………………… 16
チャレンジャー海淵 ………………………… 6
中央海嶺 ………………………………… 5, 6, 19
中央海嶺翼域 ………………………………… 191
中規模鉄添加実験 …………………………… 88
長寿命放射性同位体 ………………………… 89
潮汐 …………………………………………… 172
沈降粒子 ……………… 30, 41, 47, 81, 103, 104, 198, 224
沈降粒子態有機物 ……………………… 103, 113
底層有孔虫 …………………………………… 209
低分子有機物画分 …………………………… 121
鉄仮説 ………………………………………… 87
鉄酸化物 ……………………………………… 201
鉄肥沃化 ……………………………………… 87
デトリタス …………………………………… 101
電気伝導度 ……………………………… 35-37, 47
電子受容体 …………………………………… 201
天然ガス ……………………………………… 231

同位体 ………………………………………… 88
同化作用 ……………………………………… 25
独立栄養 ……………………………………… 25
独立栄養生物 ………………………………… 53
突発的自然現象 ……………………………… 159
富山湾 …………………………………… 178, 180
——の沿岸地下水 ………………………… 180
——の沿岸湧水 …………………………… 178
トリチウム (^{3}H) …………………… 127, 135, 180
ドルトンの法則 ……………………………… 59
トレーサー …………………………………… 78

な

内核 …………………………………………… 15
内分泌かく乱 ………………………………… 230
南極底層水 ……………………………… 9, 131, 142
難分解性有機物 ……………………………… 112
二酸化炭素 (CO_2) …………… 53, 57, 58, 100
二酸化炭素 (CO_2) 分圧 … 59, 60, 69, 71, 74, 75, 77
二次鉱物 ……………………………………… 185
ニスキン-X採水器 ……………………… 48, 238
二層分離 ……………………………………… 187
日本海 …………………………………… 144, 180
——の深層循環 …………………………… 144
人間圏 …………………………………… 29, 228, 230
ネオジム同位体比 (εNd値) ………………… 92
熱塩循環 ……………… 8, 110, 130, 131, 139, 144, 199, 234
熱水活動 ……………………………………… 183
熱水性鉱床 …………………………………… 189
熱水性鉱物 …………………………………… 189
熱水プルーム …………………… 52, 84, 134, 190

は

発散的プレート境界 ………………………… 19
半減期 ………………………………………… 89
非海塩性カルシウム ………………………… 148
非海塩性硫酸塩 ……………………………… 148
東太平洋海膨 …………………………………… 6, 19
光還元 ………………………………………… 84
微細粒子物質 ………………………………… 41
微小電極装置 ………………………………… 226
微小粒子 ………………………………… 147, 150
ピストン速度 ………………………………… 61
非生物態有機物 ……………………………… 101
微生物ループ ………………………………… 110
ピナツボ火山噴火 …………………………… 159
非保存トレーサー …………………………… 124
非保存量 ……………………………………… 173
氷河 …………………………………………… 179
氷期-間氷期サイクル ……………………… 223
標準物質 ……………………………………… 80
氷床コア ……………………………………… 223
表層水温 ……………………………………… 208
表面水の沈み込み ……………………… 136, 144
表面ミクロレイヤー ………………………… 23
微量栄養塩 ………………………………… 78, 85
微量元素 ………………………………… 35, 78
フィックの法則 …………………………… 23, 203

風化作用	172, 179
風成循環	7
フガシティ	59
伏流水	175
腐植食物連鎖	99
腐植性有機物	112
腐植様蛍光物質	116
ブドウ糖	26
不飽和化合物	219
不飽和度	217
浮遊性有孔虫	209
ブライン	39, 40
ブラックスモーカ	189
プレート	17, 18
——の沈み込み	18, 20
プレート境界	18
プレートテクトニクス	16
フレオン	141
プロクシ	78, 208
プロトン	61, 62, 65
フロンガス	141, 234
分圧	59, 61
分子拡散	23
分子拡散係数	24, 204
分子化石	209
分子間力	33
噴出岩	15
平均滞留時間	13, 35, 124, 157
平衡状態	58, 60
ヘリウム	133
ヘリウム同位体比 (^{3}He)	93, 133
ベルトコンベア	123, 139
ベレムナイト	211
変質反応	185
変成岩	15
偏西風	21
ヘンリーの法則	60
貿易風	21
崩壊系列	89
方解石	212
崩壊定数	88
放射性貴ガス	134
放射性起源同位体	91
放射性炭素 (^{14}C)	127, 138
放射性炭素同位体年代測定	110
放射性同位体	88
放射性トレーサー	124
放射性・非保存 (RNC) トレーサー	124, 127
放射性・保存 (RC) トレーサー	124, 127
放射平衡	135
放出源	146
ホウ素同位体	219
飽和溶解度	128, 129, 133
北西季節風	144, 180
保存性成分型	81, 157
保存トレーサー	124
保存量	173
北極海の海氷	179
ポテンシャル水温	126

ま

マグマ	15
マクロ栄養塩	85
マリアナ海溝	6
マリンスノー	10, 30, 198, 199
マルチコレクター型ICP質量分析装置	94
マルチプルコアラー	204
マンガン酸化物	201
マンガン還元	84
マントル	15, 133
——の対流	17
マントルヘリウム	133
見かけの酸素消費量	118, 132
水の密度	7, 33, 39, 47
密度躍層	38
メイラード反応	118
メタンハイドレート	201
メタン発酵	201
メタン発酵細菌	203
モリブデン同位体比 ($^{98/95}$Mo)	95

や

有機炭素フラックス	104
有機物生産	97
有光層	9, 104
湧昇	10
誘導結合プラズマ質量分析法	82
溶解度	60
溶解度積	69
溶解度ポンプ	73-76
溶存酸素	56, 128, 129, 131, 132
溶存酸素極小層	84
溶存態	80
溶存態有機炭素	102, 178
溶存態有機物	101, 108, 110, 113, 115
溶存物質	41, 43
溶存態無機炭素	110, 126, 138

ら

陸起源物質	168
リザーバー	98
リサイクル型	81, 157
硫化ジメチル	162
硫化鉄	203
硫酸イオン	201
硫酸エアロゾル	162
硫酸還元細菌	203
硫酸還元反応	203
粒子状物質	41, 43, 47
粒子除去型	157
粒子型	80
粒子態有機炭素	102
粒子態有機物	101, 103, 198
リン酸塩	221
冷湧水	194
レッドフィールド比	27, 56, 70, 85, 132

編著者紹介

蒲生 俊敬 理学博士
　1979 年　東京大学大学院理学系研究科化学専攻博士課程修了
　現　在　東京大学大気海洋研究所　教授

NDC452.13　　270p　　21cm

かいようちきゅうかがく
海洋地球化学

2014 年 7 月 10 日　第 1 刷発行
2015 年 5 月 20 日　第 2 刷発行

編著者	蒲生　俊敬
発行者	鈴木　哲
発行所	株式会社 講談社

　〒112-8001　東京都文京区音羽 2-12-21
　　　販売部　(03) 5395-3622
　　　業務部　(03) 5395-3615

編　集　株式会社 講談社サイエンティフィク
　　　　代表　矢吹俊吉
　〒162-0825　東京都新宿区神楽坂 2-14　ノービィビル
　　　編集部　(03) 3235-3701

本文データ制作　美研プリンティング 株式会社
カバー・表紙印刷　豊国印刷 株式会社
本文印刷・製本　株式会社 講談社

落丁本・乱丁本は、購入書店名を明記のうえ、講談社業務部宛にお送りください。送料小社負担にてお取替えいたします。なお、この本の内容についてのお問い合わせは、講談社サイエンティフィク編集部宛にお願いいたします。定価はカバーに表示してあります。

© Toshitaka Gamo, 2014

本書のコピー、スキャン、デジタル化等の無断複製は著作権法上での例外を除き禁じられています。本書を代行業者等の第三者に依頼してスキャンやデジタル化することはたとえ個人や家庭内の利用でも著作権法違反です。

JCOPY 〈(社)出版者著作権管理機構 委託出版物〉

複写される場合は、その都度事前に(社)出版者著作権管理機構(電話 03-3513-6969、FAX 03-3513-6979、e-mail: info@jcopy.or.jp)の許諾を得てください。

Printed in Japan

ISBN 978-4-06-155237-1

講談社の自然科学書

絵でわかる プレートテクトニクス
地球進化の謎に挑む
是永淳・著
A5・190頁・本体2,200円

地球科学の最重要テーマ「プレートテクトニクス」を、豊富な図とイラストでわかりやすく解説。いつから・なぜ・いつまで大陸は動くのか？ 地球でしか起こらないのか？ そして生命の誕生や進化におよぼした影響とは？

絵でわかる 日本列島の誕生
堤之恭・著
A5・187頁・本体2,200円

大陸からはがれてできた？ 本州は折れ曲がった？ 地震と火山が多い理由は？ 将来ハワイはぶつかる？ ダイナミックな日本列島の誕生と進化の歴史を、豊富なカラーイラストで解説。地質学や地球年代学への入門にも最適。

生物海洋学入門 第2版
C.M.Lalli／T.R.Parsons・著
關文威・監訳　長沼毅・訳
B5・254頁・本体3,900円

海洋生物と環境を動的にとらえられる入門書。海洋中の細菌から大型哺乳類までの多様な生物種の動態を海洋学と海洋生態学の視点から総合的にまとめた。水産系はもちろん理学・環境系学生にも教科書として最適。

水産海洋学入門
海洋生物資源の持続的利用
水産海洋学会・編
A5・319頁・本体3,900円

水産海洋学の基礎から、最新の知見、さらにはこれからの発展まで、学問の全体像をまとめた。豊富なフルカラー図版と平易な解説を心がけ、初学者の導入書としても最適。いままさに発展しつつある学問の魅力が伝わる一冊。

地球化学
松尾禎士・監修
A5・276頁・本体3,800円

物質レベルの地球科学の解説を試みた。第Ⅰ部は物質循環の視点から地球化学を体系化してその全体像の理解を求め、第Ⅱ部はそこで用いられる理論の基礎知識を解説。"地球"に関心のある学生に最適の入門書。

地球環境学入門
山﨑友紀・著
B5・190頁・本体2,800円

教養として学んでほしい環境問題の基礎。これから学ぶ人のためのやさしい導入テキスト。前半で高校科学をおさらいしながら環境そのものを理解し、後半で環境問題それぞれの論点をつかむ。

これからの 環境分析化学入門
小熊幸一／上原伸夫／保倉明子／谷合哲行／林英男・編著
B5・270頁・本体2,900円

1冊ですべてが学べるテキスト！ 大気、水、土壌、食品、住環境の分析手法と、環境放射能の測定を解説。また、化学平衡論、各種機器分析手法、環境基準も詳しく解説した。はじめて学ぶ人にも実務者にも役立つ1冊!!

生命の起源
宇宙・地球における化学進化
小林憲正・著
A5・203頁・本体3,000円

生命の起源を分子の視点から科学する本。RNAワールドをはじめとした古典的化学進化説から、深海・火山などの極限環境、隕石や火星などの宇宙に関する話まで、科学的見地から幅広く解説。専門家にもおススメ。

※表示価格は本体価格（税別）です。消費税が別に加算されます。

「2015年5月現在」

講談社サイエンティフィク　http://www.kspub.co.jp/